# 중성자과학


일본원자력산업회의 원자력시스템 연구간담회 저

이강옥 · 노승정 · 김동일 옮김 최병호 감수



북스힐

# 간 행 사

원자력시스템연구간담회(Nuclear Systems Association)는 1990년에 발족되었다. 이 간담회는 대학의 명예교수를 중심으로 주로 현역을 떠난 학식경험자가 원자력에 관한 제반 문제를 고려하면서 진행해가는 장으로써, 向坊 降선생을 대표자로 하여 결성되었다. 발족이래, 매월 1회 정례간담회 개최, 4반기마다 NSA News 발행, 1992년도부터는 매년 NSA Commentary 간행 등을 해오고 있다.

이번 NSA Commentary 주제는 중성자과학이다.

20세기에 있어 인류는 이용・제어가 가능한 것으로써 원자핵에너지의 원자력 평화이용을 추진하여 왔다. 원자력 발전소도 차례로 건설되었다. 그러나 세계적으로 볼 때 수년 전보다 원자력 발전소의 진전이 순조롭게 진행되어왔다고는 말할 수 없다. 제 1기의 원자력은 종료되었다고도 말하고 있으며 원자력 평화이용의 진전을 위한 돌파구를 찾고 있다. 또한 원자력 이용의 보다 광범위한 전개도 필요하다고 생각되고 있다.

여하튼 원자력이용에 있어서 중심적 역할을 담당하는 것이 중성자라고 말해도 지나치지 않다. 따라서 위에 기술한 요구에 부응하기 위해서는 중성자 과학의 추진이 중요하다고 생각된다. 즉, 중성자에 의한 여러 현상에 관한 지식을 보다 넓게, 보다 깊게 함으로써, 또한 수준 높은 다양한 범위의 중성자 이용이 가능하도록 함으로써 결과적으로 원자력 이용에의 돌파구를 찾는 것과 더불어 물질・재료부터 생명・의학까지 광범위한 범위로 원자력 기술 응용분야를 넓힐 수 있을 것으로 기대된다. 중성자과학의 진전은 질적으로나 양적으로나 일반적 원자력기술·이용을 추진하는 것보다 매우 중요하며 이와 같은 중성자과학 연구를 가능하게 하는 여러 조건, 예를 들어 강력 중성자원이나 초냉중성자를 정리하는 것도 매우 중요하다.

본 NSA Commentary 편집에 있어서 大塚益比古씨 도움을 받았다. 또한, 일본원자력연구소의 중성자 과학연구센터・센터장인 向山武彦씨는 기획에 전면적으로 협력하여 주었다. 여기서 이 두 분을 위시하여 바쁘심에도 불구하고 집필하여 주신 여러분의 노력에 대하여 진심으로 감사를 표한다.

이제, 이 책이 원자력 관계자・관심이 있는 여러분들께 조금이나마 참고가 된다면 진심으로 기쁘게 생각한다.

1999년 6월

원자력시스템 연구간담회

운영위원장 安 成弘

# 머 리 말

중성자라는 말을 모르는 사람은 거의 없겠지만 "중성자 과학"이란 무엇을 가리키는지 헷갈리는 사람은 많을지도 모른다. "중성자 과학"이란 입자 혹은 파동으로서의 중성자의 특성을 연구하는 분야라 할 수 있는데, 최근에는 미래형 원자력을 목표로 하는 연구가 포함되는 경우가 있다. 이 책에서는 넓은 의미의 중성자 과학에 대하여 그 현황 소개와 해설을 시도하였다.

중성자 이용을 이해하기 위해서는 우선 중성자의 맨 모습에 대해서 알지 않으면 안 된다. 제 1장에서는, 중성자는 전기적으로는 중성이지만 자기(磁氣) 모멘트(moment)를 가지고 있다는 것, 물질에 대한 투과력이 X선에 비해서 훨씬 크다는 것 등 다른 입자와는 다른 특성에 대해서 기술한다.

중성자를 이용하는 데에는 중성자원(源)이 필요하다. 예를 들어, 미래 구조(構造) 생물학에는 현재보다 자리수가 다른 강력한 중성자원이 필요하므로 원자로를 대신하여 대강도 핵파쇄 중성자원의 개발이 일본, 미국, 유럽에서 활발하게 추진되고 있다. 제 2장에서는 중성자원의 역사, 기술 개발의 현황에 대해서 기술한다.

중성자 과학 중에서도 가장 주목되는 분야는 중성자 회절 · 산란 측정을 이용하는 생명과학, 물질과학의 분야이며, 21세기는 중성자의 시대라고도 말한다. 그것은 원자 수준의 물질 관측에 우수한 탐침으로서의 중성자가 이제까지보다 3자릿수 이상 강력한 빔 강도로 이용할 수 있게 되면 구조생물학이나 물질과학에 혁신을 가져온다고 기대되고 있기 때문이다. 또 중성자 빔을 좋은 효율로 이송하는 기술이 많은 발전을 이루어 중성자광학이라는 새로운 분야가 형성되기에 이르렀다. 제 3장에서는 이 분야의 최첨단의 연구 현황과 새로운 산업의 창출 가능성에 대해서 기술한다.

제 4장에서는 자연계의 기본 법칙을 탐색하는 기초 연구와 중성자의 관계에 대하여 기술한다. 원자핵의 구성 입자인 중성자는 그 자신도 보다 기본적인 소립자인 쿼크(quark)로 구성되어 있고, 중성자의 성질을 살펴봄으로써 우주를 구성하는 소립자 사이에 작용하는 기본적인 힘을 이해할 수 있다.

중성자를 이용하는 대규모 기술인 원자력은 현재 제 1기에서 제 2기로의 이행 시기에 있다고 볼 수 있다. 핵분열 발견에서부터 반세기 이상이 경과하고 경수로 기술은 성숙기를 맞이하였지만 안전성, 폐기물 처분이나 경제성 등 어려 가지 문제를 안고 있다. 현재보다 발전된 원자력의 전개가 기대되는 제 2기 원자력 시대로 이동하기 위하여 이들의 문제를 해결하지 않으면 안 되며, 이를 위해서는 기술상의 돌파구가 필요하다. 이제까지의 원자력 연구라는 틀에 구애되지 않는 보다 넓은 관점에서의 연구로써 돌파구를 가져 올 수 있을 것이다. 그 한 예로서 제 5장에서는 최근 화제가 되고 있는 가속기 구동 미(未)임계 원자로를 취급하였다. 이 시스템에서는 대강도 양성자 가속기를 이용해서 핵파쇄 중성자를 발생시키고 그 중성자로 미임계로에서의 핵분열 연쇄 반응을 지속시켜 긴 수명 핵종의 소멸 처리나 발전에 이용한다. 이와 관련해서, 대강도 양성자 가속기의 현황에 대해서는 "가속기의 현황과 장래"(1998년 6월 간행)에 기술되어 있다.

제 6장에서는, 금속 재료에 중성자가 조사되면 어떠한 변화가 생기는가를 원자력 재료의 관점에서 열화 현상을 중심으로 해설하고, 또한 종래의 상식과는 반대로 성능이 향상된다는 최근에 발견된 현상을 소개하고 새로운 원자력 재료의 개발에 대한 기대를 기술한다.

제 7장에서는, 연구용 원자로에서의 중성자 빔 응용 기술로서 실용 단계에 이른 것, 예를 들어 시료 중의 미량 원소 분석, 지구 행성 과학 분야에서의 연대 측정이나 의료 이용으로서의 악성 종양 방사선 치료법(BNCT) 등에 대한 현황을 보고한다.

수년 내 일본원자력연구소는 생물 · 물질과학이나 장수명 핵종 가속기 구동 소멸 처리 등의 연구 개발을 행할 "중성자과학연구계획"을 추진하고, 한편 고에너지가속연구기구는 소립자 · 원자핵 물리학에서부터 생명 · 물질과학에 이르는 학제(學際) 영역의 과학적 전개를 목표로 하는 "대형 Hadron 계획"을 추진해 왔다. 양 계획은

“대강도 양성자 가속기의 개발”과 “중성자를 이용한 생명 · 물질 과학연구”라는 공통점이 있어 양 기관은 이 계획들을 통합해서 All Japan으로서 추진하는 것에 합의했다. 이 통합 계획의 주요 과제중 하나는 중성자 과학이고, 그런 의미에서도 이 책은 시의적절하다.

이 책으로 보다 많은 사람이 중성자 과학에 관심을 기울여 이제부터 전개되는 통합 계획을 기대할 수 있게 된다면 매우 다행한 일이다.

# 차 례

# 중성자의 기초

# 1장

## 1. 중성자의 발견

19세기말인 1895년 뢴트겐(Roentgen)의 X선 발견으로 시작된 방사선・방사능의 발견의 역사는 20세기 초 단숨에 발전되기 시작하였다. 물질의 구성에 관한 연구는 "원자핵의 존재"(1911년)나 "원자구조의 양자역학"(1925년)등의 연구를 통해서 반짝반짝 빛나는 젊은 물리학자들이 활약하는 시대를 개척해 나갔다. 이와 같은 상황에서 중성자의 발견은 의외로 늦었지만, 지금 생각하면 그리 이상할 것이 없다.

1920년경 러더포드(Rutherford) 등에 의해서 이미 $\alpha$선을 원자핵에 충돌시키는 실험이 시작되고 있었다. 그 결과 베릴륨(Be)에 $\alpha$선을 충돌시키면 고에너지의 감마($\gamma$)선인가 하고 생각되는 방사선이 나오는 것을 알았다. 이를 알게 된 채드윅(Chadwick)은 그것이야 말로 스승 러더포드가 전부터 예상하고 있었던 "중성자"라고 확신하고, 실험을 계획해서 중성자를 발견했다. 1932년의 일이다.

중성자 발견 이후, 중성자에 관한 핵물리학으로부터 원자력공학으로의 전개가 급속히 진전되었다. 1938년 "중성자에 의한 우라늄의 핵분열 현상"의 발견으로, 연쇄반응의 가능성이 제기되었으며, 1942년 말 페르미(Fermi)가 최초로 원자로를 제작하였다. 또한 1945년에는 미국 뉴멕시코(New Mexico)주의 사막에서 최초의 원폭실험이 행하여졌다.

## 2. 중성자의 소립자로서의 특성

사물을 설명 할 때에는 우선 크기, 모양, 혹은 색을 말하고, 기능이나 역할에 대하여 이야기를 하는 일이 많은데, 이때 대부분의 경우 그 크기는 박테리아나 단백질 정도일 것이다. 거대 분자라던가 생체 고분자라면 색이 있을지도 모르지만 그보다 작은 "산소 분자나 물 분자의 색은 어떤 색일까"에 관해서는 들어 본 적이 없다.

원자나 작은 분자, 하물며 그것보다 1/10,000이나 작은 원자핵에는 색이란 개념은 없다. 이는 원리적으로 원자핵 크기가 가시광의 파장보다 훨씬 작기 때문이다. 게다가 중성자는 크기가 더욱 작아 보통 의미의 "색"은 없다.

중성자의 크기와 모양에 대하여는 둥근 모양의 아주 작은 구로 상상하기 쉬우나, 실은 확실한 크기와 모양이 있는 것은 아니다. 몇 개의 중성자와 양성자로 구성된 원자핵의 크기가 약 $10^{-12}$cm임을 생각하면 중성자는 이보다 작은 $10^{-13}$~$10^{-14}$cm 정도일 것이다.

중성자의 크기나 모양이 확실하지 않기 때문에 질량도 확실치 않다고 생각하기 쉬우나, 중성자가 가진 질량은 확실하다. 이는 중성자에 국한되지 않고 광자, 전자, 양성자, 중성자 등의 소립자들이 갖는 공통 특징이고 그것을 바르게 이해하기 위해서는 반드시 양자역학의 힘을 빌려야만 한다.

이와 같이 소립자는 모두 고유의 자기(自己) 각운동량 즉, 스핀을 갖고 있다. 마치 팽이가 회전하는 형태로 소립자도 자전하고 있다고 상상함으로써 어느 정도 이해할 수 있다. 팽이는 회전 속도가 연속적으로 변화함에 반해서 소립자가 가진 스핀은 이산적인 즉 띄엄띄엄한 값밖에 취할 수 없다는 점이 다르다. 자세히 말하면 그 값은 플랑크(Plank) 상수 h를 이용하여 $sh/2\pi$, 단 $s$=0, 1/2, 1, 3/2, …등의 값을 갖는다. 이 $s$는 반정수(半整數)이고 중성자, 양성자 및 전자의 경우에는 $s$=1/2이다. 중성자의 스핀이 1/2이라 함은 이를 의미한다.

중성자는 양성자와 함께 원자핵을 만들고, 그 원자핵의 둘레를 몇 개의 전자가 둘러싸서 원자가 되고, 또한 여러 가지 종류와 수의 원자가 결합해서 분자가 되고, 그것들이 고체나 액체나 기체상의 물질을 구성한다. 그러고 보면 우리가 알고 있는 세상 속의 물질은 모두 중성자, 양성자, 전자의 3가지로 구성되어 있으며, 여기에 빛 혹은 전자기파가 더해지면 배우는 일단 모두 갖춰진 것으로 볼 수 있다.

## 3. 중성자의 파동적 성질

소립자(elementary particles)라는 말 자체에 입자라는 글자가 포함되어 있으므로 소립자는 낱알이라는 인상을 받는다. 소립자의 일종인 중성자도 동일하여 사실 앞 절에서는 중성자를 입자로 설명해 왔다. 그러나 양자역학에 따르면 소립자는 모두 입자로서의 성질을 가짐과 동시에 파동 즉 파도의 성질을 갖고 있다.

우리의 일상 세계에서 입자와 파동은 서로 전혀 다르다. 예를 들어 입자는 방해하는 것이 없으면 직진하는 것에 반하여 파동은 사방팔방으로 전달된다.

일찍이 18세기에 뉴턴(Newton)은 빛은 미립자로 이뤄진다고 생각한 반면에, 같은 시대의 호이겐스(Huygens)는 빛을 파동이라 생각했다. 빛의 반사, 특히 굴절 현상은 빛이 파동임을 나타내는 것이다. 특히 평행한 2개의 슬릿이 있는 판을 통과한 광선이 서로 간섭하는 현상은 파동 이외로는 설명될 것 같지 않다.

일반적으로 난로의 온도를 점차 올려 가면 난로의 안쪽은 적색에서 점차로 황색으로 변하고 나아가서는 창백하게 빛나게 된다. 그런데 이 현상이 빛의 파동설로는 설명할 수 없다. 겨우 20세기가 시작되고서 플랑크는 사실과 잘 맞는 이론인 양자 가설로 설명하였다. 이것이 단서가 되어 마침내 양자역학이 탄생하였다. 양자역학에 의하면 빛은 입자적 성질을 가짐과 동시에 파동적 성질을 가지고 있어서, 경우에 따라서 입자와 같이 행동하기고 하고 혹은 파동과 같이 행동하기도 하는데, 이제는 이러한 현상을 이해할 수 있게 되었다. 이러한 입자와 파동의 양면성은 모든 소립자가 가지고 있고 중성자도 예외는 아니다. 오히려 빛 이외의 소립자가 나타내는 파동 현상을 물질파라 부르는 경우가 있다.

입자의 운동 상태를 나타내는 것은 에너지($E$)와 운동량($\overrightarrow{P}$)이고, 한편 파동은 진동수($\nu$)와 파수(波數) vector($\overrightarrow{K}$)로 기술된다(파수의 역수가 파장이다). 물질파에서 이들 사이의 관계가 성립한다고 한 것은 드브로이(de Broglie)였다.

$$E = h\nu, \ \overrightarrow{P} = h\overrightarrow{K}$$

따라서 파장은 $\lambda = \frac{1}{\vec{K}} = \frac{h}{\vec{P}}$ 로 주어진다.

드브로이의 공식에 따르면 에너지와 파장의 관계는 그림 1.1과 같이 나타낼 수 있다. 그림에 중성자와 함께 전자와 빛(즉 전자기파)의 경우도 나타내었다. 예를 들어 1MeV의 에너지를 가진 고속 중성자의 파장은 매우 짧아서 7fm(1fm = $10^{-15}$m)이며, 0.025eV를 가진 열중성자의 경우 그 파장이 0.2~0.3nm(원자 정도의 크기)가 됨을 알 수 있다.

그림 1.1에서 가로축(에너지 축)은 원자, 분자에 관한 현상 등과 관련된 대표적인 에너지 값을, 세로축은 여러 가지 크기의 물질을 나타내고 있다.

그림 1.1에 나타난 바와 같이 냉중성자나 초냉중성자로 불리는 속도가 매우 느린 중성자의 경우에는 파장이 길게 되어 고체 내에서의 원자간 거리나 고분자의 크기에 가까움을 알 수 있다.

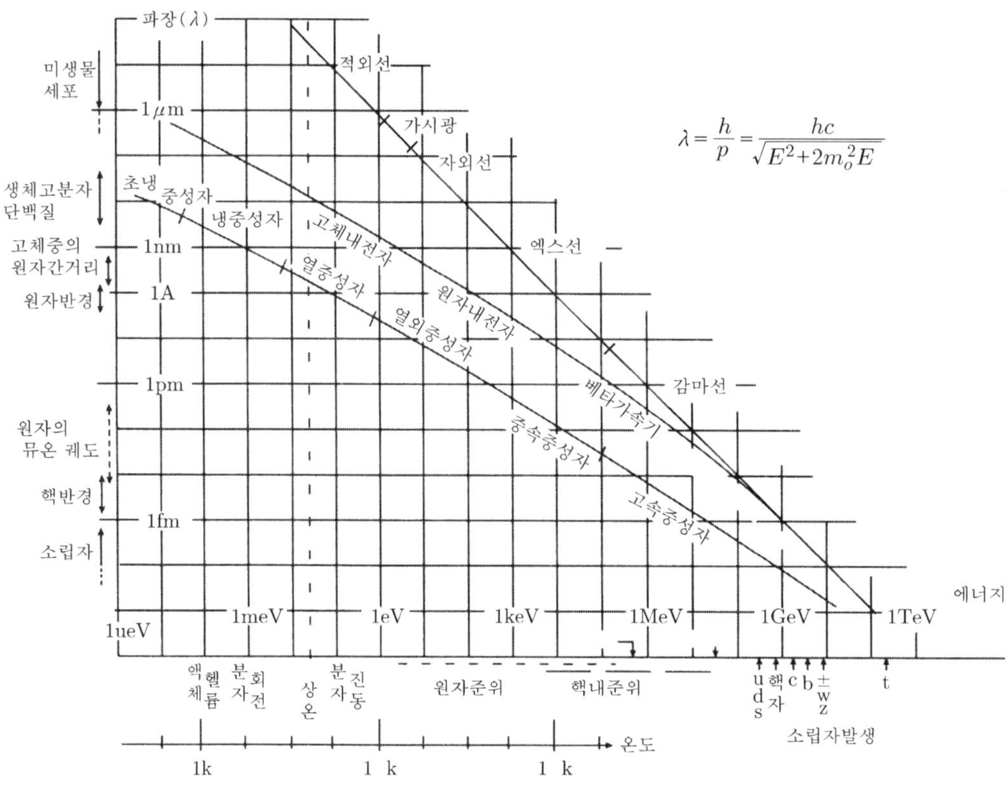


**그림 1.1** 에너지와 파장의 관계

원자로 이론은 연쇄 반응에 관련된 고속 중성자에서부터 열중성자까지 모두 포함하기 때문에 고전적 입자의 거동을 기술하는 볼쯔만(Boltzmann)의 수송방정식을 이용하여 대응할 수 있었다.

그러나 냉중성자나 초냉중성자로 되면 파동적 성질이 현저히 나타나게 되므로, 빛의 경우와 마찬가지로 어느 조건하에서나 간섭이나 회절 현상을 볼 수 있게 된다. 이러한 예가 이 책에서 많이 소개되고 있는데, 원자나 분자 크기 정도의 파장을 가진 중성자는 원자나 분자에 의해서 간섭이나 회절 현상을 일으키므로 원자 간격에 대응하는 간섭무늬 등을 이용하여 원자나 분자의 구조를 결정할 수 있다. 이것이 바로 중성자 광학 혹은 중성자 산란 분야이다.

## 4. 중성자의 입자적 거동

중성자는 전하가 없기 때문에 전기적 반응을 하지 않는다. 원자와 충돌할 때에도 원자핵을 둘러싸고 있는 전자와 반응하는 일 없이 원자 내부로 빠져 들어가 (+)의 전하를 가진 원자핵에 전기적으로 끌리거나 튀겨내지는 일 없이 원자핵에 접근하여 그 곳에서 핵력에 의해 원자핵과 반응하게 된다. 이 현상을 중성자에 의한 핵반응이라 한다.

양성자는 전하가 있기 때문에 주변의 전자와 전기적으로 반응하고, 또한 원자핵이 가진 (+) 전하에 의해 반발되므로 원자핵에 쉽게 접근할 수 없다. 따라서 양성자를 원자에 충돌시키려 할 경우, 예를 들면 1만회 부딪치게 해서 겨우 1회의 핵반응이 일어나므로 핵반응을 일어나게 하는 일 자체가 어렵다.

한편, 중성자의 경우 물질 내에 입사하면 결국 그 물질의 원자핵과 반응할 수밖에 없다는 것이 큰 특징이며, 따라서 핵반응을 일으키는 데에는 중성자가 가장 편리하다.

중성자가 원자핵과 반응할 때에는 몇 가지의 방식(mode)이 있다. 단순히 원자핵에 의해서 튀겨내지는 경우를 산란이라 하고, 원자핵 속에 포획되는 경우를 흡수라 한다. 중성자를 흡수한 원자핵에서 양성자나 $\alpha$입자나 $\gamma$선 등이 방출된다. 중성자가 충돌했을 때에 어떤 반응이 어느 정도 일어나는가는 중성자가 가진 에너지와 상대 원자핵의 종류에 따라 다르다. 또 우라늄(U)이나 토륨(Th) 등 무거운 원자핵에 의한 흡수 반응에서는 중성자의 에너지에 의존하기도 하지만 핵분열을 일으킨다.

중성자에 의한 핵분열의 일어나기 쉬운 정도는 반응 단면적이라는 단위를 사용한다. 반응단면적이란 중성자 입장에서 원자핵이 어느 정도 크기의 과녁으로 보이는가 하는 것으로 넓이의 차원(dimension)을 갖는다. 원자핵의 크기는 $\sim 10^{-12}$cm 정도이므로 원자핵을 구로 간주할 경우 그 기하학적 단면적의 크기는 $\sim 10^{-24}cm^2$이다. 여기서 $10^{-24}cm^2$을 1barn이라 부르고, 반응 단면적의 단위로 사용한다.

반응 단면적의 크기는 핵반응의 종류 뿐 아니라 원자핵의 종류와 중성자의 에너지에 따라서 상당히 변화한다. 특히 중성자 에너지가 수 eV부터 수십 keV의 범위에서는 공명 현상이 나타나는 경우가 있으며, 이 경우 반응 단면적은 매우 큰 값을 갖는다. 이와 같은 핵반응 단면적을 여러 가지 핵종에 대해서 정리한 것을 핵데이터파일(nuclear data file)이라 부르고 있다. 이와 같은 반응을 하는 중성자가 물질 중에서 어떻게 거동하는가를 다음에 기술한다.

공기 중에서 중성자는 평균 100 m 정도 날아가서 공기 분자의 원자핵과 충돌하여 방향을 바꾸고, 또 100m 쯤 날아 100~150회 산란 후 흡수된다. 또한 자유 중성자의 경우 약 11분의 반감기로 $\beta$붕괴하며 중성자의 수명까지 살아남는 중성자는 극히 드물고 그 이전에 흡수 반응에 의하여 원자핵에 포집된다.

물질 내를 자유롭게 직진하는 거리의 평균값을 평균자유행로(mean free path)라 하는데, 물속에서 중성자의 평균자유행로는 1~2cm 정도이다. 물질 내를 산란하면서 움직여 돌아다니는 현상을 “확산”이라 한다. 처음에 중성자가 한 곳에 모여 있더라도 산란하면서 이동함으로써 점차 흩어지게 된다.

중성자가 원자핵에 부딪쳐서 산란할 때마다 에너지를 잃어 가는 현상을 “감속”이라 하고, 중성자를 감속시킬 목적으로 사용되는 물질을 “감속재”라 부른다. 원자로 내에 존재하는 중성자는 주로 에너지가 높은 쪽부터 고속중성자(0.5 MeV 이상), 중속중성자(1eV~0.5MeV), 열외중성자(0.5~1eV), 열중성자(0.5eV 이하로 0.025eV 부근)인데, 여기에 나타낸 에너지 구분은 그다지 엄밀한 것은 아니다.

열중성자를 더욱 감속하여 냉중성자나 초냉중성자를 만들어 낼 수 있다. 흥미롭게도 이들 중성자는 어느 조건하에서 파동적 성질을 나타내게 된다.

## 5. 중성자의 자기적 성질 등

중성자는 자기를 띤 소립자이다. 그것은 극히 작은 자석이고 학술적으로 말하면 자기쌍극자이다. 그 때문에 중성자는 주위의 자기장과 반응한다. 중성자 스핀 방향이 가지런한, 즉 자기 모멘트의 방향이 가지런한 중성자 빔을 표적 물질에 맞춰서 산란되는 중성자를 자세히 관찰하면 그 물질의 자기 특성을 알 수 있다. 게다가 물질 내의 국소적인 자기 모습까지도 알 수 있을 뿐 아니라 그 모습이 시시각각 변화하는 경우에도 추적할 수 있다.

앞에서 중성자는 전기적으로 중성이라고 기술했다. 이 사실 자체는 틀리지 않지만 최근에 중성자는 전기적으로 근소하게 분극 되어 있을 가능성이 제기되었다. 백 수십 억 년 전 빅뱅(Big Bang)으로 우주가 탄생한 시기에는 입자와 반입자, 혹은 물질과 반물질이 같은 양으로 만들어졌을 터인데 현재 반입자는 자취를 감추고 있다. 그 사실을 설명하고자 하는 몇 가지 이론이 있는데, 이들에 의하면 중성자는 전기쌍극자이고 또한 그 크기까지도 알려져 있다. 그러나 이 값은 극히 작아서 실험으로는 아직 확인되고 있지 않다.

# 중성자원

# 2장

## 1. 중성자원의 변천

채드윅(Chadwick)이 중성자를 발견한 직후부터 물질의 미시적 구조를 살펴보기 위한 탐색자로서의 중성자의 유용성이 인식되어, 보다 밝은(높은 강도의) 중성자원 개발이 오늘날까지 계속되어 왔다. 그림 2.1은 중성자원의 발전을 연차적으로 나타낸 것으로 중성자원의 세기(실효 열중성자속(束))의 연차 추이를 나타내고 있다.

라듐-베릴륨 등의 방사성 동위원소를 이용한 극히 소규모의 중성자원에서 시작해서 싸이클로트론의 이용에 이르는 제1기 이후, 원자로의 출현에 의하여 중성자원 강도는 비약적으로 향상하는 제2기를 맞이한다. 그러나 그것도 1970년경 프랑스의 그르노블에 있는 라우에/란주방 연구소(ILL)의 고중성자속로(약 $1\times10^{15}$ n/cm$^2$ · s)를 마지막으로 강도는 포화되고 만다. 그것은 노심에서 열 제거의 기술적 한계에 의한 것이었다.

원자로는 오늘날까지 중성자 산란을 위시한 빔 실험 등 연구에 매우 중요한 공헌을 해 왔다. 미국의 오크리지 국립연구소(ORNL)에 건설이 예정되어 있던 초고중성자속로 ANS(Advanced Neutron Source)계획은 이 벽을 타파하여 (0.5~1) $\times10^{16}$ n/cm$^2$ · s를 실현할 수 있도록 미국의 중성자산란 연구자의 강한 지지를 받아서 추진되어 왔는데, 1995년 이 계획은 중지되었다. 기술적으로는 매우 야심적인 시도이고 실현 가능하다고 생각되고 있었으나 안전성 확보 등의 이유로 건설비가

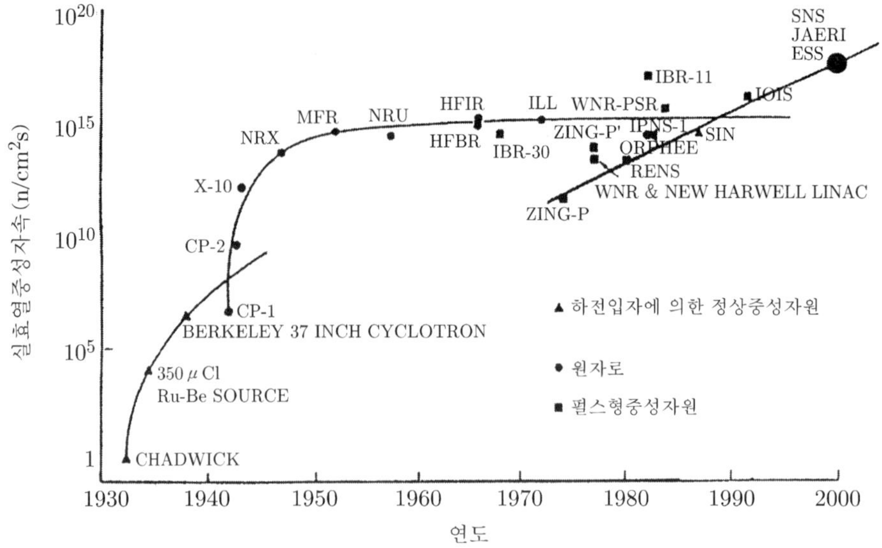


**그림 2.1** 중성자원의 실효 중성자속의 연차 추이

매우 부풀려진 것이 중지의 가장 큰 원인이었다.

1970년대에 들어와서 핵파쇄 중성자원(SNS)이 등장한다. 핵파쇄(spallation)반응의 경우는 뒤에 기술한 것과 같은 중성자 강도를 얻는 데에 표적의 열부하가 원자로보다 약 한 자리수가 작아도 되므로 열 제거란 공학적 제약하에서 원자로보다 약 1 자리수가 높은 중성자 강도가 실현할 수 있기 때문이다. 이렇게 해서 대강도 양성자 가속기의 발전과 더불어 중성자 강도는 계속 향상되는 발전을 이루지만 펄스로 운전되는 가속기가 대부분이다. SNS는 펄스 중성자원이다. 그림 2.2에 그 피크 값이 큰 동그라미 모양으로 나타나 있다.

이들 가속기 구동 중성자원의 경우, 시간 평균한 중성자속으로 ILL의 값을 능가하는 것이 쉽지 않지만 뒤에 기술하는 바와 같이 5MW급에서 겨우 가능하게 된다. 그러나 중성자 산란 실험의 경우, 대다수 실험에서 펄스 피크 값에 비례해서 실험의 질이 결정되며, 그 이외의 실험에서도 실효 중성자속은 시간 평균값보다 커진다(후술 참조). 따라서 펄스 중성자원이라도 피크 값으로 원자로로부터의 중성자 강도의 한계를 타파하는 것은 큰 의미가 있다. 그림과 같이 5MW급에서는 피크 값에서 $1\times10^{17}$ n/cm$^2$ · s 수준에 도달할 수 있다. 이렇게 핵 파쇄 중성자원(SNS)은 원자로를 대신하는 차세대 중성자원으로 기대할 수 있게 되었다.

SNS는 연속형(CW), 긴 펄스형(LPSS), 짧은 펄스형(SPSS)으로 구별된다. 연속형은 싸이클로트론 등 연속 빔을 내는 가속기를 이용하는 것으로, 스위스의 폴셰라연구소(PSI)의 연속SNS(SINQ)가 현재 세계에서 유일한 것이다. 이 PSI의 링 싸이클로트론(580MeV 양성자, 1.5mA)은 주로 메존 팩토리(Meson Factory)로서 이용되고 있는데, 몇 개의 메존 생성 표적을 통과한 양성자 빔으로 중성자를 발생시킨다. 약 560MeV 1mA의 빔을 중성자표적(원래 Pb-Bi로 예정되었으나 현재 수냉 고체 지르코늄 합금봉의 다발과 그것을 둘러싼 중수 감속 반사체)에 입사시켜서 약 $1 \times 10^{14}$ n/$cm^2$ · s 의 열중성자속을 얻었으며, 또한 ILL에서와 같이 액체 중수소의 냉중성자 감속재를 표적 근방에 설치함으로써 원연개량(原研改)3호 정도의 냉중성자속이 얻어지고 있다. 장래 표적 기술발전에 따라 중성자 강도가 2배 정도 증가할 수 있을 것으로 예측하고 있다.

LPSS는 양성자 선형가속기로부터 얻어지는 1~2ms 펄스를 그대로 중성자 발생 표적에 입사시켜서 같은 정도의 펄스폭의 냉·열·열외중성자를 만드는 것으로, 로스알라모스 국립연구소의 1MW LPSS가 계획되고 있다. CW형에 비해 펄스는 변조되므로 실효 중성자속은 약 10배 정도의 이득이 있고 (이득은 duty 사이클 즉 펄스폭×매초의 반복되는 수의 역수에 비례하므로, 펄스폭 1~1.5ms, 반복률 60Hz라고 하면, 펄스 피크에서의 중성자속은 시간평균값의 10~15배가 된다), 만약 5MW의 LPSS를 만들 경우 종합 성능에서 초고중성자속로 ANS와 같은 정도가 될 것으로 알려져 있다.

SPSS는 선형 가속기로부터의 ms펄스를 압축 링(compressor ring, 가속하지 않은 싱크로트론과 같은 것)에서 1$\mu$s 혹은 그 이하의 펄스폭으로 압축한 표적에 입사시키는 것으로 1~2$\mu$s 의 열외중성자, 5~30$\mu$s 폭의 열중성자, 100~200$\mu$s 폭의 냉중성자 펄스가 얻어진다. 뒤에 기술하는 바와 같이 5MW에서 냉중성자속의 피크값은 ILL의 100배 정도 얻어진다.

그림 2.2는 PSI의 CW형 SNS(SINQ), 1MW LPSS, 5MW SPSS 및 ILL에서 중성자 빔실험(주로 중성자 산란)을 했을 때의 실효 중성자속을 몇 가지 종류의 실험에 대하여 비교한 것으로 SPSS의 우월성을 엿볼 수 있다.

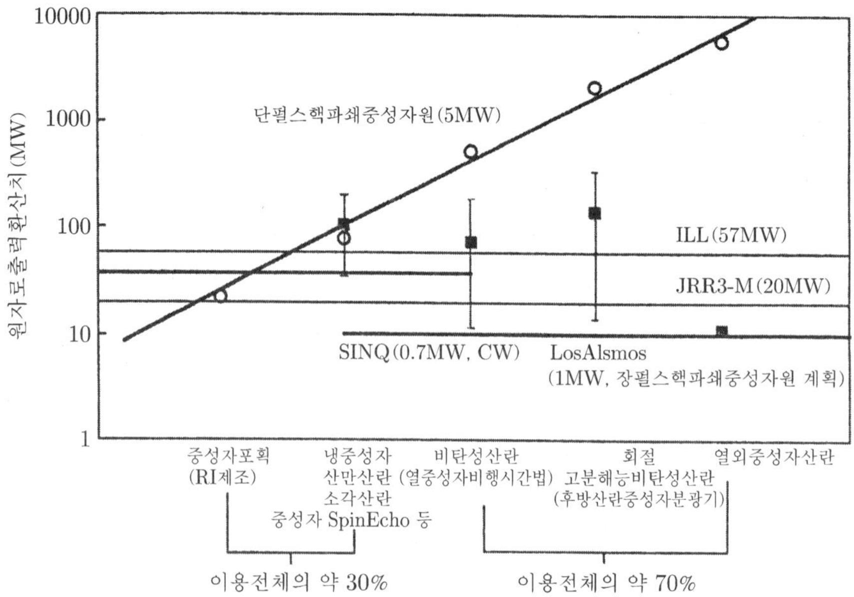


**그림 2.2** 각종 중성자산란실험에 대한 3종류의 핵파쇄 중성자원(CW, LPSS와 SPSS) & 원자로의 성능비교. ■기호는 1MW의 LPSS. 세로축은 출력을 실효원자로 출력환산으로 표시.

대강도 SPSS로서는 ORNL의 2MW(건설 중), EU의 5MW의 ESS계획 및 원연·KEK 통합 계획이 있다.

## 2. 원자로

### (1) 열출력과 중성자속

U235가 중성자를 흡수하면 많은 경우 핵분열을 일으키는데 개당 흡수 수로 평균하면 약 2.08개의 중성자가 발생한다. 연쇄반응을 일으키기 위해서 2.08개 중의 1개는 다음 단계의 핵분열에 사용하여야 하므로 중성자원으로 이용할 수 있는 중성자의 수는 나머지인 1.08개이다.

제어봉이나 구조재, 감속재, 핵분열생성물 등에 의한 중성자의 흡수(기생적 흡수)가 있을 경우 이용할 수 있는 수는 더욱 적어진다. 따라서 좋은 원자로에는 가능한 한 중성자 흡수가 적은 재료를 이용하는 것이 좋다. 그런 의미에서 경수보다도 중수가 바람직하며, 흑연이나 베릴륨도 가능한 한 고순도의 것이 바람직하다. 또 U238은 중성자를 기생적으로 흡수하므로 가능한 한 농축도가 높은 우라늄이 좋다.

발전로의 경우 그 규모나 성능을 정하는 것은 열출력, 온도, 그리고 열효율이다. 한편 중성자원용 원자로(이하 간단히 원자로라 부른다. 연구로는 일반적으로 원자력 연구 개발의 기본 설비 측면과 교육 훈련설비로서의 측면 등을 갖지만 여기서는 중성자원으로서의 측면을 중시한다)의 경우도 열 출력이 규모에 관한 주요 지표에는 틀림없지만 이것이 전부는 아니다. 연구로의 경우 오히려 '중성자속(neutron flux)'이 보다 기본적이다. '조사(照射) 이용'(노심 크기에 비해서 작은 시료를 노심이나 반사체내에 삽입해서 중성자를 조사하는 일)의 경우에는 조사 시료에 주위로부터 입사하는 중성자수(단위 시간 · 단위 면적당), 즉 해당 핵 조사 위치에서의 중성자속이 높은 편이 좋다. '빔 실험'(생체 차폐에 실험공(孔)을 마련하여 노심이나 반사체에서 흘러나오는 중성자를 실험실로 유도하여 시료나 중성자 검출기 등에 충돌시켜 중성자 상호작용을 일으키는 일)의 경우에는 흘러나오는 중성자의 양이 많아야한다. 흘러나오는 중성자의 양은 대략 실험공의 끝(노심측) 근방의 중성자속(neutron flux)에 비례한다.

그림 2.3은 일본의 대표적인 연구로 및 전형적인 발전로에 대하여 가로축에 열출력을, 세로축에 노심 내 평균 열중성자속을 나타낸 것이다. MW급의 연구로는 발전로 급에 해당되며, 수 10MW급이 되면 발전로를 상회하게 된다.

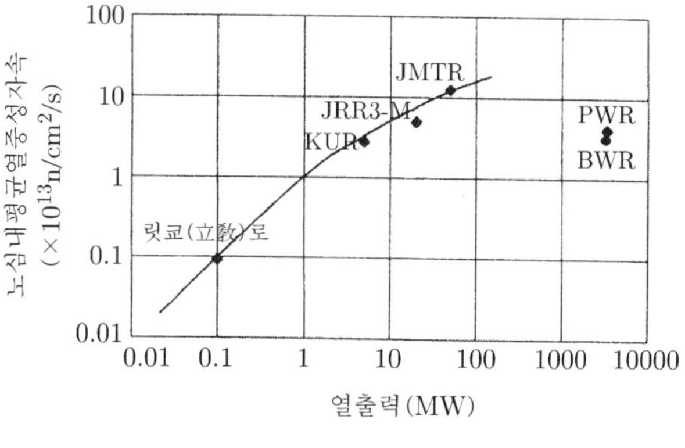


**그림 2.3** 대표적 노의 경우 열출력과 노심내 평균 열중성자속의 관계

친숙하지 않은 독자는 이상하게 생각되겠지만 이렇게 되는 이유는 연구로 노심의 크기가 작은 것에 기인한다. 발전로 노심의 대표적인 척도를 수 m, 연구로 노심의 대표적인 척도를 수 10cm로 대략 계산하면 부피의 비는 약 1,000이나 된다.

이상의 사실로부터 연구로는 그 크기가 작을수록 고성능 설계라는 것은 대체로 옳다. 그렇다면 더욱 작은 노심을 구성하면 성능(중성자속)을 올릴 수 있느냐 하면 그렇게 되는 것은 아니다. 핵분열로 중성자가 발생하면 고속 중성자인 상태에서 확산하며, 감속 도중이나 열중성자로 된 상태에서도 계속 확산하여 노심 밖으로 새어 나가기 때문에 소형화하는 데에는 한계가 있다. 밀도가 실제의 10배가 되는 경수의 경우 확산되기 어려우며, 높은 고성능(=고중성자속)의 연구로 달성이 가능할 것으로 기대되어진다.

### (2) 중성자속의 공간 분포와 에너지 스펙트럼

노심 주위에 반사체를 설치하면 새어 나가는 중성자를 감소시킬 수 있는 작은 노심을 구성할 수 있다. 연구로의 경우 반사체의 역할이 발전로에 비해서 보다 중요하다고 할 수 있다.

원통형 노심과 그것을 둘러싼 동심 원통형의 반사체로 구성된 연구로를 생각해 본다. 노심과 반사체 내의 중성자속 분포는 원자로 물리학 교과서에 있는 것처럼 그림 2.4와 같다.

노심 안에는 주로 연료 요소 및 감속재(보통 냉각재를 겸한 경수나 중수이다)가 배치되어 있고, 대체로 고속 중성자속은 높고, 열중성자 속은 낮다. 고속중성자속이 높다는 것은 핵분열을 일으키는 연료 요소가 그 곳에 있다는 것으로 직감적으로 이해할 수 있을 것이다.

열중성자의 경우 우라늄이 열중성자의 강한 흡수체임을 유의하면 된다.

한편, 반사체로는 중성자가 잘 감속되는 질량수가 적은 재료, 중성자의 공간적인 확산을 방지하도록 산란 단면적이 큰 것, 가능한 한 중성자를 흡수하지 않는 재료가 선택되며, 이들 특징이 어우러져 열중성자속(thermal neutron flux)이 노심내보다 반사체내가 높은 경우가 많다. 실제 반사체로 중수, 베릴륨, 흑연 등이 이용된다.

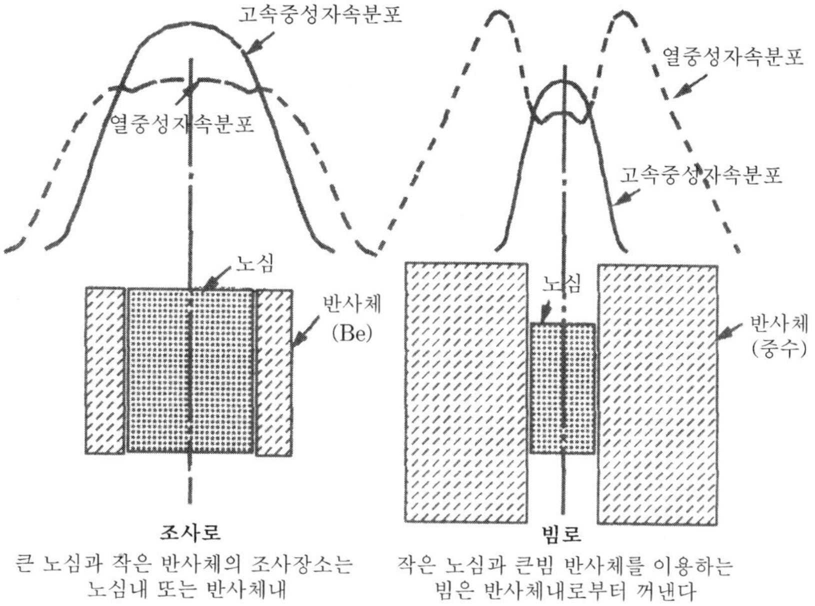


**그림 2.4** 중성자속 분포에 관계되는 조사빔 노의 특성비교

### (3) 조사로

이미 기술한 바와 같이 JMTR(50MW, 원연의 재료시험로라 불리는 연구로)의 경우, 중성자속(neutron flux)이 경수 발전로 보다도 상당히 높다. 따라서 발전로 개발 연구에 필수적인 재료 조사시험을 단기간에 실시할 수 있다. 적어도 조사시료 자체의 조사 환경－중성자속, 온도 등－은 개발 대상이 원자로보다도 엄격하여야하며, 제어가 필요하다.

재료에 대한 방사선 조사의 영향으로, 고속중성자에 의한 원자핵 되튐에 의한 것과 열중성자에 의한 핵반응에서 생기는 이종(異種)핵에 의한 것이 있으며, 따라서 재료조사 시험에 고속 중성자와 열중성자 모두 필요하다. 빔 실험로의 성능면에서 주요 관심이 반사체 내의 열중성자속에 있는 것과는 달리, 조사로의 경우 주로 노심내에 설치되는 조사 장치내의 중성자속에 관심이 있다.

방사성 동위원소(RI)의 제조는 조사로의 중요한 역할 중 하나이다. RI는 핵분열 생성물로부터 분리해서 얻을 수도 있지만, 대체로 열중성자나 공명 중성자의 포획반응에 의하여 제조된다. 물론 중성자속이 높은 편이 바람직하고 특히 중성자를 여러 번에 걸쳐 포획시켜서 제조하는 초우라늄원소의 제조와 같은 경우에는 일정 수준 이상의 중성자속이 필요하다. 이 경우 고속 중성자는 그다지 유용하지 않지만 반드시 방해가 되는 것은 아니다. 따라서 RI제조를 위한 조사 설비도 노심내 또는 노심에 인접한 위치에 설치된다.

노심내의 일부에서 연료 요소를 빼내고 경수, 중수, 혹은 베릴륨이나 흑연을 두면 그 부분의 열중성자속이 국소적으로 높아진다. 이는 연료인 중성자 흡수체가 제거된 효과이며 작은 용적의 시료를 고중성자속으로 조사하는 경우 매우 편리하다.

재료 시험, RI 제조, 조사의 경우 노심의 위쪽에서 조작하는 일이 많다. 연구로에서는 노심의 대부분이 풀(pool)의 바닥에 설치되어 있는 것이 많은데 조사를 주요 목적으로 하는 경우에는 풀을 넓게 해서 쓰기 편리하게 설계된다. 극단의 경우 수평 실험공을 설치하지 않고 풀을 넓게 한 것도 있다.

조사로에서 이용하는 경우 강한 방사성 물질을 취급하는 "Hot Laboratory"라 불리는 설비가 인접해 있어야 한다.

### (4) 빔 실험로

중성자 빔을 생체 차폐 외측 수평 방향으로 꺼내서 이용하는 경우를 빔 실험이라 하며, 풀을 작게 해서 수평 방향의 실험공을 많이 설치한 노를 빔실험로라 부른다. 실험자 입장에서 중성자가 가능한 한 많고 안정하게 나오는 것이 바람직하며, 실험공 원래의 방향에 있는 반사체나 노심 구조의 경우 전기나 가스수도를 쓰는 경우처럼 신경을 안 써도 좋지만 여기서는 그 구조를 기술하기로 한다.

중성자 빔으로는 주로 저속 중성자가 기대된다. 이 경우 고속 중성자나 감마선은 백그라운드가 되도록 가능한 한 적은 편이 바람직하다. 이 조건은 반사체에서 중성자를 빼냄으로써 해결된다. 또한 실험공의 끝이 노심을 바라보지 않도록 배치하면 백그라운드를 줄일 수 있다.

노심 내에서 고속중성자가 생기고, 반사체내에서 좋은 효율로 감속 그리고 확산되지 않고 흡수가 적을 경우 열중성자속은 증가한다. 이를 만족시키는 설계상의 고려로써 노심은 가능한 한 작게 점상(点状) 중성자원으로 접근시키는 것이 좋다. 그러기 위해서는 고농축 우라늄을 가능한 한 고밀도로 장전시키는 것이 좋다. 그러나 노심의 크기에 반비례해서 출력 밀도가 높아지므로 냉각 기술, 재료 선택, 안전성 간의 최적화가 필요하다.

노심냉각재는 경수보다도 중수를 이용하는 편이 중성자원으로서의 성능은 좋으나, 중수를 이용하면 트리티움이 생성되는 일도 있어서 냉각 계통의 운전 보수에 각별한 대응이 필요하게 된다. 실제로 냉각재와 감속재로 경수를 이용하고 반사재에는 중수를 이용함으로써 열중성자속을 높게 하는 노가 많다. JRR3-M(원연)이 그런 예이다.

### (5) 열중성자와 냉중성자의 생성

핵분열로 생성된 고속중성자는 감속재인 원자핵과의 충돌을 되풀이하면서 점차 속도(운동에너지)가 낮아진다. 다만 분자・원자 내의 원자핵도 열운동을 하며, 중성자 에너지가 그 열운동 에너지 가까이까지 낮아질 경우 충돌로 중성자가 오히려 에너지를 얻는 (속도를 높이는) 현상이 일어난다. 분자・원자의 운동과 중성자 사이의 에너지를 주고받는 과정은 복잡하고 게다가 감속재마다 다른 양상을 나타낸다. 그러나 분자・원자의 열운동 에너지와 중성자의 운동 에너지가 평형일 경우 각각의 입자가 갖는 에너지의 평균값은 같으며, 중성자의 운동 에너지 분포는 Maxwell 분포가 된다(엄밀하게 말하면 중성자는 일반적으로 속도가 느릴수록 빨리 잃게(흡수되므로)되므로 Maxwell 분포로부터 약간 벗어나게 된다. 이와 같은 중성자의 집단을 열중성자라고 하는데 그 명칭은 열평형에서 유래한다).

다음으로 냉중성자란 무엇인가. 그것이 어떻게 만들어지는가를 기술하자. 감속재의 온도를 낮춰 가면 그것과 열평형상태에 있는 중성자의 에너지도 작아진다. 예를 들어 30K인 감속재를 이용할 경우 상온인 감속재내의 열중성자에 비하여 에너지는 1/10로 된다.

그러면 가장 일반적인 감속재인 경수의 온도를 낮춰 가면 냉중성자가 될까. 경수가 결빙함으로써 수소 원자핵은 얼음 속에 속박되어 중성자 입장에서 보면 질량이 매우 큰 상대에 충돌한 경우가 되어 거의 감속하지 않는다. 게다가 중성자의 에너지가 낮아지면 수소 원자핵에 흡수되는 비율이 높아진다. 따라서 경수의 얼음은 냉중성자를 발생시키기 위한 좋은 감속재는 아니다.

냉중성자 감속재로써 적절한 것은 질량수가 작은 양성자나 중양자로 이루어진 재료가 필요한데, 냉각된 경우 단단하게 속박되는 것은 좋지 않으므로 실제로는 액화된 수소나 중수소가 이용된다. 그것들은 20K 가까이까지 냉각해도 역시 액체이고, 그 모습에서 상상할 수 있는 바와 같이 속박되는 정도가 작아 효과적인 냉감속재가 된다.

또한 액화methane, 나아가서는 고화methane도 좋은 냉감속재이다. 그 이유는 methane 분자가 구형이고, 고체 내에 있어도 분자 회전이 비교적 자유로운 상태에 있어 중성자를 감속하는 능력을 높게 유지하고 있기 때문이다.

실제 냉중성자원은 열중성자가 많이 존재하며, $\gamma$선에 의한 발열이 비교적 적은 반사체내의 Al용기에 수 리터 정도의 액체 수소 또는 액체 중수소를 저장함으로써 만들어지는데 이들 액체는 강력한 냉동기에 의해서 냉각된다.

### (6) 중성자 도관(導管)

과거 빔실험은 가능한 한 노심 근처에서 이루어졌다. 이는 시료에 입사하는 중성자속이 실험공 끝에서 시료 위치까지의 거리의 제곱에 반비례해서 감소하기 때문이다. 최근에는 실험 양상이 바뀌어 중성자 도관을 설치하여 열중성자나 냉중성자를 노 밖의 실험실로 유도하여 $\gamma$선이나 고속중성자의 백그라운드(back ground)가 낮은 환경 하에서 실시하는 것이 일반적으로 되었다. 따라서 많은 실험을 동시에 할 수 있다.

중성자 도관에 대하여 간단한 설명을 덧붙이자.

중성자는 전하를 갖지 않기 때문에 전자나 이온(ion)빔과 같이 전자기장에 의한 편향, 수렴 등의 조작은 할 수 없지만, 다른 실제적인 방법으로 중성자의 파동적 특성을 이용한다.

유리섬유(glass fiber)에 의해서 유도되는 빛을 상상해보자. 직진해야 할 빛이 유리 섬유 내에서 전반사를 하면서 유도되어 간다. 이와 같은 현상이 중성자의 경우도 가능하다. 우선 매끄러운 유리 표면에 얇은 Ni막을 증착시킨다. 이를 Ni 거울(mirror)이라 부르며 친숙한 유리 거울과 같다. 진공 속에서 중성자가 Ni면에 거의 스칠 정도의 각도로 비스듬히 입사한 경우 전반사되어 표면에 거의 스칠 정도의 각도로 진공 속을 진행한다. 따라서 유리섬유 내면에 Ni을 증착한 것으로 만곡된 모양을 제작할 수 있다면 중성자는 파이프 내를 여러 번 전반사하면서 진행할 수 있다. 실제로는 장방형(長方短)의 평면경을 여러 장 겹으로 하여 도관으로 사용한다.

### (7) 연구로의 노 공학적 측면

연구로의 경우 발생한 열에너지를 전력으로 변환하는 것이 아니므로 열효율은 문제가 되지 않는다. 따라서 노심이나 냉각재의 온도를 올릴 필요는 없다. 저온에서 운전할 경우 연료·재료의 사용 환경이 발전로 정도로 엄격하지는 않기 때문에 Al합금을 다양하게 사용할 수 있다. 이미 기술한 바와 같이 MW급의 연구로는 출력 밀도가 발전로의 값을 넘을 정도가 되므로 연료 요소를 효율적으로 냉각할 필요가 있다. 대부분 얇은 판상(板狀)연료를 이용하고 연료 심재(心材) 및 피복재의 열전도율이 높은 것으로 선정한다. 또 충분한 냉각수를 흘림으로써 노심의 온도 상승을 억제한다. JRR3-M 노실 내의 냉각수는 압력은 가해지지 않으나 끓지 않도록 설계되어 있다. JMTR의 경우, 압력을 가하나 냉각재 온도 58℃, 압력 15기압으로 모두 발전로에 비하면 훨씬 낮다.

극한의 성능을 추구하기 위해서는 고농축(90% 정도) 우라늄을 사용하는 것이 바람직하나, 최근에는 핵확산 방지의 관점에서 저농축(20%정도) 우라늄을 이용하고 있다. 저농축으로 하면 연료 심재(芯材)중의 우라늄 전체의 양이 수배까지 되므로 새 심재의 개발이 필요하게 되며, 현재는 우라늄실리사이드((uranium silicide($U_3Si_2$)) 와 Al합금의 분산형 심재가 일반적으로 사용되고 있다.

MW급 연구로의 경우, 내장된 핵분열 생성물은 발전로의 수백분의 1 정도이며 방사성 물질의 가둠 기능이 필요하다. 수 MW 이상이 되면 핵분열 연쇄반응이 정지한 후 잔류열 취급이 안전 확보 상 매우 중요하다. 따라서 강력한 중성자원이 되면 연료의 소모비용뿐 아니라 그만큼 많은 인적, 경제적 비용이 필요하다.

### (8) Trigger로와 Pulse로

일본의 연구로 가운데 릿교대로(100kW), 무사시노대로(100kW) 및 원연의 NSRR (300kW)은 Trigger로(상품명)라 불리는 특수한 노이다.

모든 원자로는 안전제어를 위하여 노심(연료나 감속재)의 온도가 상승할 경우 연쇄 반응이 억제되도록 설계되어 있으며, 특히 Trigger로는 그 억제특성이 뚜렷하다.

NSRR의 경우, 제어봉을 완전히 꺼내어 출력을 급상승(첨두값 23,000MW)시킨다 해도 연료봉의 온도가 상승하여 즉시 연쇄반응이 억제되어 제어봉을 삽입하지 않아도 연쇄 반응은 정지한다. 그 때문에 순간적으로 매우 높은 출력을 내는 펄스 형태의 운전이 가능하고, 발전로용 연료가 과대 출력될 때의 안전성을 확실히 하는 실험이 반드시 필요하다.

무사시공대로(武蔵工大炉)와 릿교대로(立教大炉)의 경우, 펄스 운전은 하고 있지 않으나 온도 상승 시 연쇄 반응의 제어 특성이 뚜렷해서, 소위 반응도(反應度)사고가 일어나는 일이 거의 없는 원자로이기 때문에 교육 훈련 등으로 이용하는 대학의 원자로 노로써 적합하다.

여기서 Trigger로의 연쇄반응 억제 특성이 뚜렷한 이유를 기술해 두자. 중요한 것은 수소화Zr(이하 ZrH로 표기)이라는 특수한 감속재를 이용하고 있다는 것이다.

ZrH 내의 수소 원자는 에너지 면에서 Zr 원자 배열이 만드는 구 모양의 포텐셜 우물 안에서 거의 이상적인 1차원 조화진동자 운동을 하고 있다. 에너지 상태는 기저 상태, 제1여기 상태, … 등으로 띄엄띄엄하며, 상태는 서로 에너지 양자(ZrH에서는 약 0.14eV)만큼 떨어져 있다.

0.14eV는 상온에서의 열운동 평균 에너지인 0.025eV에 비해 상당히 크다. 그 때문에 ZrH 내 수소원자의 거의 모두가 상온에서는 기저 상태에 있다고 간주할 수 있다. 기저 상태에 있는 수소에 의해서 산란되는 중성자는 에너지를 잃든가 혹은 탄성 산란하든가 둘 중의 하나이고 에너지를 얻는 일은 없다. 특히 0.14eV 이하의 중성자는 탄성 산란할 뿐이다. 그 때문에 ZrH감속재 내에서 고에너지 영역에서부터 점차 감속해 오는 중성자는 0.14eV이하로 감속되면 더 이상 감속하지 않는다(감속해 오는 중성자와 흡수 혹은 확산에 의하여 없어지는 중성자 사이에 균형이 이루어져 에너지 스펙트럼이 형성되며 이는 앞에서 기술한 맥스웰(Maxwell)분포와 다르다).

우라늄과 ZrH 내의 수소 원자 가운데 제1여기 상태에 있는 중성자 수는 급격히 증가하기 시작하며, 기저상태에 있는 것은 역으로 감소한다. 따라서 0.14eV 이하의 에너지를 가진 중성자의 경우, 산란에 의해서 에너지를 얻을 기회가 늘어 0.14eV

이상으로 가속되게 된다. 이 과정을 정량적으로 검토해 보면, 연료봉의 온도상승보다 중성자 집단의 에너지 상승이 뚜렷함을 알 수 있다, 에너지를 얻은 중성자는 반응단면적이 작고 또 노심 밖으로 새기 쉬워 다음 핵분열 발생 확률이 낮아진다. 그 결과 연쇄 반응은 온도 상승에 따라 신속하고 확실하게 억제된다.

참고로 경수 감속재의 경우, 분자 내 진동은 ZrH와 마찬가지로 기저 상태의 것이 많으나, 분자 전체로서의 회전이나 이동에 관한 에너지 양자(quantum)는 적어, 상온에서도 여기 상태에 있는 수소 원자가 많고 에너지의 주고받음에 의해서 중성자의 스펙트럼은 맥스웰분포에 가깝게 된다.

### (9) 고속중성자원로

연구로에도 고속중성자로가 존재한다. 일본의 도쿄대로(東大 炉)(야오이)가 이에 해당하며, 공기 냉각된 소형 우라늄 금속 노심을 납 반사재인 파일이 둘러싼 구조로 되어 있다. 출력은 2kW이지만 순수한 고속 중성자속장(neutron flux field)을 제공할 수 있으며 방사선 손상의 연구 이외의 여러 가지 기초 연구에 이용되고 있다.

### (10) 대학로(중형 · 소형로)의 역할과 가치

대학이 운전하는 연구로는 중형 내지 소형이다. 중성자원으로서의 성능은 당연히 대형 연구로보다 떨어지나 독자적 역할과 가치를 갖고 있다. 여기서는 교토대로(京大炉, KUR)를 염두에 두고 대학로의 역할과 가치를 소개하기로 하자.

대학은 다양한 연구 분야에 있어서 여러 가지 흥미나 가치관을 가진 연구자가 모여 있는 사회이다. 그 때문에 중성자원도 그와 같은 환경에 어울리는 것이 좋다. 예컨대 모든 연구가 최강의 중성자원을 필요로 하는 것은 아니다. 중성자 광학에 관련된 여러 기기나 연구 방법의 개발, 이용자 수, 특히 다양한 방사화(放射化)분석, 방사선의 생물학적 영향에 관한 연구, 의료 조사 연구 등은 대형로가 아니라도 가능하다.

대학 연구자 대부분은 대규모 프로젝트연구보다도 개인 생각에 기초한 착상 단계 혹은 싹틀 단계에 있는 연구에 전념하는 일이 많다. 규모가 작고 또한 성공에 이르는 일 없이 끝나는 시도도 많다. 이 들은 안전 규제상의 대응 등에 너무 번거로워지는 일 없이 손쉽게 실시하고자 하는 요구를 하고 있으며, 그 요구에 부응하는 데에는 중형 · 소형이 유리하다.

대학의 연구 활동은 대학원생 · 학생이나 젊은 층 연구자에 대한 교육 활동과 혼연일체가 되어 추진되는 일이 많다. 특히 교육면에서는 실패를 되풀이하면서 실험에 몰두할 수 있는 환경이 필요하다.

연구 중에는 마무리 단계를 대형로에서 실시해야 할 경우도 많지만, 그 전 단계에 이뤄지는 연구를 위한 중형 · 소형로의 역할과 가치는 인식될 필요가 있다.

### (11) 여러 외국에서의 연구로 상황

소기의 역할을 다하고, 혹은 노후화 때문에 해체나 운전 정지되고 있는 연구로가 많다. 일본에서는 현재 JRR-2가 긴 세월을 거쳐 기술 개발을 추진하면서 해체되려고 하고 있다.

**표 2.1** 최근 완성 · 건설 중 · 계획 중인 연구로

| 연구로명 | 국가명 | 상황 | 설명 |
|---|---|---|---|
| HANARO | 대한민국 | 완성 | 1994년에 임계달성, 목표는 30MW이며, 현재 20수MW까지 달성. |
| ETRR-2 | 이집트 | 완성 | 1998년에 정격출력에 도달된 다목적 노. |
| PIK | 러시아 | 건설 중 | 1976년에 Petersburg Nuclear Physics Inst.에서 건설을 개시하였음. 서서히 진보됨. 100MW의 중수반사 · 경수냉각로. |
| FRM-Ⅱ | 독일 | 건설 중 | 뮌헨공과대학에서 FRM(4MW)의 대체 노로써 2000년 완성예정. 20MW의 중수반사 · 경수냉각로. Compact 노심이며, 고성능 |
| ONRC | 타이 | 건설 중 | 2001년 완성예정 10MW다목적 Trigger로. |
| MAPLE | 캐나다 | 건설 중 | AECL의 초크리버 연구소에 건설 중. 10MW로 기존의 NRU 대체 노. 다목적 노로서 RI 제조의 중점을 둠. 2기 건설 계획. |
| FIHAR | 호주 | 건설 중 | ANSTO가 기존 노 FIHAR의 대체로로서 충분한 준비완료. 2005년에 완성예정. 출력 14~20MW. |
| HOROWITZ | 프랑스 | 계획 중 | 100MW의 신 조사로, 1999년에 주 특성 결정, 2002~2006년 건설. |

한편 1960년대 정도는 아니지만 세계적으로 보면 새로운 노의 건설이 진행되고 있는 것도 확실하다. 완성된 노, 건설 중인 노, 설계 중인 노에 관한 정보를 표 2.1에 정리하였다. 또 기존의 노를 보수·정비하여 계속 운전하고 있는 것도 많다.

### (12) 중성자원으로서의 연구로의 미래

원자로 중성자원은 중성자 이용의 관점에서 보면 가속기 중성자원과 상보적인 관계에 있다. 또 원자로 중성자원은 큰 실적이 있지만 새로운 관점의 측면에서 볼 때 가속기 중성자원에 대한 기대가 보다 높다. 여기서는 연구로에 대한 본고 집필자의 향후 기대에 대하여 말하고자 한다.

우선 중성자원의 관점에서 연구로는 극히 단순한 원리와 구조를 가져 장시간 안전하게 운전될 수 있다는 것을 거듭 강조하고 싶다. 또 적절한 취급을 하면 주변 주민뿐 아니라 운전자나 이용자에 미치는 방사선 피폭 위험도 줄일 수 있다. 앞으로의 전개에 큰 기대를 가지고 있다.

연구로는 그것이 가진 여러 가지 측면에서 향후 매우 중요하다고 생각된다. 연구로는 현재 원자력 발전이 안고 있는 과제와 같이 규모는 매우 작지만 동일다고 볼 수 있다.즉 안전 확보, 사용 후 연료의 처리와 방사성 폐기물의 처분, 입지(立地)지역과의 공생, 매우 정치적인 핵확산 문제 등이며 연구로의 장래와 원자력 발전의 미래를 별개의 것으로 생각하기는 어렵다.

일본의 연구로가 가까운 장래에 직면하게 될 과제는 연료와 후처리(back end)에 관한 것일 것이다. 외국에서 농축우라늄의 제공을 받아 사용 후 연료의 재처리나 방사성 폐기물의 취급을 다른 사람에게 맡긴 채, 연구로의 운전을 계속하는 것은 머지않아 어렵게 될 것이라 예견된다.

## 3. 핵파쇄 중성자원

### (1) 왜 핵파쇄 중성자원인가

현재 세계에서 가장 중성자속이 높은 ILL의 고중성자속로와 동등한 열중성자속

($1.3\times10^{15}$ n/cm$^2$s)을 얻기 위하여 핵파쇄 중성자원(SNS) 혹은 아직 미래 기술에 속하는 뮤온(muon)촉매 핵융합반응($\mu$CF) 중성자원을 이용하면 어떨까. 결과는 표 2.2에 나타 낸 것과 같으며[1], SNS가 가장 효율이 좋아 원자로의 약 1/10의 출력(발열량)으로 같은 중성자속을 만들 수 있다. 그것은 단위량의 중성자를 발생하는 데에 필요한 에너지(에너지cost)가 낮아도 되는 것, 중성자 발생 표적에 의한 열중성자 흡수가 노심에서의 그것보다 훨씬 적은 것 등에 의한 것이다. 따라서 5MW의 SNS를 만들면 시간평균 중성자속이 ILL과 동등하게 된다.

**표 2.2** 각 종 중성자 생성법의 비교

| | 핵분열 | 핵파쇄 | 뮤온 촉매핵융합 |
|---|---|---|---|
| 에너지 비용 $\varepsilon$(MeV/n) | ($E_f$/v) ~80 | ~40 | ($E_\mu/X_c$) ~100<br>($E_\mu$= 10GeV, $X_c$= 100) |
| 중성자 수량, Y = 1/$\varepsilon$($10^{17}$n/s/MW) | 0.76 | 1.52 | 0.62 |
| 평균중성자 에너지, E/(MeV) | 2 | 〈 1 | 14.2 |
| 중성자 누설 확률, $Y_L$ | ~0.3 | ~1 | ~1 |
| 열중성자로의 변환계수, $\phi_{th}$/Q($10^{-3}$cm$^{-2}$) | ~1 | ~1.8 | 2.24 |
| $\phi_{th}$/P($10^{13}$cm$^{-2}$/s · MW) | 2.3 | 27 | 14 |
| $3\times10^{15}n_{th}$/cm$^{-2}$ · s를 얻기 위한 필요 출력(MW) | 57 | 5 | 10 |

## (2) 왜 양성자빔 인가

그림 2.5는 여러 가지의 경이온을 납 표적에 입사했을 때 중성자 수량을 나타낸 것이다[2]. 입사 에너지, 수량은 입사이온의 원자번호로 규격화되어 있다. 즉 입사 입자가 가진 양성자 1개에 해당하는 값이다. 중양자(d)의 경우도 중성자 수량은 양성자의 경우와 거의 다르지 않으며, GeV 영역에서의 대전류 가속을 생각하면 양성자빔이 최적이다.

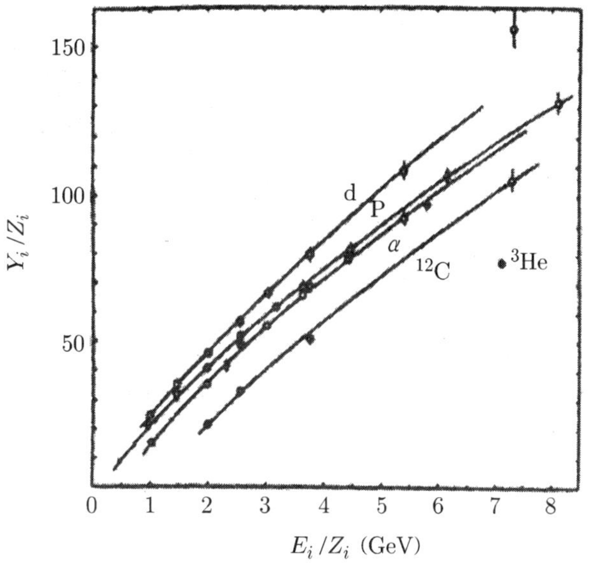


**그림 2.5** 여러 가지 경이온에 대한 중성자 수량의 실측치. 표적은 직경 20cm, 길이 60cm의 납

### (3) 핵파쇄 반응이란?

핵파쇄 반응은 약 100MeV 이상의 입자에 의하여 발생하는 많은 2차 입자 방출을 수반하는 비탄성 핵반응으로(그림 2.6)[3], 에너지가 높은 hadron(양성자 등)이 물질에 입사하면 핵 내의 개개의 핵자(양성자, 중성자)와 충돌을 되풀이하여 핵 내 캐스케이드(cascade)를 형성한다.

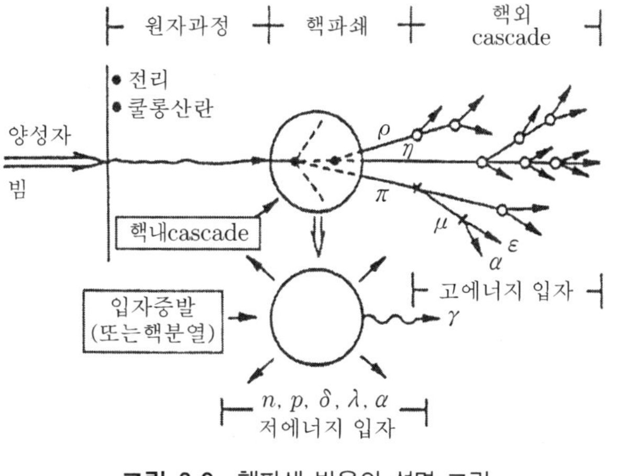


**그림 2.6** 핵파쇄 반응의 설명 그림

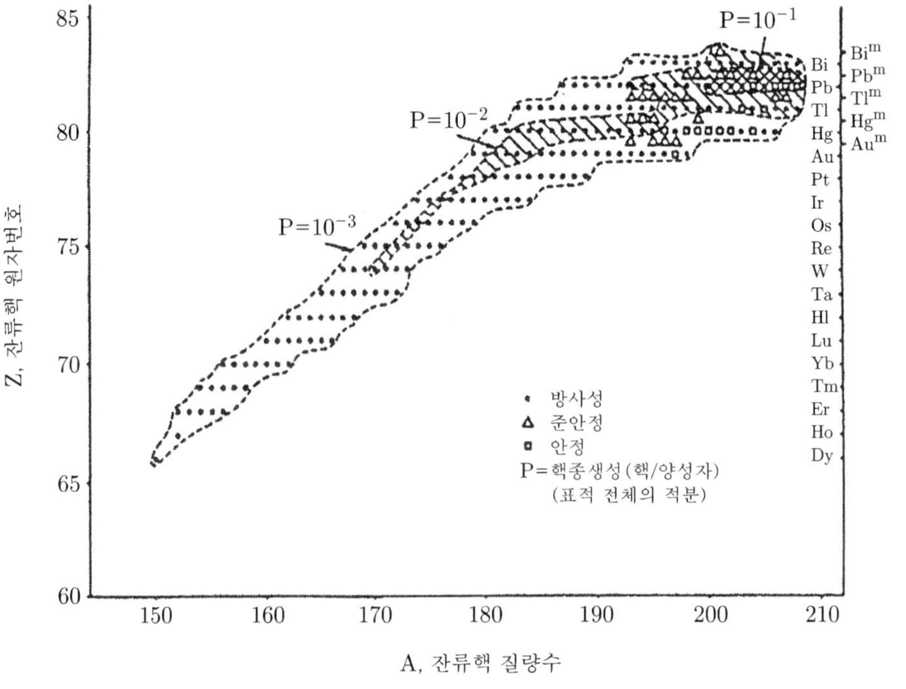


**그림 2.7** 납 표적에 1.1GeV 양성자를 조사한 경우 핵파쇄 반응생성물의 A-Z 분포

이 단계에서 $p$, $n$, $\pi^+$, $\pi^-$, $\pi^0$가 방출된다(이 들은 입사 입자의 진행 방향에 따라서 강한 지향성을 갖는다). 그리고 여기 상태의 잔류 핵이 만들어지고, 잔류 핵에서 핵자의 증발이 일어난다(방출 입자의 에너지는 0.1~10MeV로 낮고 등방적(等方的)인 각도 분포를 갖는다). 잔류 핵의 대부분은 방사성이고 생성 핵종의 원자량은 매우 넓은 범위에 분포한다(그림 2.7)[3]. 핵 내의 캐스케이드에 의한 방출 입자가 충분히 높은 에너지를 갖는 경우에는 다른 원자핵을 파쇄하여 소위 핵 외 캐스케이드가 진행된다.

### (4) 최적 양성자 에너지

에너지 비용 $\epsilon$은 약 1.1GeV에서 최소가 된다. 많은 가속기 중성자원이 이 부근의 양성자 에너지를 선택하고 있는 것은 그 때문이다. 또한 높은 양성자 에너지라도 $\epsilon$은 그다지 증가하지 않으므로 가속기 실현의 난이도를 고려하여 최대 빔출력을 얻을 수 있는 에너지를 선정하면 된다(예 ESS : 1.33GeV, JAERI : 1.5GeV, JHF : 3GeV, BNL : 24GeV).

### (5) 중성자 흡수량의 개략적인 값

중성자 흡수량은 고에너지 하드론 수송코드(NMTC/JAERIU HETC 등)와 20MeV 이하의 핵 단면적을 이용하는 저에너지 중성자 수송 계산 코드(MCNP 등)로 구할 수 있으며, 계산 값 및 실험 값 모두 10% 정도의 불확실성이 있다. 아래에 입사 양성자당 중성자 흡수량의 개략적인 값을 구하는 간단한 경험식을 예로 나타내었다. 비악티나이드 표적(non-actinoid target)인 경우 다음과 같이 표시된다.

$$Y(E,A) = [E - 0.12] \times [A + 20] \times 0.1(n/p) \quad (\text{E: GeV})$$

여기서 $E$=1.5 GeV, 수은 표적($A$=200.61)일 경우, $Y$=30.4 $n/p$ 가 된다. 열화우라늄 등 악티나이드 표적의 경우는 약 2배가 된다.

### (6) 핵파쇄 중성자원의 특징

핵파쇄 중성자원의 주요 특징은 다음과 같다.

① 다수의 중성자가 방출되기 때문에 $\epsilon$이 가장 적고(열 부하 최소), 보다 밝은 중성자원이 가능하다(이점).

② 20MeV 이상의 고에너지 중성자 발생(스펙트럼의 상한은 입사 양성자 에너지에도 영향을 준다)이 수반되므로(특히 앞 방향으로 강하게) 원자로에 비해서 차폐가 어렵다(약 4배의 두께(g/cm$^2$) 필요)(결점).

③ 열외중성자의 강도가 원자로에 비해 훨씬 크다(이점).

④ 감마선의 발생이 원자로에 비해 매우 적고(1/10 이하), 냉중성자원으로써의 냉감속재(cold moderator; 냉중성자의 생성을 목적으로 하는 감속재)의 냉각에 있어 이점이 된다.

⑤ 생성 핵종의 분포에 있어 표적 핵 이하의 질량수 거의 모두 나타난다(핵분열 생성 핵종의 분포와는 크게 다르다). 특히 수소, 헬륨의 생성이 크고 고체 표적 혹

은 액체금속 표적 용기의 방사선 손상에 의한 열화(부스러짐성, brittleness)가 일어난다(결점).

### (7) 어떤 표적 시스템이 필요하게 되나

원연이 고려하고 있는 5MW SNS의 표적 감속재 시스템(target moderator system)을 그림 2.8에 나타내었다[4] (반사체는 존재하지만 그림에 나타내지 않았다). 1리터 정도의 작은 실효체적 표적(중성자 조도(照度)를 높이기 위해서는 가능한 한 작게 한다)이며, MW급의 열 제거를 안전하게 하여야 한다.

고체 표적의 한 예로서 현재 가동 중인 ISIS라는 세계 최대의 펄스 SNS(800MeV, 평균 양성자빔 전류 200$\mu$A, 50Hz 운전 160kW)의 표적 단면을 그림 2.9에 나타내었다[5]. 열화우라늄과 여분으로 탄탈(Ta)표적이 있으며 모두 같은 구조이다. 표적 디스크 두께의 경우 앞부분에서 열부하가 가장 높은 곳은 7.7mm, 수냉 간격은 1.75mm이다. 열화우라늄의 경우 0.5mm의 질카로이(Zircaloy)로 피복되어 있다(HIP확산 접합). 열화우라늄 표적의 수명은 1~6개월이고, 탄탈에 비해 1.8~2배 높

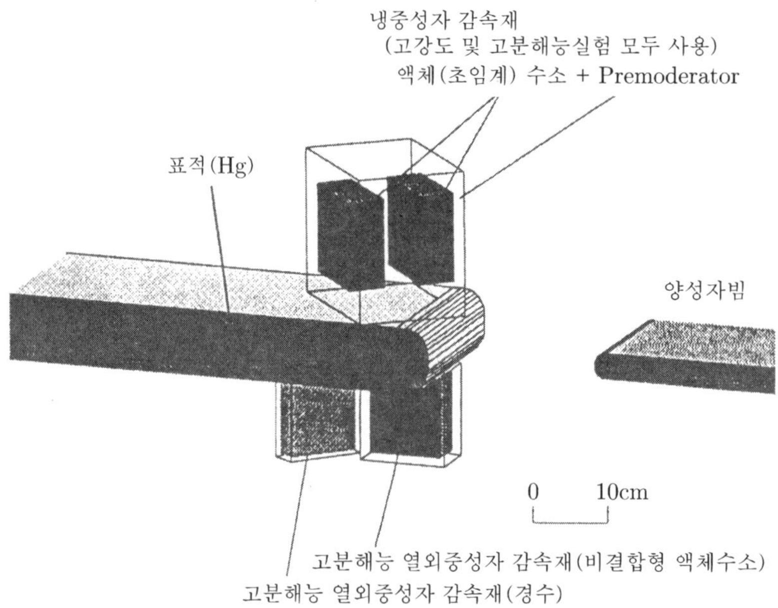


**그림 2.8** 원연 5MW SPSS의 표적 · 감속 · 시스템(target · modulator · system) 개념도

은 중성자 흡수량을 얻을 수 있으나, ISIS급이 한계이고 그 이상의 출력에서는 탄탈, 텅스텐(Ta, W) 등이 이용된다.

고체 수냉 표적 사용은 양성자 빔 출력 1MW까지이고 그 이상에서는 디스크 판에

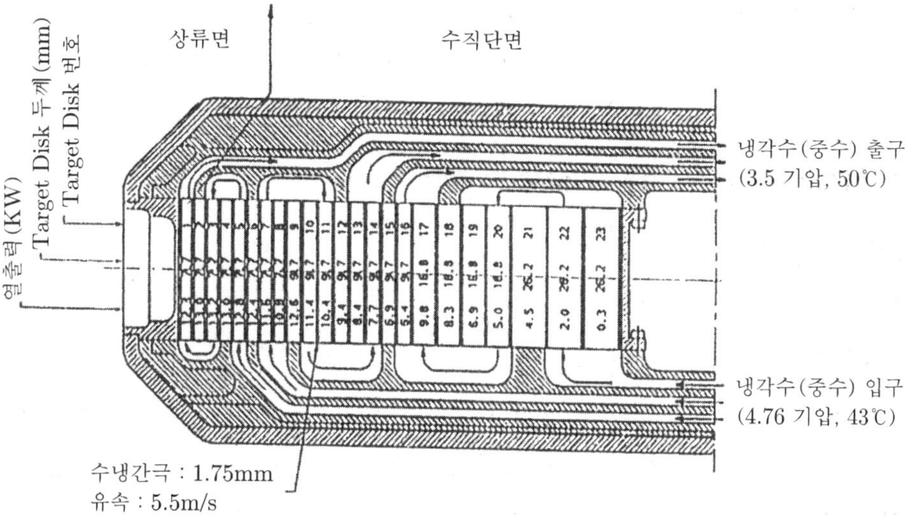


**그림 2.9** ISIS 열화우라늄의 표적 구조

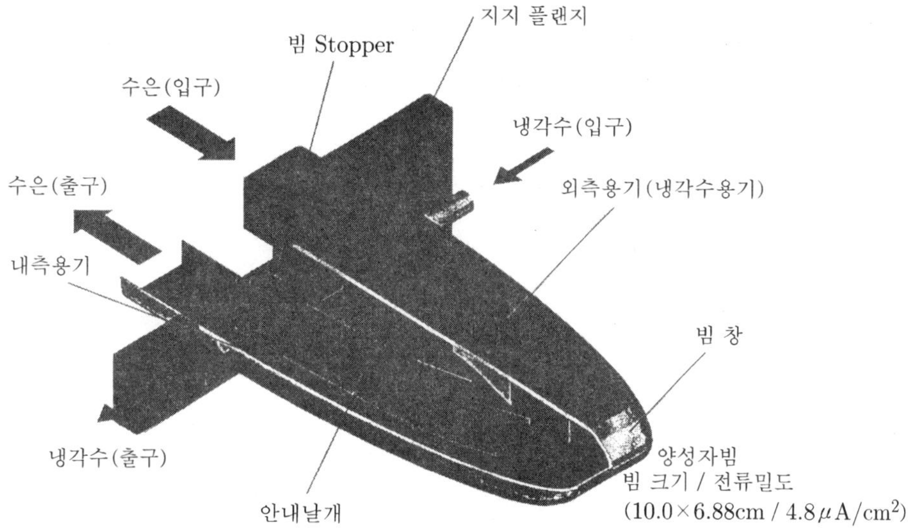


**그림 2.10** Blade type cross flow형 수은 표적 구조개념

걸리는 스트레스 및 방사선 손상 때문에 표적의 수명이 비현실적인 수준까지 단축되므로 액체 중금속 표적을 사용해야한다.

현재 고려되고 있는 후보는 Hg, PbBi 용융염 및 용융 Pb인데, 현재 기술적으로 가능하다고 생각되는 것은 Hg 뿐이고, 원연 계획을 위시하여 ESS(유럽 핵파쇄 중성자원, 계획 중), SNS(미국 핵파쇄 중성자원, 건설 중)이며, 연구 개발이 활발하게 진행되고 있다. 그림 2.10은 그와 같은 표적의 한 예로써 원연에서 제안되고 있다[6].

### (8) 액체금속 표적용기의 기술적 문제점

그림 2.11은 1.5GeV 양성자(최대 전류밀도 48$\mu$A/cm$^2$)가 Hg 표적에 입사했을 때 표적 중심축 상에서의 발열 분포(계산 값)이며, 최대 값은 약 1.8kW/cm$^3$(1,800 MW/m$^3$)에 이른다[7]. 또한 빔출력 5MW, 50Hz 운전 시 펄스 중성자원인 경우 펄스 당 100kJ이며, 그 중 50~60%가 1$\mu s$정도의 짧은 펄스폭으로 표적에 주어지기 때문에 Hg내에 압력파가 생기고 그것이 용기를 "직접" 때린다. 입사 창에는 약 100MPa 스트레스가, 지름 20cm의 원통형 용기 측면에는 약 120MPa의 스트레스가 작용한다. 표적과 감속재의 결합을 높이기 위하여 그림 2.8과 같이 편평한 표적을 사용할 경우 조건에 따라서 480MPa이나 되는 순간적 스트레스가 가해진다.

그 검증을 위하여 Brookheaven 국립연구소의 AGS가속기(24GeV~250kW)의 양성자빔을 이용한 국제협력실험이 원연 팀을 중심으로 현재 진행 중이다.

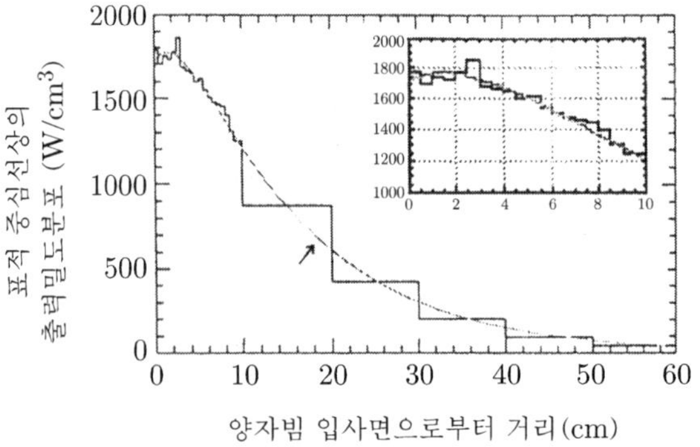


**그림 2.11** 5MW 양성자빔(1.5GeV)을 입사 했을 때(최대전류밀도 48$\mu$A/cm$^2$) 수은 표적 중심선(양성자빔 중심 축)상의 핵발열 밀도 분포(계산치)

### (9) 원연 5MW 핵파쇄 중성자원

세계최고 성능의 5MW 핵파쇄 중성자원을 목표로 해서 대강도 양성자 가속기 및 표적시스템(target system)이 개발되고 있다. 이 계획은 문부성 고에너지가속연구기구에서 추진하고 있는 JHF계획과 통합되어 추진되려 하고 있다. 원연 계획에서의 표적시스템은 다음과 같은 성능을 목표로 하고 있다. ① ESS(5MW), SNS(2MW)를 능가하는 성능(시간평균 중성자속, 펄스 피이크 중성자속, 펄스 특성 등), ② 표적에서 고속중성자속의 가장 높은 곳에 4개의 감속재를 동시에 위치하게 하고, ③ 공학적 부담을 최소한으로 억제하는 조건을 찾아낸다.

우선 ①을 위하여 그림 2.8에 나타낸 바와 같은 판형 빔(flat beam)과 판형 표적을 제안하고 중성자 성능 및 공학적 부담을 최적화하였다. 또한 고성능 감속재, 예를 들어 냉중성자원으로서 확장형 premoderator 결합형 초임계 수소 냉각재를 개발한 결과 그림 2.12에 나타낸 바와 같이 평균 시간 동안 높은 냉중성자속을 얻을 가능성을 발견하였다[7]. 평균 시간당 냉중성자속은 ILL을 능가할 수 있고, 펄스 피이크는 실제로 ILL의 100배인 냉중성자속을 얻을 수 있다. 중성자산란 실험의 좋은 점은 중성자 소각(小角, small angle) 산란 등의 경우 펄스 당 시간적분 중성자속에 비례

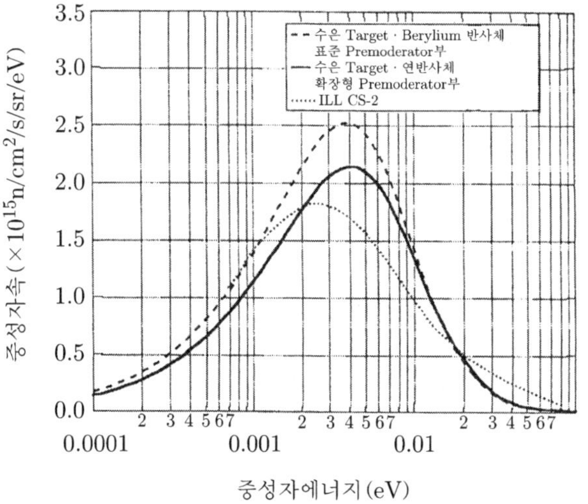


**그림 2.12** 본 계획에 있어 시간 적분 냉중성자속의 ILL 제2 냉중성자원 (새로운 방법)과의 비교

하며, 또한 고분해능 중성자 분광의 경우 피이크 중성자속에 비례하므로, ILL에서의 실험을 크게 능가할 수 있다고 기대되는 것이다.

다음으로 ②에 대해서는 그림 2.13에 나타낸 바와 같은 배치(layout)를 제안하였다[8]. ESS나 SNS에서는 표적 상하 각각에 2개의 감속재가 일정 거리를 두고 배치되는데 그림과 같이 고속중성자속의 가장 높은 영역(그림 중 표적 위의 곡선이 고속중성자속분포)에 놓일 수 있도록 여러 가지 고안을 해서 인접 감속재사이의 간섭이 없고, 외국의 경쟁 상대에 비하여 충분히 높은 냉 · 열 · 열외중성자속이 실현 될 수 있음을 확인하였다(보통 2개 중 1개를 가장 밝은 곳에 놓으면 다른 한 쪽의 중성자 강도는 약 1/2이 된다).

다음 ③의 경우, 그림 2.14는 냉감속재의 발열 분포 계산 값으로[4], 여러 가지 premoderator(액체수소나 초임계 수소는 수소 원자의 수밀도(數密度)가 경수의 1/2 정도로 중성자의 감속 · 열화(熱火) 효율이 나쁘다. 액체 혹은 초임계 수소의 둘레를 premoderator라 불리는 두께 2.5~3.0cm의 실온의 경수 감속재로 싸주고 수

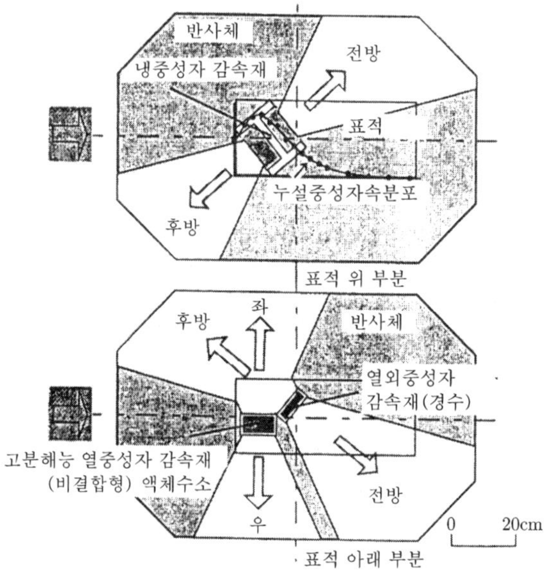


**그림 2.13** 원연 5MW SPSS의 표적 · 감속재 · 반사체 개요도.
위 그림 표적 테두리 내 곡선은 표적에서 감속재로 향하는 누설속중성자속 표적의 축 방향(빔방향) 분포

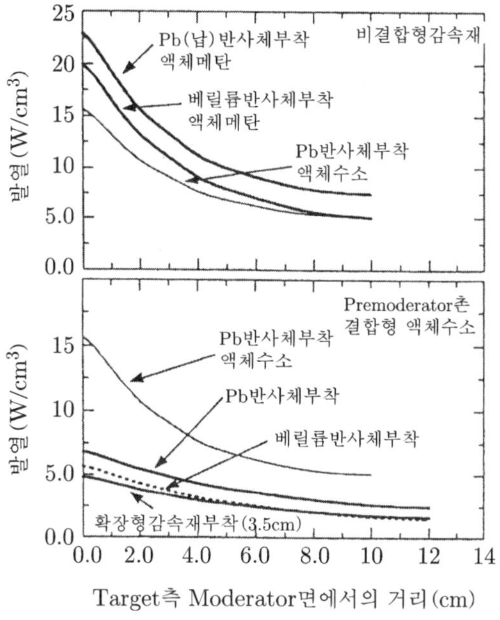


**그림 2.14** 각종 냉각 감속재 내의 핵발열 밀도분포. 가로축 냉각 표적 측 단면에서의 거리

소 감속재로의 입사 중성자 스펙트럼을 저 에너지 측으로 이동시킴으로써 수소 감속재에서의 중성자 열화(熱化)효율을 높게 할 수 있다)를 고안함으로써 열부하가 현저히 낮아질 수 있음을 나타내고 있다. 즉 냉감속재의 표적에 가장 가까운 영역에서는 발열 밀도가 20W/cm$^3$(20MW/m$^3$)에 이른다. 이것은 동력로의 출력 밀도에 가깝다. 핵반응에 의한 발열을 억제할 때 premoderator는 매우 유효하고 냉중성자 강도 개선에도 크게 기여한다(바로 일석이조).

## 참 고 문 헌

[1] N. Watanabe : An Intense Pulsed Spallation Neutron Source Using a High-Power Proton Linac for Nuclear Transmutation, Proc. 12th Meeting of Int. Collaboration on Advanced Neutron Sources, ICANS-XII(Abingdon, UK, 24-28 May, 1993) p.21

[2] R. G. Vassil'kov : Proc, 11th Meeting of Int. Collaboration on Advanced Neutron Sources, ICANS-SI(KEK, 22-26 Oct. 1990) 340.

[3] T. W. Armstrong, P. Cloth, D. Filges and R. D. Neet : Theoretical Target Physics Studies for the SNQ Spallation Neutron Source, Kernforschungsanlage Juelich GmbH, Juel-Spez-126 (1981)

[4] N. Watanabe, et al. : A Conceptual Design Study of Target-Moderator-Reflector System for JAERI 5 MW Spallation Source, Proc. 14th Meeting of Int. Collaboration on Advanced Neutron Sources, ICANS-XIV(Starved Rock Lodge, Utica, Ill, USA, June 14-19, 1998) 728

[5] A. Carne : Progress of the SNS Target Station, Proc. 6th Meeting of Int. Collaboration on Advanced Neutron Sources, ICANS-VI(Argonne, June 28-July 2, 1982) 315

[6] M. Kaminaga, et al. : Mercury Target Development for JAERI Spallation Neutron Source, Proc. 7th Int. Conf. Nucl. Engng. (Keio Plaza Inter-Continental Tokyo, Apr. 19-23, 1999), to be published.

[7] N. Watanabe, et al. : to be published

[8] N. Watanabe, et al. : JAERI 5 MW Spallation Source Project, Proc. 2nd Int. Topical Meeting on Nuclear Application of Accelerator Technology, AccApp'98 (Gatlinburg, TN., Sept. 20-23, 1998) 3

# 중성자를 이용한 물질의 관측 3장

## 1. 중성자의 특징

중성자를 물질과학 연구의 유용성 입장에서 볼 때 다음과 같은 특징이 있다.

① 중성이기 때문에 물질 내 하전 입자의 장(field)에 관계없이 일정한 정보를 얻을 수 있다.

② 저에너지, 즉 열중성자라 불리는 영역에서 물질파의 파장이 원자간 거리와 비슷하기 때문에 X선 산란 원리와 동일한 방법으로 물질 구조 해석에 이용할 수 있다.

③ 원자에 의해서 중성자가 산란될 확률은 원자의 종류에 따라 큰 차이가 없다. 따라서 X선으로는 곤란한 가벼운 원자 특히 수소 원자에 관한 정보를 얻는 데 유리하다.

④ 중성자의 파장과 에너지의 관계(분산 관계)는 물질 내의 소(素) 여기(勵起)에 대응하는 범위가 넓어 비탄성 산란(광학에서 말하는 Raman 효과)이 일어나기 쉽고, 이를 이용하면 물질의 구조 및 그 기능에 관한 정보도 얻을 수 있다.

⑤ 중성자는 자기moment를 가지고 있으므로(즉 작은 자석) 자기 산란을 기대할 수 있다. 이를 이용하여 물질의 자기 구조와 그 기능을 알 수 있다.

⑥ X선과 비교하면 원자에 의한 산란강도는 평균 약 2자리 수만큼 작다. X선이 cm 정도 크기의 물질을 보는 것에 비하여 중성자는 meter 정도 크기를 투시할 수 있어 비교적 큰 물체의 비파괴 투시가 가능하다.

한편 중성자를 이용하면 불리한 사항도 몇 가지 있다. 첫째로 중성이기 때문에 전기적 제어가 어렵고, 빔조절이 곤란하다. 그러나 최근에는 저에너지 중성자를 전반사를 이용한 광학 거울(mirror)과 유사한 방법으로 제어하는 방식이 개발되어 과거보다 사용이 편리하다.

다음으로 중성자원이다. 지금까지는 원자로가 중심이 되어 왔으나, 이동 불가능 및 $\gamma$선 등의 피폭에 대한 방호 등의 문제로 사용이 쉽지 않았다.

제3의 문제점은 중성자 자신에 의한 피폭 문제로, 인체상의 주의는 물론이고 중성자와 강하게 반응하는 특정의 원자, 예를 들어 Gd화합물 등을 연구 대상으로 하기 쉽지 않았다. 그러나 이와 같은 많은 문제가 있다고 해도 중성자의 유용성은 버리기 어렵고, 21세기가 되면 X선과 같이 많이 이용될 것이다. 그리고 중성자원은 가속기 이용 비중이 훨씬 높아질 것으로 예상되고 있다.

여기서 중성자 산란에 관한 요점을 몇 가지 보충한다. 먼저 ③에 관련된 것으로, 그림 3.1에 중성자가 몇 개의 대표적인 원자에 의해서 산란되는 강도를 나타내었다. 비교를 위하여 X선 강도도 함께 나타내었다. X선은 원자가 무거워지면 급속히 산란강도가 증가한다. 이것은 X선이 전자기파이며, 산란이 표적 원자에 포함되는 전자수에 비례하기 때문이다.

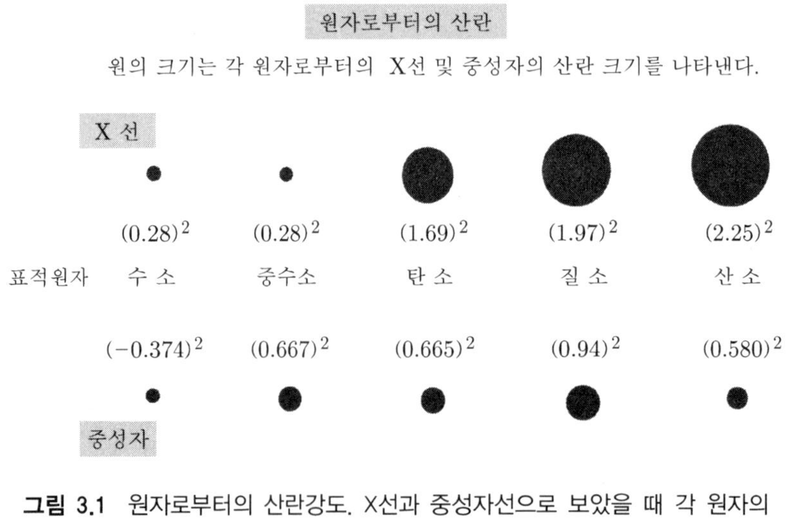


**그림 3.1** 원자로부터의 산란강도. X선과 중성자선으로 보았을 때 각 원자의 크기를 상대적으로 나타낸다.

이에 비하여 중성자는 원자핵에 의한 산란이 중심이고, 그림 3.1과 같이 원자의 종류와 무관한데 이는 매우 중요한 사실이다. 즉, 물질에 X선을 입사시켰을 경우 산란주체는 무거운 원자이며 따라서 가벼운 원자의 그림자는 매우 약해서 표면에 나타나지 않는다. 그러나 중성자의 경우 각 원자로부터의 산란이 균형적으로 나타나 기대한 바의 신호를 정확하게 포착 할 수 있다.

21세기에 있어서 물질 구조 해석의 모습을 추측하면 다음과 같다. 그 주요 대상이 생물 관련 물질임은 의심의 여지가 없다. 그것은 거대한 분자량을 가진 분자로 이루어진 결정이다. 구조의 골격은 먼저 X선으로 정해진다. 그리고 남겨진 미세한 면, 즉 수소나 물 분자의 배위는 중성자에 의하여 결정되며, 생체의 기능은 중성자 비탄성산란을 이용해서 탐색하게 되는데 이와 같은 과정이 표준화될 것으로 생각된다.

이제 다음 과제는 중성자의 경우 왜 비탄성 산란인가 하는 것이다. 그것은 앞에 나온 항 ④에 관련된 것으로, 그 핵심이 그림 3.2와 그림 3.3에 나타나 있다. 중성자가 입자 혹은 파동으로서 전달되는 모습을 그림 3.2의 수레에 비유하여 나타내었다. 수레의 크기가 중성자파의 파장이라고 보아도 좋고 대강 수레의 크기로 보아도 좋다. 한편 물질내의 파동으로써 도로의 요철을 생각하자. 그 파장이 충분히 길 때에는

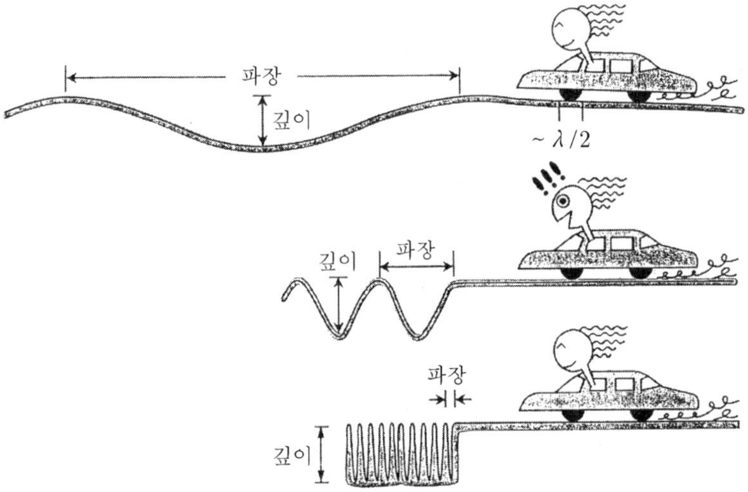


**그림 3.2** 자동차의 예로 파도와의 관계. 차의 크기가 노면 요철의 파장에 가까우면 연관이 강하게 되어 차는 움직일 수 없게 된다.

위 그림과 같이 운전은 부드럽고 쾌적하다. 한편 아래 그림과 같이 요철의 파장이 충분히 짧을 때에도 문제는 없고, 도로의 배수(排水)도 좋고 미끄러짐 없는 오히려 이상적인 도로이다. 그러나 가운데 그림과 같이 수레와 같은 정도의 파장인 경우에는 여간해서 운전을 할 수 있는 상황이 되지 않는다. 파동과 파동의 상호작용이란 이런 것이며, 서로의 파장이 비슷할 경우 상호작용은 급격히 증가한다.

이를 중성자 산란에서 생각해보자. 그림 3.3에서 에너지와 파장의 관계를 보면, 파장에서는 중성자가 물질 내의 여기(즉 phonon, magnon, plasmon 등)와 중복된다. 상호작용이 강하게 되고 중성자가 가진 에너지의 일부에 의해서 여기가 일어난다. 즉 비탄성 산란으로 에너지가 이동한다. 따라서 나가는 중성자의 에너지나 운동량이 변화를 측정함으로써 물질내의 여기를 알 수 있다. 그림 3.3에서 명확하게 알 수 있듯이, 광자의 경우 레이저나 방사광 등 매우 유용한 빔이 있으나 물질과의 상호작용 측면에서는 그다지 관계가 없기 때문에 나름 큰 역할을 갖고 있지만 비탄성 산란 거동 관찰에 있어서는 중성자보다 나을 것이 없다.

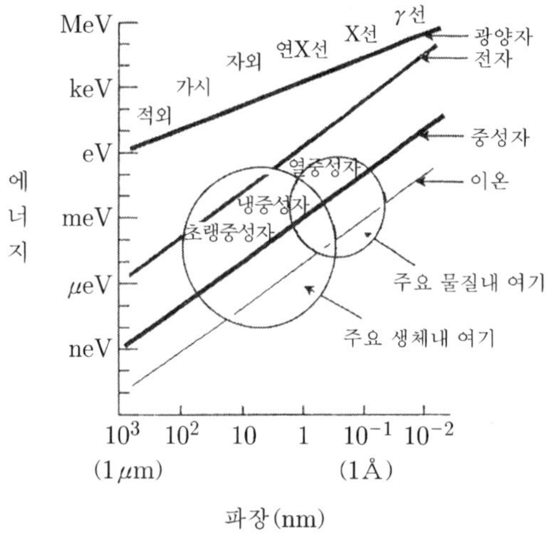


**그림 3.3** 주요 입자의 에너지와 파장과의 관계. 중성자의 경우는 물질 내의 작은 여기와 겹치는 영역이 있고, 이 관계가 중성자의 유효성을 명확하게 한다.

## 2. 물질과학에의 응용

### (1) 자성체

#### ① 서론

대략 30년 전인 1970년과 1972년 늦가을, 원연에서 개최된「중성자의 비탄성산란 연구회」는 매우 선구적이었으며, 시사(示唆)하는 바가 큰 연구회이었다. 그로부터 30년이 지난 현재 물질과학 연구에서의 중성자의 역할을 설명하면서 당시의 활기를 우선 세상에 알리고자 한다. 회의를 조직한 고와타 유키오(小幡行雄)는 구보료고(久倧亮五)를 위시하여 일본이 세계에 자랑하는 대표적인「자성」체 연구자와 또한 구·미에서 중성자 산란 연구의 제1선의 연구자들도 모았다(표 3.1). 현재 본고 집필자 이외는 대부분이 현역을 마친 상태이며 혹은 이미 타계한 경우도 있다.

그 당시 현장 상황을 기술하면, 3대의 중성자 회절계와 1대의 chopper 분광기가 설치된 JRR2 원자로가 일본 중성자 산란 연구의 메카였다. 예를 들어 도쿄대(東大) 물성연구소의 연구자가 저온 실험을 할 때는 액체헬륨을 차에 싣고 6호 국도를 하루 종일 운반했지만 파업 때문에 중성자빔이 갑자기 나오지 않게 돼 울상으로 귀경하는 일도 종종 있었다.

위의 연구회에서 논의된 내용은 당시 중성자 산란 실험을 하는 연구자에게는 먼 강 건너 사건으로 대하듯 했지만 그것은 당연한 일로, 현재 우리가 실험하고 논의하고 있는 내용 그 자체였던 것이다. 또 그 중에는 21세기 초에는 현실화될 것이라는 내용까지 포함되어 있었음을 생각한다면 이 연구회는 실로 선견지명이 있는 논의를 하고 있었던 것이다. 일본의 중성자에 의한 자성 연구 수준이 세계의 제1선에 나가기까지에 30년의 세월이 필요하였다 해도 이 연구회의 존재야말로 그 원천이었음을 꼭 알아야 할 것으로 생각한다.

“물성 물리라 함은 물질을 구성하는「입자」의 미시적인 구조와 더불어 그것들의 운동을 파악하는 것이며, 그것을 아는 가장 우수한 스파이가 중성자이다. 이 스파이는 자기(磁氣)에 매우 예민하다는 것이 첫번째의 우수한 소질이고, 다음으로 물질의 동적 구조를 탐지하는 현저한 능력을 가진다. 이 능력을 물질과학의 연구에 응용해

**표 3.1** 중성자비탄성산란 심포지엄 참가자 명단(문헌1로부터)

| | | | | | | | | |
|---|---|---|---|---|---|---|---|---|
| 북해도대 | 촉매연구실 | 芦谷富之 | 나고야대 | 공학부 | 赤水正男 | 원연 | | 千原順三 |
| | 이학부 | 湖　淳一 | 교토대 | 이학부 | 富田和久 | | 구조해석 | 浜口由和 |
| 토호쿠대 | 금연 | 渡辺　浩 | | 〃 | 松田博嗣 | | | 坂本正誠 |
| 〃 | 〃 | 遠藤裕久 | | 원자로 | 渋谷　巌 | | | 好村滋洋 |
| 동경대 | 이학부 | 久保亮五 | | 기소공업 | 中村　伝 | | | 本橋治彦 |
| | 물성연구소 | 芳田　奎 | 오사카대 | 이학부 | 国富信彦 | | | 皆川宣明 |
| | 〃 | 中嶋貞雄 | | 〃 | 金森順次郎 | | | 安西修一郎 |
| | 〃 | 星埜禎男 | | 〃 | 山田安定 | | 재료조사 | 佐藤好毅 |
| | 〃 | 守谷　亨 | | 공학부 | 関谷　全 | | 핵설계 | 高橋　博 |
| | 〃 | 阿部龍蔵 | | 이학부 | 万成　勲 | | | 斉藤慶一 |
| | 〃 | 石川義和 | 오카야마대 | 공학부 | 平川金四郎 | | | 中原康明 |
| | 교양 | 小野　周 | 큐슈대 | 이학부 | 岡崎　篤 | | | 田次邑吉 |
| | 〃 | 伊豆山健夫 | 원연 | 연료개발부 | 高木　豊 | | 고속로물리 | 後藤頼男 |
| 동경교육대 | 이학부 | 芦田盛和 | | 물성연구소 | 小幡行雄 | | 물리로실험 | 飯泉　仁 |
| 교리쯔대 | 이학부 | 小口武彦 | | | 佐々木　健 | | 재료공학 | 古川和男 |
| 가쿠슈인대 | 이학부 | 中川康昭 | | | 下司和男 | | | |
| NAIG | | 飯島俊吾 | | | 別役　広 | | | |

중성자비탄성산란 연구회 참가자 명단(문헌2로부터)

| 소속 | | 성명 | 소속 | | 성명 | 소속 | | 성명 |
|---|---|---|---|---|---|---|---|---|
| 북해도대 | 촉매연구소 | 芦谷富之 | 히타치 | 중연 | 松岡謙一 | 원연 | 물리화학부 물성연구소 | 小幡行雄 |
| 토호쿠대 | 이학부 | 渡部三雄 | 나고야대 | 공학부 | 高木　豊 | | 〃 | 佐々木　健 |
| | 공학부 | 広池和夫 | 교토대 | 이학부 | 富田和久 | | 〃 | 千原順三 |
| | 〃 | 守田　徹 | | 〃 | 松原武生 | | 구조해석 연구소 | 浜口由和 |
| | 〃 | 猪苗代　盛 | | 〃 | 山本常信 | | 〃 | 土井健治 |
| 도쿄대 | 이학부 | 久保亮五 | | 〃 | 川崎辰夫 | | 〃 | 坂本正誠 |
| | 〃 | 鈴木増雄* | | 〃 | 片岡洋右 | | 〃 | 飯泉　仁 |
| | 〃 | 鳥谷部　達 | 오사카대 | 원자로 | 渋谷　巌 | | 〃 | 正木典夫 |
| | 교양 | 阿部龍蔵 | | 〃 | 徳永正晴 | | 〃 | 船橋　達 |
| | 물성연구소 | 星埜禎男 | | 이학부 | 国富信彦 | | 〃 | 本橋治彦 |
| | 〃 | 石川義和 | | 〃 | 千原秀昭 | | 〃 | 皆川宣明 |
| | 〃 | 田中　実 | | 공학부 | 関谷　全 | | 조사손상 연구소 | 佐藤好毅 |
| | 〃 | 遠藤康夫 | | 기초강 | 中村　伝 | | 원자로공학부 노설계연구소 | 斉藤慶一 |
| 도쿄공대 | 원연 | 角谷浩享 | | 교양 | 西山敏之 | | 〃 | 中原康明 |
| 도쿄도립대 | 이학부 | 小口武彦 | | 단백 연구소 | 宮沢辰雄 | | 〃 | 伊勢武治 |

야할 중성자 산란은 1960년대에 구미에서 시작돼서 최근 10년간 급속히 발전하였으며 이 시점에서 일본과는 크게 차이가 벌어지고 말았다. 일본의 모든 물질과학 연구자가 이 사태를 주시해서 뒤떨어짐을 만회하기 위하여 일본의 원자력 행정에 관여하는 여러 사람들에게 기초 연구에의 내실을 일치 협력해서 호소해야 할 것이다." 라는 문장은 위의 제 1회의 연구회의 보고서의 서두에 있는 구보 교수의 머리말에서 발췌한 것이다[1].

구보 교수는 제 2회의 연구회 이전에 Brookheaven 국립연구소를 방문하여 당시 가동을 하기 시작한 HFBR(고중성자속로)의 능력과 연구 환경에 충격을 받았다고 기술하고 있고, 중성자의 위력을 목격한 감동이 지금까지도 전해지고 있다[2].

### ② 제 1막 - 자기(磁氣)를 느끼는 중성자

20세기 후반 일본이 전자 입국으로서 세계의 과학 기술의 진전에 기여한 것 중 하나는 반도체 기술인데, 그 한편에 자석을 비롯한 물질의 「자기적」 특성의 응용 기술이 이룬 공헌을 무시할 수 없다. 자성의 담당자는 전자의 「스핀」 양자이고 양자역학, 통계열역학, 전자기학 등 기초 물리에서 배운 자성, 특히 스핀양자에 관한 종합적 학문 분야가 드디어 고체물리, 좁게 정의하면 자성학으로 발전하였다.

산업계의 요청을 받아서 자성 기술 기반을 떠받치는 기초 과학이 탄생하고, 그것이 발전해서 곧 독자적으로 기초 과학으로서 열매를 맺는 과정은 어느 과학 분야에서나 공통된 상황이다. 기초과학의 열매가 보다 고도의 기술 창제에 많은 공헌을 하는 순환이야말로 사회의 건전한 발전의 역사일 것이며, 일본의 자성 학문의 역사도 바로 이에 해당된다. 이와 같은 과정을 거치면서 현재 중성자가 없는 「자기적 성질의 기초물리 연구」는 생각할 수도 없다[3].

앞에서 언급한 구보교수의 말을 인용하면 중성자는 우수한 스파이이다. 그렇다고는 해도 스파이는 시대에 뒤떨어진 이미지가 있으므로 우수한 「탐정」으로 하는 편이 좋을지도 모르지만 「스파이」라는 비유로 말할 수 있어 묘하다. 중성자는 전하를 가지고 있지 않으며, 열중성자의 운동 에너지는 물질에 조사되었을 때 상호작용 에너지가 작고 물질에 입사된 중성자는 그 존재를 알리지 않고 예리하게 자연의 모습을 관찰할 수 있기 때문이다.

이제 주제로 돌아와, 어떻게 중성자가 자기를 느끼는가, 그리고 우리 연구자는 우수한 탐정으로부터 얻은 중요한 정보를 어떻게 활용하는가를 기술한다.

중성자는 자기모멘트를 가진 소립자이다. 중성자의 자기모멘트는 자기장에 반응하므로 중성자를 물질에 조사하면 물질내의 국소 자기장을 만드는 원자 자기모멘트와의 쌍극자 상호작용에 의해서 중성자는 산란된다. 중성자의 산란 전후의 강도차(强度差), 입사 방향과 산란 방향과의 운동 에너지 차, 또한 자기모멘트를 가지런하게 한 중성자들을 편극(偏極) 중성자라 부르는데 그 편극 정도의 차이 등 모든 양이 산란과정과 관계가 있다. 이 산란을 자기 산란이라 정의하며(그림 3.4), 자기 산란 진폭은 원자핵에 의한 산란 진폭과 거의 같은 크기를 갖는다는 것이 특징 중 하나이기도 하다. 중성자는 원자 수준의 작은 공간의 자기장 변화량에도 반응할 수 있고, 자기장이 시간적으로 요동하고 있는 교류 자기장의 효과도 검출할 수 있는 특징을

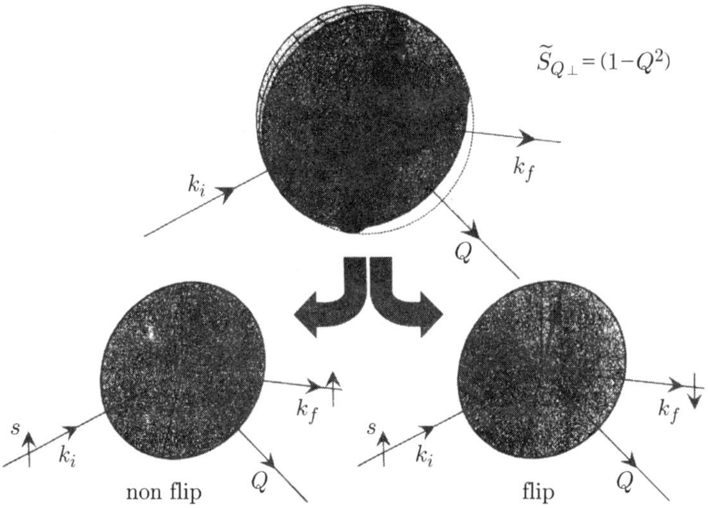


**그림 3.4** 중성자자기산란의 원리.
운동량($k_i$)의 중성자가 자성체에서 산란되면 산란 스펙트럼(Q)에 직각인 평면(그림의 적도면)인 자성체의 스핀성분($S_{Q\perp}$)에 의해서 산란되고, 산란된 중성자의 운동량은 $k_f$로 표시된다. 따라서 Q에 평행인 성분($S_{Q//}$)은 산란에 기여하지 않는다. 편극 중성자를 쓰면 아래 그림과 같이 적도면 내의 편극 방향에 평행인 성분(편극이 유지된다)과 직각성분(편극이 반전한다)을 분리할 수 있다. 이와 같은 원리에 의해서 자성체의 자기화 구조를 결정할 수 있다[13].

갖는다. 이것은 타의 추종을 불허하는 특징이다. 우리 연구자는 이 산란 과정을 치밀하게 해석해서 자성 발현의 본질을 확실하게 추론할 수 있다.

이와 같은 훌륭한 능력을 가진 중성자이기에, 방사광에 비하면 자리수가 다르게 강도도 약하고, 또한 세계에 몇 기(基) 밖에 존재하지 않는 원자로나 대형 가속기에 의뢰해야만 하기 때문에 사용이 쉽지 않음에도 불구하고 이용 가치가 높다.

### ③ 제 2막 – 중성자에 의한 강자성 금속인 철에 관한 연구

지구 자체는 거대한 자성체이고, 그 원천인「철」이야말로 지구별(星)의 기본적 원소 중 하나이다.「철」원소는 금속 혹은 화합물의 형태로 자석으로서 선사 이전부터 인간생활과 친숙하였다. 그러나「철」이 왜 자석인가를 해명된 것은 겨우 20세기에 이르러서이며 그 이후 여러 종류의 자석이 발견되어 용도에 맞는 자석으로 가공되어 왔는데 일본은 이 분야에서 선도적 역할을 다했음은 이미 기술하였다.

그러나「철」의 강자성의 발현 메카니즘은 근원적으로는 아직 해명되지 않았다. 아마 21세기에 그 해명이 진전되리라 생각되지만, 그러기 위해서는 중성자 산란 실험 기술의 발전이 불가결하다. 중성자가 현재 어디까지 자성이 밝혀졌는지를 봄으로써 중성자 역할의 중요성을 알 수 있을 것이다.

「자성의 담당자」는 전자「스핀」양자인데, 하나의 원자 혹은 이온이 어떻게 해서 원자 자기 모멘트를 갖는가에 대하여는 양자역학을 통하여 거의 완전하게 이해되었다. 해명되지 않은 부분이 남아 있다하면 복잡한 물질이나 특수한 금속 중의 자기 모멘트 발현에 관한 것인데 이를 해결하는데에는 그다지 시간이 걸리지 않을 것이다.

그런데, 철 원자이온을 독립적으로 뽑아내면 그것들은 가수(価數)에 따라 차이는 있지만 3가의 철이온은 5$\mu$B 원자 자기 모멘트를 갖는 것으로 알려져 있다. 불완전하게 채워진 최외각 전자의 내측에 있는 d껍질의 전자가 양자역학의 일반적 법칙에 따라서 전자궤도 배역이 정해짐으로써 5$\mu$B의 양자수가 나타난다. 그런데 금속「철」은 전술한 바와 같이 강자성을 나타내는데 철이온 당 자기모멘트는 2.2$\mu$B로 자유이온의 그것과 전혀 다르다. 금속「철」의 결정 구조가 다르면 원자당의 자기모멘트나 자성도 전혀 다르다. 또 이 철에 다른 금속을 섞어서 합금으로 하면 원자 자기모멘트가 극적으로 변화함은 물론이고 자성 그 자체도 변화한다는 것은 잘 알려져 있는 사실이며 이를 양자역학만으로 밝혀내기는 쉽지 않다.

합금이라는 연금술의 방법을 이용해서 보다 강한 자석을 만드는 기술은 일본이 자랑할 수 있는 분야이다. 중성자 자기산란은 물질 중의 원자 자기모멘트의 크기나 배열을 정하는 직접적 실험 수단이고 현재에도 자기 구조 해석은 중성자 산란의 주류를 이루는 실험 방법이다. 또한 현재는 강한 광원의 방사광을 쓰면 중성자 회절과 같은 자기구조 해석이 가능하다.

「자성」은 물질의 거시적인 특성이고, $10^{22}$에까지 이르는 물질내의 고밀도 전자의 다체(多体) 협력 현상 중 하나이다. 금속에서는 고밀도의 전자가 결정 내를 배회한다는 것을 전제로 하고 있는데, 높은 전도성은 전자끼리의 반발 혹은 이온에 끌어들여지지 않도록 또는 저항의 기원이 되는 이온전위를 그 주위의 전자가 차폐한다는 것에 기인한다. 현재 이와 같은 다전자(多電子)의 상호작용은 양자 효과에 의거하고 있다는 것은 잘 알려진 사실이다. 요약하면 금속의 본질인 자성과 금속 전도의 속성은 「스핀」양자효과에 기인하며, 이를 해명하는데 중성자가 사용된다[4].

여기서 화제를 바꾸면, 차세대의 유력한 전자재료로 기대되는 고온초전도체를 위시한 금속 세라믹(금속산화물)이 「스핀」양자효과에 의해서 초전도 현상을 나타낸 다는 것을 밝혀낸 것은 중성자 산란을 이용한 것이다[5].

이제 이야기를 본 주제인 철의 자성과 중성자의 역할로 되돌리자.

가장 단순한 금속강자성 이론은 단위 이온 당 원자 자기모멘트의 발현 메카니즘 해명으로 알려지게 되었다. 앞에서 소개한 바와 같이 독립된 철 이온과는 달리 금속 내의 철의 원자 자기모멘트를 담당하는 전자는 주기적인 결정 전위 속을 배회하기 때문에 넓은 에너지 상태를 갖는다. 결정 내의 전자 상태를 해결하는 이론 체계를 띠(band)이론이라 부르는데, 이 개념이야말로 20세기의 고체 혹은 물성 물리를 가꾸고 반도체 기술의 기초 이론이라는 열매를 가져왔다. 띠 이론에 의하면 금속 철은 2개(예컨대 자기장 방향에 평행 또는 반평행)의 스핀상태를 가진 띠 전자로 나뉘어서, 자기장에 평행인 띠전자는 반평행인 띠전자보다 결정 전체에서 이온당 평균 $2.2\mu B$의 자기모멘트를 갖도록 상대 에너지를 낮춰 강자성을 실현한다. 고온에서 강자성이 소실되는 것은 강자성 특성을 나타내도록 한 에너지차를 없어지게 띠전자가 열적으로 여기되기 때문이라는 것이 기본적인 개념이다[6]. 물론 현재로는 이와 같은 단순한 이론을 그대로 받아들이는 연구자는 전혀 없겠지만 띠 이론의 기본적인 생각은 받아들여지고 있다.

2.2$\mu$B의 원자자기모멘트의 기원은 잠시 뒤로 하고, 일단 이 값을 갖도록 하는 자성을 담당하는 전자 상태를 인정할 수 있다면, 강자성을 만들어 내는 자기모멘트를 가진 전자가 이동하는 것인지 혹은 원자 자기모멘트를 갖는 전자가 서로 강하게 관여하면서 결정 내를 돌아다니는 전자 상태를 어떻게 실현하고 있는 것일까 하는 것이 문제의 본질일 것이다. 한편 절연체의 강자성을 이해할 때 보증되는 국재(局在) 이론 체계에서는 전자가 교환될 때 자기 상호작용에 의해서 스핀이 가지런하게 되는 강자성이 생겨난다는 것을 하이젠베르크(Heisenberg)가 양자역학으로 밝혀냈다. 이것을 국재(局在) 모형이라 부른다. 국재 모형에서는 강자성이 없어지는 고온에서도 원자 자기모멘트(국재 모멘트라고도 정의된다)가 존재한다는 것을 전제로 하고 있다. 금속 「철」의 강자성을 생각할 때 국재 모형을 그대로 적용할 수는 없지만, 그렇다고 해서 띠이론과 국재모형을 내삽(內挿)해서 결론을 구할 생각으로 끝까지 밀고 나가는 것도 무리라 생각된다.

중성자 산란은 여기서 기술한 본질적인 문제의 해답을 제공할 수 있다고 생각된다. 예컨대 어느 정도의 고온까지 원자 자기모멘트가 유지되고 있는가 또는 강자성 상호작용의 세기를 실험적으로 밝힐 수 있어야 한다. 그러기 위해서는 앞으로 보다 더 중성자 산란 기술을 발전시켜야한다.

여기서 현재까지 철의 강자성에 관한 연구에서 중성자가 이루어 낸 중요한 기여를 되돌아보고자 한다. 금속철은 실온에서는 체심입방격자 구조(bcc)를 취하지만 온도를 올리거나 합금으로 하면 면심 구조(fcc)나 때로는 6방 구조(hcp)까지 나타낸다(그림 3.5). bcc 구조의 철은 큐리(Curie)온도($T_c$)인 1,042K에서 강자성이 사라진다. 다른 구조에서는 전혀 다른 자성을 나타내는 것으로 알려져 있지만 구조와 자성의 밀접한 관계는 1970년대 초 중성자 회절에 의해서 밝혀졌다[7]. 또 fcc 구조인 철의 경우 결정 구조는 같아도 격자의 길이에 따라서 자기모멘트의 크기나 자성이 전혀 다른 임계점이 존재하는 사실도 밝혀졌다. 즉 격자 길이가 일정 길이(임계 길이) 이하인 금속철은 1.0$\mu$B 이하의 자기모멘트가 반강자성적으로 가지런하고, 한편 이보다 커지면 2.8$\mu$B의 큰 원자 자기모멘트를 가진 강자성체가 된다(그림 3.6).

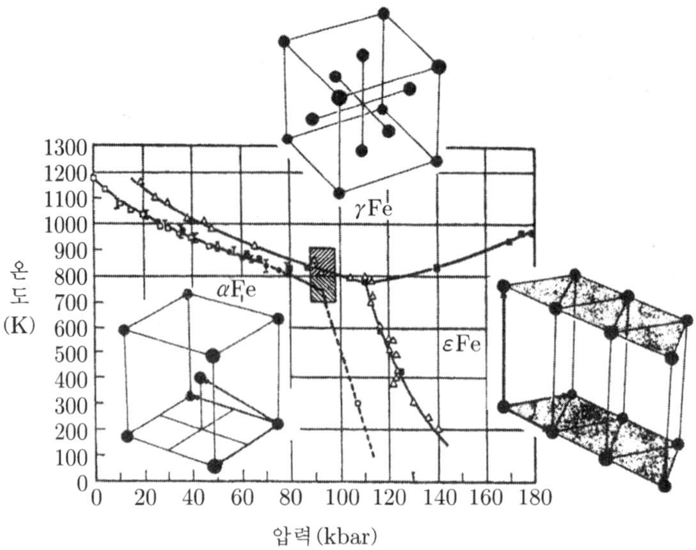


**그림 3.5** 금속철의 결정구조. 고온, 고압의 실험에서 결정된 금속철의 상변이. 3중점(그림의 사선부분)을 사이에 두고 저압저온 측에서는 αFe(bcc구조), 고온 측에서는 γFe(fcc구조). 고압저온 측은 εFe(육방구조)이다. 상전위의 경계는 연구자에 따라 미묘하게 다르다. (자성체 핸드북(朝倉서점에서)

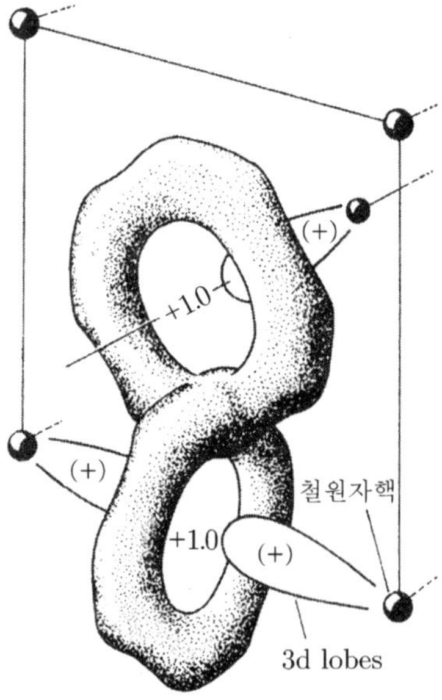


**그림 3.6** 금속철(αFe)의 원자 자기 모멘트의 공간 분포 그림.
전(全) 자기화에 대해서 음의 원자 자기화 성분이 철 원자 위치의 중간에서 2개의 도넛 모양을 하고 있는 것이 특징이다[9].

이 사실은 가나모리 준지로(金森順次郎)의 띠이론으로 훌륭하게 설명되었다[8]. 편극(偏極)중성자에 의해서 원자 자기모멘트의 결정 내 분포가 정해졌는데, 그것은 과거 노벨상을 수상한 Clifford Shull과 야마타 야스사다(山田安定(당시 오사카대)의 공동 논문에서 최초로 발표되었으며, 철의 원자 자기모멘트의 많은 성분이 철이온의 국재 전자에 기인한다는 것이 다시 증명되었다[9].

편극(偏極)중성자에 의해서 원자 자기모멘트의 결정 내 분포가 정해졌으며, 과거 노벨상을 수상한 Clifford Shull과 야마타 야스사다(山田安定(당시 오사카대)의 공동 논문에서 최초로 발표되었으며, 철 원자 자기모멘트의 많은 성분이 철이온의 국재 전자에 의한다는 것이 다시 증명되었다[9]. 그 후 이온의 중간쯤에 자기화 방향과는 반대로 향하는 자기모멘트의 도넛 모양 궤도의 존재도 밝혀졌으며, 이 사실도 띠이론에 의해서 설명되었다.

원자자기모멘트는 결코 정지하고 있는 것이 아니고 (반)강자성 상태를 가져오는 스핀끼리 결합하는 상호교환 작용으로부터 발생되는 분자 자기장에서 운동하고 있다. 스핀의 집단적 운동은, 강자성 상태에서는 결정 내를 전파하는 스프링 단진동과 같은 운동에 따라 스핀파로 정의된다. 따라서 이 스핀파의 정밀 측정이야말로 강자성 발현 메카니즘을 탐지하는 방법이 된다. 스핀파의 진폭은 중성자 비탄성 산란의 산란강도 그 자체이고 스핀파에 의한 공명산란 에너지의 파수(파장의 역수)의존성에서 스핀파 진동의 분산(진동진폭의 파동 의존성)을 알 수 있다(그림 3.7). 중성자 비탄성 산란에 의한 자성체의 스핀파 이론은 이미 1960년대에 완성되었으며[10], 그때 일본 자성 이론의 연구자가 많은 기여를 했다. 철 스핀파의 관측은 일찍부터 시작되었으나 아직 완성 되지 않았다. 그 원인은 철의 스핀파의 진동진폭이 크며 원자로에서 발생하는 열중성자의 에너지로는 진동진폭이 큰 부분(고에너지 영역)을 관측할 수 없기 때문이다. 저에너지 측의 실험 결과에 의하면 철의 스핀파는 강자성 절연체의 스핀파의 개념으로 잘 이해된다. 더구나 금속 강자성의 중성자 산란 이론에 따르면 같은 수식 표현이다[11].

강자성이 사라지는 $T_c$부근에서 자기화율이 발산하는 임계 현상을 볼 수 있다. 중성자에서 볼 수 있는 임계산란은 물질 상전이의 협력 현상을 통계적으로 고려한 기본량으로 받아들여지고 있다. 강자성의 상전이를 물리적으로 일반화하면 교환상호작용을 받고 있는 개개의 원자 자기모멘트(일반적으로는 질서 상(相)을 유도하는 질서변수)가 열(온도)요동과 같은 질서 상태를 방해하는 환경(고온)에서 무질서 상태에 있다고 볼 수 있다. 온도가 서서히 내려가 전이점 부근이 되면 상호작용 효과로질서 상을 실현하는 특별한 운동 형태를 가진 요동이 발달한다. 이에 수반해서 운동

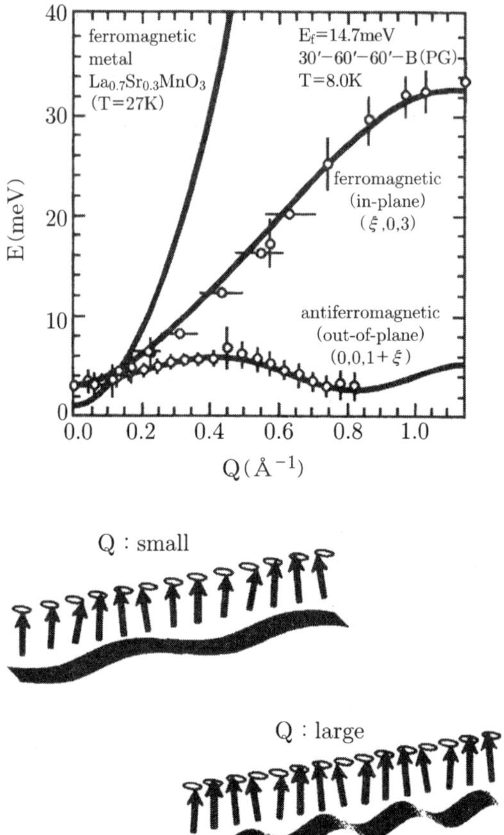


**그림 3.7** 스핀파와 스핀파의 분산관계.
스핀파 분산곡선의 대표적 예로서 $LaMnO_3$(우측)과 $La_{0.7}Sr_{0.3}MnO_3$의 실험결과를 나타낸다. 분산관계가 강자성 상태에서는 포물선 모양 ($E=DQ^2$)으로 되어 있다. 반강자성의 스핀파의 분산곡선은 오른쪽아래와 같이 되접는 꺽임이 있고 주기가 강자성의 2배가 된다. 아래 그림은 스핀파의 이미지를 나타낸 것이고 실제 스핀(자기모멘트)은 축 주위를 열적으로 세차운동하고 있는데 그 궤적이 파동운동하고 있는 모습을 나타내고 있다. Q가 작을 때는 파장이 긴 스핀파에 대응한다(문헌13).

의 형태를 결정하는 파수의 진동이 급격하게 느려진다. 특히 잠열을 수반하지 않는 2차 상전이에서는 요동이 임계 발산하는 것에 대응하여 임계산란 진폭이 임계점에서 발산하는 것과 같은 온도 변화를 한다. 전형적인 예로서 용액 등의 상분리에 수반되는 강한 유백(乳白)광선 반사(opalescence) 등의 임계 현상 등을 들 수 있는데, 강자성체의 임계 산란도 이와 같은 현상이다[12]. 이들의 2차 상전이는 국재 모형을 전제로 한 이론으로 훨씬 엄밀한 것으로 이해되고 있다.

물론 금속철의 임계 산란도 대부분 2차 상전이 이론으로 해석할 수 있으며, 철의 강자성에 관한 중성자 실험 데이터에 의거해서 철의 자성을 이해할 때 국재 모형을 출발점으로 하는 것에 이견은 없다. 철 이외에 자기화의 세기나 $T_c$가 다른 강자성 물질이 많이 발견되고 있다. 현재 중성자 실험이 진행되고 있지 않은 철에 대한 예측을 하기 위하여 가능한 한 철과 유사한 입방격자 결정을 가지며 $T_c$가 낮은 강자성체의 중성자 자기 산란을 비교해 본다. $T_c$는 강자성 발현의 원천인 자기 상호작용(J)의 척도이며, 분자장이론의 큐리온도($T_c^{MF}$)는 다음 식으로 주어진다.

$$T_c^{MF} = \frac{2Z < S > J(< S > + 1)}{3K_B}$$

여기서 N개의 이온으로 된 결정의 경우, 자기화(M)와 유효스핀량⟨S⟩와의 관계는 다음과 같이 쓸 수 있다. 이 식에서 J는 스핀파로부터 결정되는 교환상호작용 정수의 실험값을 이용한다.

$$\frac{M}{N} = 2\langle S \rangle$$

이와 같이 $T_c^{MF}$는 분자장(分子場)을 주는 교환상호작용과 자기모멘트(스핀)의 크기만으로 결정되는데 실제 물질에서의 스핀요동과 관련된 다체(many body) 효과나 강자성 질서를 방해하는 여러 가지 운동 효과가 존재하기 때문에 $T_c^{MF}$보다 훨씬 낮아지는 것으로 알려져 있다. 이와는 별개로 $T_c$보다 높은 상자성 상(相)에서 강자성 상호작용을 하고 있는 자기모멘트의 요동은 확산으로 정의되는 운동으로 기술되며, 앞에 나온 상전이 이론으로부터 유도되는 「스케일링 법칙」에서 확산 운동의 에너지 스펙트럼 중성자 산란으로 검출할 수 있다. 표 3.2에 정리된 바와 같이 $T_c$의 자리수가 다른 몇 가지 대표적인 강자성체를 비교해 보면, 분자장의 $T_c^{MF}$와 실제의 $T_c$의 비는 확산 정수를 실제의 $T_c$로 나눈 값과 대략 같다[13]. 이와 같이 자리수가 다르게 $T_c$가 차이가 나는 물질이라도 본질을 예상하는 공통 크기(스케일) 변수를 유도하기 위한 보편량을 발견할 수 있다.

**표 3.2** 대표적 천이금속 강자성 화합물의 특성.
대표적 강자성체의 분자장의 큐리온도($T_c^{MF}$) 및 스핀요동의 특성에너지 정수 A*를 큐리온도($T_c$)로 스케일링해서 정리했다. 강자성의 열역학에서 강자성 전이를 일으키는데 필요한 스핀을 늘어세우는 상호작용의 크기는 $T_c$ 이상의 온도에서의 스핀 확산정수 A*로 결정되었다[13].

| 물질명(화학식) | Curie온도 $T_c$[K] | $T_c^{MF}/T_c$ | $A^*/T_c$ |
|---|---|---|---|
| EuO | 69 | 1.3 | 0.8 |
| $Pd_2MnSn$ | 190 | 1.9 | 1.2 |
| $La_{0.7}Sr_{0.3}MnO_3$ | 378 | 2.1 | 2.6 |
| $CoS_2$ | 121 | 1.9 | 3.8 |
| Fe | 1,040 | 2.4 | 2.3 |
| MnSi | 30 | 2.3 | 3.3 |
| Ni | 631 | 4.5 | 9.4 |

### ④ 맺음말

이 드라마는 미완성이긴 하지만 위에 기술한 바와 같이 장래의 중성자 산란의 전망을 겸해서 이쯤해서 일단 매듭을 짓고자 한다. 물리학은 요소 환원형의 학문이기도 하고, 이것을 세로축으로 잡으면 보다 심오한 궁극의 근원을 추구하는 방향으로 현대물리학이 진보함과 동시에 복잡한 확대에서의 보편성 추구 방향을 가로축으로 잡을 수도 있다. 복잡계의 물리라 하면 누구나 뇌과학이나 생명 현상에 눈이 가는 것은 할 수 없지만 잘 생각해 보면 물질과학이야말로 복잡계 그 자체일 것이며, 여하튼 $10^{22}$의 고밀도의 전자가 복잡한 구조를 가진 물질 중에서 전하와 스핀을 나르고 있다. 이것을 생각하면 예기치 않은 현상이 일어날 가능성은 항상 내재할 것이다. 고온 초전도 발견의 전야까지 금속 초전도의 전이점의 한계가 열심히 토의되고 있던 것이 하룻밤 사이에 실온 고온초전도의 논의로 바뀐 사실에서도 그 의외성이 풀릴 것이다.

최근 「스핀 · 전하의 분리」라는 새로운 핵심용어를 듣는다[14]. 이것이 뜻하는 바는 개개의 전자는 스핀 및 전하를 가지고 있는 입자인데, 물질 내에 고밀도로 가두어진 준(準) 입자의 모습은 상상을 초월한 모습이라는 한 단편을 이야기한 것이다. 세기가 약하다는 유일의, 그러나 최대의 약점을 가진 중성자는 몇 번이나 말한 바와 같이, 감도는 물론이거니와 그 움직이고 있는 모습을 정밀하게 포착하는 우수한 능력을 가진 입자이다. 그런 의미에서 전자의 스핀을 보는 도구로서는 이 이상의 것은 없다. 그러므로 일본에서는 큰 예산과 첨단 기술을 구사해서 이 약점을 해결할 노력을 하고 있는 중이며 머지않아 새로운 중성자원의 설립이라는 결과로 이어질 것으로 생각된다.

기술적으로는 펄스중성자가 강도 부족을 보충하는 해결법 중 하나이고 대강도의 중성자를 짧은 펄스의 형태로 간헐적으로 쏘아 냄으로써 순간 강도를 높게 가동할 수 있다. 그와 더불어 펄스상의 외부 환경을 동기(synchronize)시키는 등의 재치있는 사용 방법을 쓰면, 예컨대, 초고압, 초고온, 초강자기장 등의 극단 조건하의 미세한 이온이나 원자, 분자, 나아가서는 자기 구조조차도 측정할 수 있음을 쉽게 상상할 수 있다. 중성자의 또 하나의 장점인 투과성을 최대한 이용하면, 예컨대 중성자는 듀랄미늄이나 Cu, Be 합금의 고압 용기의 두꺼운 벽을 통과해서 용기 중의 시료까지 용이하게 도달할 수 있다. 반복 펄스 상으로 발생하는 20테슬라 이상의 펄스 강자기장 하에서의 중성자 회절에 의한 자기구조 해석도 현실적으로 가능하게 되므로 100배 이상의 중성자 강도를 가진 장래 계획이 실현되면 보다 가혹한 극단 조건하에서의 중성자 산란 연구가 일상다반사로 이루어질 수 있게 될 것이다[15]. 이와 같은 제안은 서론에 기술한 중성자의 비탄성산란연구회에서도 열심히 토의되고 있었음이 생각난다.

물질 창성(創成)을 더듬어 가는 데에는 지구 내부에서의 고온, 고압 등의 극단 환경에서의 물질 구조 해석이 불가결할 것이다. 현실적으로 방사광 등으로 연구가 시작되고 있는데, 대강도 중성자를 이용하면 예컨대 고온, 고압에서의 「철」의 스핀이 과연 어떠한 모습을 하고 있는가, 원자 자기모멘트와 같은 것을 갖는가, 가지고 있다면 어떠한 동적 측면이 있는가 등을 반드시 알고 싶은 것이다. 이와 같은 극단 조건에서 상호작용을 서로 미치는 전자의 모습이 포착되는 지의 여부가 「철」의 강자성 발현 메카니즘과 관련되어 있다면 가슴 설레이는 기대를 안겨준다.

21세기 초에는 현재보다도 훨씬 다양한 기능과 훨씬 복잡한 구조를 갖는 소재가 발견되고 혹은 이 소재를 바탕으로 새롭게 인공적으로 창조된 많은 기능 소자가 일상생활에 유용하게 될 것이 상상된다. 물질과학은 항상 이와 같은 기술 지침을 줄 것을 요구하는데, 그러기 위해서는 기능 작용 요소로서의 스핀, 전하를 직접 관찰할 수 있는 중성자 연구가 지금보다 증가할 것이다. 더욱이 절박한 환경 문제의 해결에 수소나 탄소, 질소, 산소 등 지구 환경의 기본 원소가 만들어 내는 기체 분자나 다른 금속 원소와 조합된 복잡한 고체, 액체를 어떻게 제어하는가가 중요한 문제이다. 경원소와 중금속 원소를 같은 강도로, 또한 그 원소의 조합으로 생성되는 원자 자기모멘트까지도 좋은 감도로 검출하는 중성자는 그 수요가 늘어날 것이 틀림없다[16]. 극히 최근에 아마야 기이치(天谷喜一)등의 사카다이(오사카대) 그룹은 극저온・고압하에서 고체 산소가 초전도가 된다는 것을 발견하였는데[17], 중성자를 써서 산소의 초전도의 발현 메카니즘을 해명할 날도 멀지 않으리라 생각된다.

### (2) 중성자 구조(構造) 생물학

#### ① 왜 중성자 구조 생물학인가

약 150억 년 전에 일어났다고 하는 빅뱅(Big Bang)으로 시작되는 우주 생성 후 원소의 생성, 지구의 생성, 그리고 강력한 전자기파가 어지러이 교차하는 작열(灼熱)하는 해수에서 최초의 생명은 핵산과 RNA분자집단의 발생에 의해서 시작되었다고 생각되고 있다. 이들 RNA분자집단 중에서 폴리펩타이드(polypeptide)의 합성을 명령하는 능력을 가진 것이 나타나 진화에 진화를 거듭한 결과 현재의 자연계를 구성하는 생명체가 나타나게 되었다. 35억년에 걸쳐 되풀이된 진화의 역사는 DNA염기 배열 조합의 시행착오 가운데 복잡하고 다종다양한, 게다가 생명체가 살아남기 위한 교묘한 생명 현상이 발생하게 된다. 그리고 이제 20세기가 끝나려고 하는 오늘날 인류는 생명 현상의 본질을 이해할 실마리를 구조생물학에서 찾아내려 하고 있다. 생명 현상은 아주 가까이에 다가선 21세기의 가장 관심 있는 과학의 한 분야 중 하나가 되었다.

생체 내에서는 여러 가지 물질이 기능하여 생명 활동을 유지하고 있다. 여러 가지 생체 내의 물질 중에서도 단백질은 가장 중요한 것 가운데 하나이다. 단백질의 종류는 매우 많고, 인간 게놈(genome)에 포함돼 있는 단백질의 종류는 10만 종에 이른다고 알려져 있다. 또 종류가 많을 뿐 아니라 하나하나가 복잡하게 접혀져 다양한 3차원 입체구조를 형성하고 따라서 기능 또한 다양하다. 이와 같이 다양한 단백질 각각이 교묘하게 설계된 메카니즘에 따라서 작용하며 그 기능을 다하고 있다. 이것이 생명이다.

생체 물질은 어떠한 구조이며, 어떻게 운동하고, 어떻게 기능을 나타내는 것일까. 이것을 해명하는 것이 구조생물학이고 생명 현상을 이해하기 위한 하나의 중요한 학문이다. 구조생물학이란, 생체 고분자의 3차원 구조를 결정하는 학문이라고 생각되고 있으나 이는 전혀 잘못된 생각이다. 예컨대, 왓슨 크리크 성과의 큰 의의는 DNA의 2중 나선 구조를 결정한 것은 물론 또한 그 구조를 통해서 유전학의 원리를 제시한 것에 있다. 이것이 「구조생물학」의 원점이고, 얻어진 구조에 따라 그 기능을 이해하고 설명할 수 없다면 아무 의미가 없다.

브룩헤이븐(Brookheaven) 국립연구소의 단백질 데이터 은행(Protein Data Bank(PDB))에 등록된 생체물질 입체 구조의 수는 매년 늘어 5,000 가까이에 이른다. 그 대부분이 X선 해석에 의하여 결정된 것이다. 단백질이나 DNA는 입체 구조를 형성함으로써 비로소 기능을 발휘한다. 입체 구조의 결정은 생체 물질의 전체 상(像)으로 생리 기능 해명을 하는 데에 있어 큰 역할을 한 것은 명백하나 유감스럽게도 X선을 이용하여서는 수소 원자를 보기 어렵기 때문에 보다 섬세하고 세밀한 생체 물질의 고유 생리 기능까지 해명된 것은 아니다.

이를 보완해줄 수 있다고 기대되는 것이 중성자 구조생물학이다. 원자 수준에서 보면 단백질이나 DNA의 골격, 아미노산 잔기(殘基)(단백질에 편입된 아미노산을 말함)나 염기의 각각에 결합해 있는 수소 원자, 그리고 결합 수(水)의 수소 원자가 직접 혹은 간접적으로 대부분의 기능 발현에 관여하고 있다고 알려져 있다. 또 생체 물질의 기능과 분자의 운동론은 직접 대응할 수 있는 것으로 그 증거도 몇 가지 있다. 중성자는 정적인 입체 구조의 단계에서 제자리걸음하고 있던 구조생물학 분야에 단백질 분자의 수소 원자 위치나 동적인 운동 정보를 제공할 수 있어 생명 과학의 돌파구가 기대되는 21세기에 있어서 생명 과학의 선구라고 할 수 있다.

구체적인 예를 들어보자. DNA의 유전 정보에 따라서 단백질로 합성되기까지의 과정은 생명 과학의 기본이고, 이는 central dogma(부동의 원리)로 생각되고 있다. 그렇다고 해도 이와 관련된 것 중에 아직도 풀리지 않은 수수께끼 같은 현상이 있다. 세포 밖으로부터 DNA정보의 발현을 촉구하는 신호가 오면 그것이 방아쇠(trigger)가 되어 조직에 필요한 단백질 합성 메뉴가 기록되어 있는 DNA의 장소에, 메뉴 독해 기능을 가진 단백질이 결합한다. 그 DNA정보가 mRNA, tRNA를 거쳐 리보오좀(ribosome)으로 단백질 합성된다.

생명체의 모든 정보는 DNA에 저장되어 있다. 또 동일 개체의 세포는 같은 DNA를 갖는다. 따라서 동일 개체의 세포는 모두 같은 생명 정보를 갖고 있으나 세포의 형태는 조직마다 모두 다르다. 왜 이런 일이 일어날까. 그것은 DNA가 각 세포에 필요한 정보만을 나타내기 때문이다. 그 제어 메카니즘에 관해서는 많은 연구가 이루어지고 있는데 원자・분자 수준에서의 이해 실마리를 찾은 것에 불과하다. 발생・분화의 기본은 선택적 DNA정보 발현에 있다. 이 과정에서 중요한 것은 단백질의 DNA 특정 부위의 인식과 결합 메카니즘의 해명이다.

단백질이 DNA에 결합하는 모습 몇 가지 예가 X선 결정구조 해석으로 해결되고 있다. 그러나 이것으로 DNA결합 단백질의 모습을 밝혀냈다고는 할 수 없고 여전히 큰 의문이 남아 있다. DNA의 길이는 사람의 경우 약 2m이고 DNA결합 단백질이 DNA 중의 필요한 개소(個所)를 어떻게 발견하는가가 수수께끼이다. 이에 대해서 DNA에 이름표가 달려 있고 단백질은 그 이름표를 인식해서 그 장소를 발견한다는 하나의 가설을 세우고 싶다. 이름표는 DNA의 주위를 둘러싼 물이다. DNA결합 단백질이 DNA에 결합할 때에 물 분자가 강하게 관계하고 있음은 최근 삼투압 측정 등에서 인식되고 있는데 이름표라는 증거는 없다. DNA 수화(水和)구조의 상세한 구조 해석이 기다려진다.

단백질 합성공장 리보오좀에서 뽑아진(紡) 아미노산의 1차원 배열은 어떠한 과정을 거쳐서 3차원 입체구조를 가진 단백질로 형성되는 것일까. 이것은 단백질의 접힘(folding) 혹은 입체 구조 구축 원리라는 과제로 분자 동력학법 등의 계산 모사(simulation)를 구사해보아도 현재 알고 있는 단백질 가운데 어떤 것도 아미노산의

1차원 배열에서 참다운 3차원 입체 구조를 예측하지 못 하고 있다. 단백질의 수소 및 수화 구조의 정보를 정확히 알지 못하는 것이 그 이유이다.

이들 해결의 실마리가 복합체의 구조 결정, 소수 및 수화 구조의 결정, 생체 물질의 동력학적 관찰 등이고, 이들은 모두 다음에 기술하는 중성자 구조생물학의 테마이다.

**② 중성자는 생명과학 연구를 위한 중요한 탐침(probe)이다.**

중성자 산란이 생명과학 연구에서 유효한 실험 방법이 되는 것은 오로지 중성자가 가진 성질에 유래하는 것이고, 물질과의 상호작용이 다른 탐침(예컨대 X선, 적외선이나 자외선 등)과 비교해서 완전히 다르기 때문이다.

중성자가 가지는 특징 중 생명과학 연구에 유리하게 작용하는 항목을 열거한다.

(i) 수소 원자를 관찰할 수 있다.

최근 방사광 X선 이용으로 결정 구조 해석의 분해능이 향상되고 생체 물질 중 일부 수소 원자의 위치를 결정할 수 있게 되었다. 그러나 모든 수소 원자의 위치를 결정하지는 못하며 특히 $H^+$ 수소의 위치 결정은 원리적으로 불가능하다. NMR(핵자기 공명)으로도 수소 원자는 보이나 그것도 골격에 가까운 수소에 한정되고 곁사슬(側鎖)의 수소 원자는 거의 보이지 않으며 수화수(水和水)의 수소 원자는 전혀 보이지 않는다.

생체 물질의 모든 수소 원자나 수화수의 수소 원자를 볼 수 있는 것은 중성자뿐이다.

(ii) 수소와 중수소에서 중성자 산란능이 크게 다르다.

(iii) 생체 물질의 동력학을 관측할 수 있다.

적외선 분광이나 라만(Raman)산란에서도 각각 탐침 고유의 선택규칙에 따른 운동 모드를 관찰함으로써 생체 물질의 동력학적 모습을 관측할 수 있다. 그러나 선택규칙에서 벗어나는 운동모드는 관측되지 않고, 공간적 상관(相關), 구체적으로는 어떤 원자와 어떤 원자가 어느 방향으로 어느 정도의 진동수로 운동하고 있는가는 많은 가정과 유추(類推)를 통하여 상상할 수 있다. 모든 운동모드를 공간적 관계까지 포함하여 측정할 수 있는 것은 중성자 뿐이다.

(iv) 생체 물질에 방사선 손상을 주지 않는다.

중성자 강도는 약하므로 통계 정밀도가 높은 데이터를 수집하기 위해서는 상당히 오랜 시간 중성자를 시료에 조사할 필요가 있는데 실험에 이용하는 열・냉중성자는 생체 물질에 방사선 손상을 주는 일은 없다. 이것은 실험을 하는데 매우 고마운 일이다.

### ③ 중성자 구조생물학을 위한 실험 방법

(i) 용액 소각(小角) 산란

평균 지름이 10~1000Å 정도인 입자(예컨대 단백질)가 균일 매질(예컨대 물)에 분산되면 이에 따른 산란이 일어난다. 이것은 일반적으로 작은 산란각으로 소각 산란(small angle scattering)이라 부른다. 분산 입자의 중성자 산란능과 균일 매질의 중성자 산란능의 차를 대비(contrast)라 정의한다.

균일 매질로서 물을 생각할 수 있으며, $H_2O$와 $D_2O$의 혼합 비율의 1차 함수가 된다. 그림 3.8의 세로축은 중성자 산란능, 가로축은 중수와 경수의 비율을 나타낸다. 왼쪽 아래의 경수에서 오른쪽 위 중수 점을 이은 직선은 경수와 중수의 비율을 변화시켰을 때 물의 중성자 산란능의 변화를 나타낸다. 또 핵산, 단백질, 생체

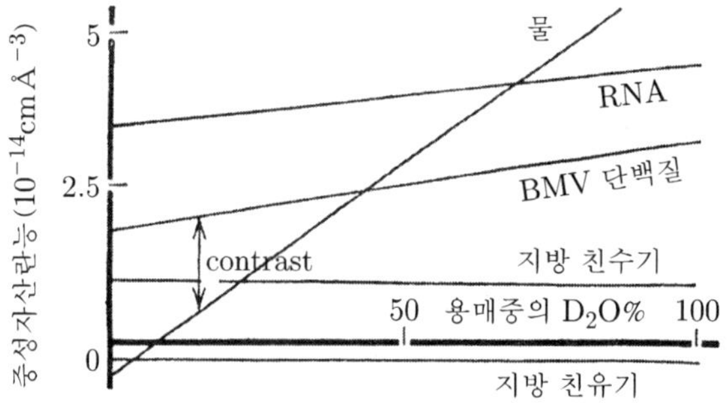


**그림 3.8** 수용액 용매의 경수와 중수의 비율을 변화했을 때의 핵산, 단백질, 생체막의 중성자 산란능의 변화

막의 중성자산란능은 각각 다르지만 모두 경수와 중수 사이의 값을 취한다. 경수와 중수의 일정 비율의 수용액에 생체 물질을 용존시키면 중성자 산란 강도는 대비의 함수가 된다. 경수와 중수의 비율을 변화시키면 그 비율에 따라서 대비가 변화하고 중성자 산란 강도가 변화한다. 이리하여 생체 물질 산란능의 3차원 단층사진을 찍을 수 있다. 이와 같이 대비를 변화함으로써 구조 정보를 얻는 방법을 대비변화법이라 부른다.

단백질과 DNA 또는 단백질과 생체막 등의 복합체에서는 경수와 중수의 비율을 변화시키는 것만으로 대비를 맞추어 겉보기상으로 소실시킬 수도 있어 복합체의 구조 결정이 용이하게 된다. 그 한 예를 나타낸다. 사람의 DNA는, 접힘을 풀었을 때 2m 정도 되는데 핵 내에서는 염색체로 조밀하게 되어 있다. 기본 구조가 뉴클레오좀(nucleosome)이라 불리는 것으로 히스톤(histone)단백질 주위를 DNA가 둘러싼 구조를 취하고 있다. 이것을 중성자 대비변화법으로 보면 그림 3.9와 같다. 그림 3.9(a)는 뉴클레오좀이 경수에 녹아 있는 경우이고 중앙 히스톤단백질, 주위의 도넛이 DNA이다. 경수에 중수를 더해가면 그림 3.8에 나타낸 바와 같이 물의 산란능은 좋아지고 약 42%쯤에서 히스톤 단백질은 그림 3.9(b)와 같이 DNA만이 보인다. 다시 중수를 더해가면 약 65%쯤에서 이번에는 그림 3.9(c)와 같이 히스톤단백질만이 보인다.

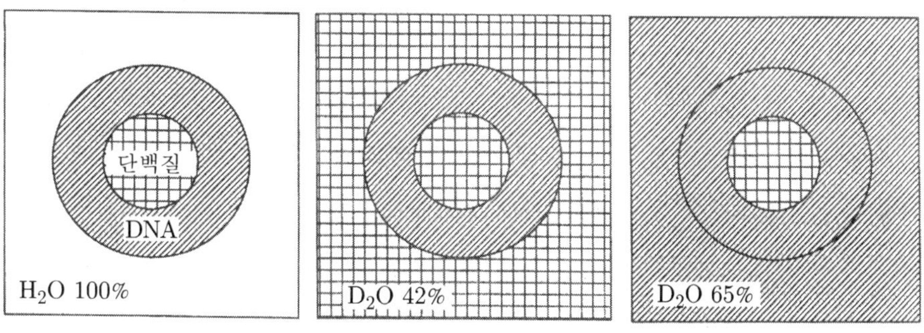


**그림 3.9** (a) 뉴클레오좀이 경수에 녹아있는 경우로, 중앙이 히스톤 단백질, 주위의 도넛이 DNA이다. (b) 중수 약 42%쯤에서 히스톤 단백질에 중성자 산란능의 정합이 이루어져 DNA만이 보인다. (c) 중수 약 65%쯤에서 DNA에 중성자 산란능의 정합이 취해져 히스톤 단백질만이 보인다.

생체 중에는 뉴클레오좀과 같은 복합체가 많다. 당단백질, 리포(lipo)단백질, 막(膜)단백질, 각종 바이러스, DNA결합 단백질, 리보좀 등 초분자, 기타 등이다. 대비변화법은 수용액 중에서 복합체의 구성 성분을 비파괴로 겉보기 상분리로 측정할 수 있는 정교한 실험방법이고 복합체의 구조를 결정하는 방법으로 중성자 구조생물학 중에서도 가장 역사가 오래되고도 또한 가장 많은 성과를 내고 있는 실험방법이다. 초기에는 방법론의 개발이나 새로움이 있었으며, 수용액 중에서 실험할 수 있는 시료 준비도 쉬워 많은 실험이 이루어졌으며 그 결과 중요한 성과가 많이 보고되고 있다[18].

(ii) 결정 구조 해석

중성자 결정구조 해석은 생체 물질의 구성 원자 중 모든 수소 원자 및 수소 원자를 포함한 수화수의 위치 결정을 할 수 있는 유일한 실험 방법이다. 그 실험 방법은 X선 결정구조 해석과 같다. X선 결정구조 해석에서는 단결정으로부터 가능한 한 많은 브래그(Bragg)반사 강도를 수집한다. 반사 강도는 각 원자로부터의 산란파의 중첩으로써 표현되는 구조 인자의 제곱으로 얻어진다. 구조 인자에 대한 푸리에(Fourier)합성이 분자 구조를 주는 것인데, 푸리에 합성 할 때의 위상이 분자 구조 정보 그 자체이고, 브래그 반사 강도로부터 바로 푸리에 합성을 할 수는 없다. 그 때문에 근사적인 위상을 쓰며 위상 결정법이 다양하게 고안되고 있다.

중성자 결정구조 해석에서도 가능한 한 많은 브래그 반사 강도를 수집한다. 중성자 결정구조 해석에서는 이미 X선에 의하여 수소 원자를 제외하고 구조가 정해져 있는 것이 보통이므로 그 구조(초기 구조)를 이용해서 각 반사의 임시 위상이 구해진다. 이 가상의 위상을 이용하여 차(差) 푸리에 합성을 하면 수소 원자가 본래 있어야 할 위치에 피크가 있는 푸리에 그림이 얻어진다. 처음부터 모든 수소원자 위치가 얻어지는 것은 아니고, 얻어진 수소 원자를 초기 구조에 부가해서 다시 새로운 가상의 위상을 구하여 차 푸리에 합성을 한다. 이것을 되풀이함으로써 모든 수소 원자 위치가 정해지고, 또한 이 과정 도중 수화수도 나타나며 최종적으로 모든 수소 원자 및 수소 원자를 포함한 수화수의 구조가 모두 결정된다.

X선 회절법에서도 분해능을 향상시키는 등의 노력으로 수소 원자의 위치 결정

은 이루어지고 있는데, 모든 수소 원자의 위치 결정은 곤란하고 골격에서 수소 원자나 물 분자의 배향을 유추함으로써 그 행동을 논의한다. 한편 중성자 회절법에서는 수소 원자의 중성자 산란능이 탄소 원자나 산소원자 등과 같은 정도이기 때문에 수소원자의 위치 정보를 얻기 쉽다. H와 D(중수소)는 중성자 산란능이 크게 다르기 때문에 H/D치환을 병용해서 수소 원자의 위치 결정의 정밀도를 높일 수도 있다. 이와 같이 중성자 회절법은 단백질의 수소와 수화 구조 연구에 유용한 실험 방법이고 크게 이용될 필요성이 있으나 실제로는 데이터 수집에 1년 가까운 조사시간을 요하는 등 엄청난 실험이기 때문에 과거에는 그다지 많이 이루어지지는 않았다. 우리는 중성자 구조해석 데이터 수집 속도를 종래의 10배 이상 향상시키는 중성자 영상 판(image plate)을 개발[19]하여 계란 흰자위 lysozyme(효소의 일종)의 단백질을 구성하는 모든 수소 원자(960개) 및 단백질 주위의 157개의 (수소를 포함한) 수화수의 위치를 결정할 수 있었다[20]. 그림 3.10에 그 전체 구조를 나타낸다. 이에 의하여 위의 lysozyme의 수소원자나 수화10의 다양한 개성, 구조 생물학적 특징 및 기능이 판명되고 있다.

이 실험으로 수소 원자가 어떻게 결정되는지를 나타내는 적당한 예가 있다. 111번째의 아미노산 잔기(殘期)인 트립토판(tryptophan)의 indole환(環) 탄소 원자

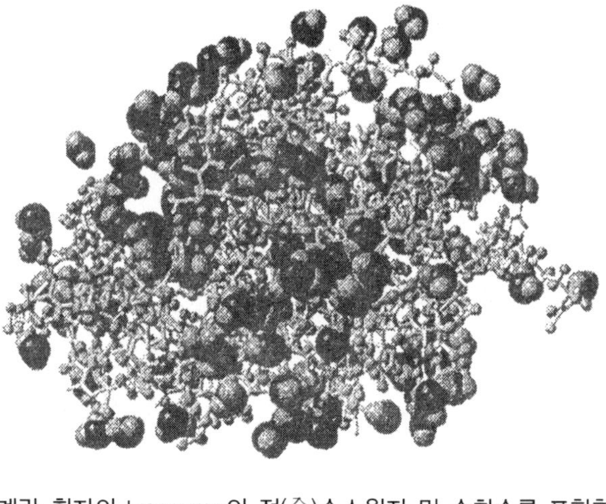

**그림 3.10** 계란 흰자의 lysozyme의 전(全)수소원자 및 수화수를 포함한 입체 구조. 157개의 수화수와 lysozyme 분자의 696개의 수소 원자와 264개의 치환된 중수소 원자가 동정(同定)되었다.

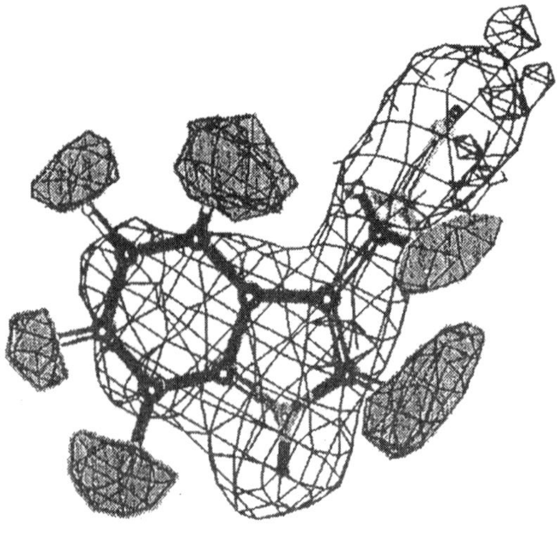

**그림 3.11** 111번째 tryptophan잔기의 indole환의 탄소 원자 및 질소 원자에 결합하고 있는 수소 원자(그림자로 표현되어 있다).

및 질소 원자에 결합해 있는 수소 원자가 어떻게 정해졌나를 나타내고 있는 것이 그림 3.11이다. 이 그림은 111번째의 아미노산 잔기 트립토판을 중성자가 본 상(중성자 산란 길이 분포)이다. 그림에서 그림자 부분은 음의 값으로 중성자 산란 길이 분포를, 그림자가 없는 부분은 양의 값을 나타낸다. 음의 값을 취하는 것은 수소 원자이고 곁사슬의 수소 원자가 명확하게 보인다. 또한 수소가 있어야 할 위치가 양의 값인 것으로부터 이 수소는 중수로로 치환한 것, indole환의 구조로부터 질소 원자에 결합하고 있던 수소라는 것(시료는 중수소 중에서 결정화했다), 또한 탄소 원자에 결합하고 있는 수소 원자는 중수소로 치환되고 있지 않다는 것이 판명되었다.

위의 lysozyme은 N-acetylglucosamine의 폴리머 또는 N-acetylmuramic산과 N-acetylglucomine의 공중합체(co폴리머)의 $\beta$-1,4결합을 절단하는 가수분해 효소로 용균(溶菌)작용을 나타낸다. pH=5.0에서 최대 활성을 나타내고 pH=7.0에서는 활성도가 현저하게 낮아진다. 그 메카니즘으로써 35번째의 글루타민(glutamine)산 잔기(Glu35)카르복실기(carboxyl기)의 양성자가 당으로 이동하고, 52번째의 아스파라긴(asparagine)산 잔기(Asp52)카르복실기가 해리 상태로 되어 있어서 당의 가수 분해를 촉진시키는 메카니즘이라고 생각되고 있다.

이번에 이용한 단결정은 pH=7.0에서 결정화시켰기 때문에 효소 활성을 나타내지 않는 구조를 취하고 있을 것으로 생각된다. 결정된 Glu35와 Asp52의 구조를 보면 모두 해리 상태를 나타내고 있고, 분명히 당으로의 양성자 이동은 일어날 수 없고 효소는 불활성이 된 것으로 나타났다.

현재 중성자원 강도는 X선원 강도에 비하면 몇 자리 수 낮으므로 1주일 정도의 조사시간 동안 필요한 데이터를 수집하기 위하여 최소 1mm 네모 단결정이 필요하다. 다만 X선구조해석의 경우는 그렇게 큰 결정은 불필요하므로 1mm 네모의 단결정을 만드는 노력을 하지 않았으며, 노력한다면 불가능한 일은 아니다. 여하튼 1mm 네모의 단결정이라면 충분히 중성자 구조해석을 할 수 있는 시대가 되었음을 강조해 두고 싶다.

(iii) 비탄성 산란

단백질의 동력학을 직접 측정하는 수단은 매우 제한되어 있다. 그 중에서 가장 직접적인 정보를 주는 것이 분자의 운동모드를 관측할 수 있는 중성자 비탄성 산란이다.

중성자 비탄성 산란에서 관측되는 물리량은 〈Ri(0)Rj(t)〉이고, 즉, 시간 0일 때의 i원자와 시간 t일 때의 j원자의 관계를 관측하고 있다. i원자와 j원자가 별개의 것이면 간섭성 산란, 같은 것 즉 자기(自己)상관이면 비간섭성 산란으로서 관측된다. 산란파의 진폭 계수와 중성자 산란 길이(X선회절의 원자 형상 인자에 대응하는 것)가 연관이 된다. 즉 간섭성 산란에는 간섭성 중성자 산란 길이가, 비간섭성 산란에는 비간섭성 중성자 산란 길이가 관계된다.

생체 물질에서는 수소 원자가 전(全)구성 원자의 약 절반을 차지하고 수소 원자의 비간섭성 중성자 산란 길이는 약 80barn, 다른 원자(탄소, 질소, 산소 등)의 평균 간섭성 중성자 산란 길이는 수 바안(barn)이므로 산란의 90% 이상이 비간섭성 중성자 산란이고, 보고 있는 것의 대부분은 서로 다른 원자끼리의 움직임이 아닌 자신의 원자 움직임이다. 이것은 이 분야의 전문가도 그다지 지적하지는 않지만 매우 중요하다. 이것은 현실로 다음과 같이 나타난다.

단백질의 종류를 변화시켜도 중성자 비탄성 산란 스펙트럼은 의외로 유사한 단백질이 얻어지는 경우가 종종 있다. 예컨대 그림 3.12에 2종류의 단백질 BPTI(소의 췌장 trypsininhibitor)와 계란 흰자위 lysozyme의 중성자 비탄성 산란 스펙트럼을 나타냈는데, 단백질의 동력학에서 중요하게 되는 저에너지 측 차이는 거의 없다[21]. 단백질의 중성자 비탄성 산란 스펙트럼의 대부분은 비간섭성 산란이고 자기 자신의 원자의 움직임만을 보기 때문에 개성이 나타나지 않는 이유 때문은 아닐까. 단백질의 기능에 관계하는 고유의 동력학은 어느 정도 떨어진 위치에 있

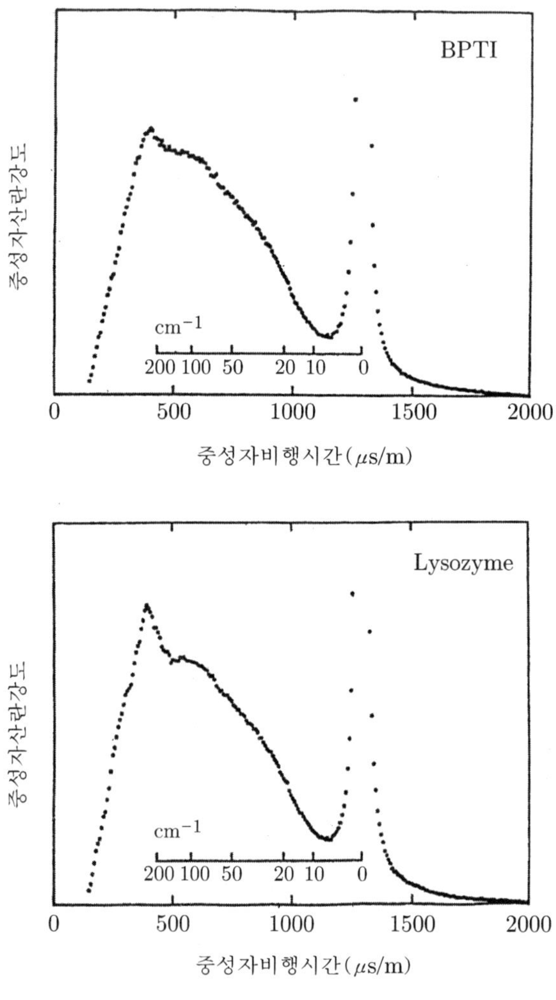


**그림 3.12** BPTI(소 췌장 trypsin inhibitor)와 계란 흰자위 lysozyme의 중성자 비탄성산란 스펙트럼

는 서로 다른 원자끼리의 움직임, 즉, 소각(小角) 간섭성 비탄성 산란으로서 관측될 것이다.

어떻게 하면 간섭성 비탄성 산란을 관측할 수 있을까. 수소 원자의 비간섭성 중성자 산란 길이가 큰 것은 수소 원자가 핵스핀을 가지며 그것이 상온에서는 불규칙하게 분포하고 스핀을 갖는 중성자가 수소 원자의 늘어섬을 불규칙 배열로 보기 때문이다. 지금 중성자와 수소 원자의 상호작용을 스핀의 방향까지 고려해서 해석한다면 서로 다른 수소 원자를 중성자와 구별한 것이 되고 간섭성 산란을 본 것이 된다. 중성자와 수소 원자의 상호작용을 스핀반전, 스핀 비반전의 미분 단면적으로 하여 실험으로 구하고 그로부터 간단한 계산을 통하여 간섭성 및 비간섭성 미분 단면적을 구할 수가 있다. 그러나 이것을 단백질에서 행한 예는 전혀 없다. 그 첫째 이유는 중성자원의 강도 부족이다. 이것을 행하지 않는 한 중성자 비탄성 산란의 중성자 구조 생물학에의 본질적인 기여가 작다고 집필자는 생각하고 있다.

### ④ 차세대 중성자원에 기대한다

결정 구조 해석을 예를 들어 고찰해 본다. 브래그 반사강도는 단백질 결정의 부피에 비례하고, 단위격자의 부피의 제곱에 반비례한다. 그 관계를 나타낸 것이 그림 3.13이고, (a)로 나타내는 선보다 위의 영역에 들어가는 단위격자 및 결정의 크기의 단백질은 종래의 중성자회절 장치에서 데이터를 수집할 수 있었다. NIP(Neutron Imaging Plate)의 사용으로 데이터 수집 효율이 약 10배 증가됨으로써 중성자회절 실험이 가능한 단백질의 단위격자 및 결정의 크기의 한계가 (b)로 나타내는 선까지 이동했다.

여기서 현재보다 약 50배의 중성자원이 실현되었다고 하면 다시 한계선은 (c)까지 이동한다. 현재 X선 회절로 구조가 해석되는 단백질의 결정 및 단위 격자는 각각 그림의 굵은 파선으로 나타낸 왼쪽 윗부분의 범위이다. 한계선 (c)는 대부분 이 범위에 들어 있으며 현재 X선 회절로 구조 해석되는 대부분의 단백질이 중성자 회절로 할 수 있게 된다.

본격적인 간섭성 비탄성 산란 측정은 차세대 중성자원을 이용할 수밖에 없다고 판단된다. 현재 비간섭 비탄성 산란 측정조차도 약 10mg 정도의 단백질 시료를 이

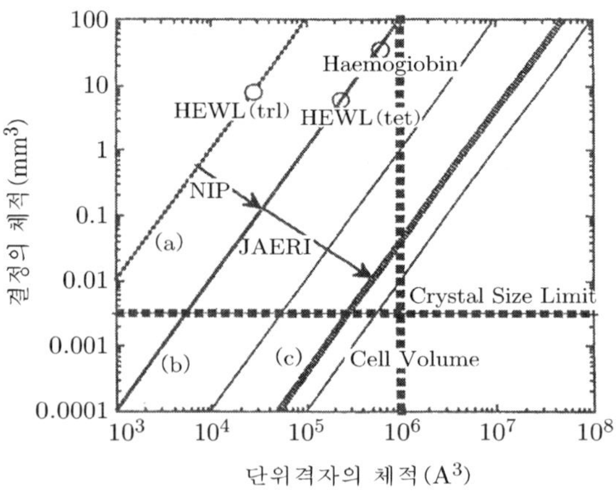


**그림 3.13** 중성자회절실험이 가능한 단백질의 단립격자 및 결정 크기의 한계를 나타내는 그림

용해서 해석에 충분한 질이 높은 스펙트럼을 얻는데 1주일 정도의 조사시간이 필요하다.

간섭성 비탄성산란 측정은 편극 중성자의 생성과 해석 조작도 필요해서 현시점의 기술로는 이를 위하여 데이터수집 속도가 1/10 이하로 된다. 현재의 기술로 전체 간섭성 비탄성산란 데이터를 수집하고자 하면 100일 정도의 조사시간이 필요하여 거의 불가능한 실험이다. 역시 현재보다 약 50배 강한 중성자원의 실현이 기다려지게 되는 것이다.

### (3) 연성재료(soft material) 과학

#### ① 머리말

과학의 역사를 더듬어가면 이상화된 단순계에서부터 보다 현실에 가까운 복잡계로의 연구의 흐름을 볼 수가 있다. 연성재료 연구도 예외는 아니다. 연성재료(soft material, 복잡 유체라고도 한다)란 고분자, 콜로이드, 액정, 생체막, 물과 기름과 계면활성제로 이루어지는 교질(micelle), 미세 에멀젼(micro emulsion) 등 내부에 미세한 구조를 가지고 있으며, 또한 유동성을 가진 말랑말랑한 물자(物資) 내지는 재료를 의미한다.

예컨대 대표적인 연성재료의 하나인 고분자 다체계에 스켈링(scaling)법칙 등 고체물리에서 시작된 여러 가지 이론적 방법이 도입된 것은 금세기 후반의 일이고[22, 23], 그 결과 이 분야가 이론물리학의 대상이 되었다. 실험적으로는 금세기에 등장한 중성자산란이 복잡계인 연성재료의 연구에 크게 공헌하고 있다[24]. 여기서는 연성재료의 대표적 존재인 고분자를 예로 들어 간단히 살펴보자.

### ② 중성자와 연성재료

중성자는 1932년에 발견됐지만 산란 실험의 응용은 1940년대 후반에 시작되었고, 고체물리를 중심으로 그 방법이 확립되었다. 1994년에는 선구적인 공적으로 Brockhouse, Shull 등이 노벨물리학상을 수상하였으며 중성자산란은 물성 연구 수단으로써 성숙하게 되었다.

중성자 고유의 여러 특성과 가능성에 따라 중성자산란을 이용하는 분야는 고체물리에 국한되지 않고 매우 다양하게 있다.

먼저 중성자의 다양한 특성을 뒤돌아보자. 표 3.3에 나타낸 중성자는 제 1장의 해설에서 살펴본 바와 같이 질량을 가진 입자파이다. 특히 열중성자파나 냉중성자파가 가진 운동에너지는 원자의 진동에너지 정도(meV)이다. 또 그 운동량으로부터 결정되는 파장은 원자 간 거리(Å, $10^{-8}$cm)와 비슷하다. 그 때문에 중성자와 물질 사이의 운동량이나 운동 에너지의 주고받음을 관측하면 물질내의 「형태와 운동」의 양면을 탐색할 수 있다.

2번째의 특징은 중성자라는 명칭에서도 알 수 있듯이 전하를 갖지 않는다. 특히 연성재료의 연구에서는 중성자와 원자핵과의 직접 작용에 의한 핵산란이 중요하다.

**표 3.3** 중성자의 개성

| | |
|---|---|
| (1) 질량 | $1.6747 \times 10^{-24}$g |
| (2) 전하 | 0 |
| (3) 핵스핀 | 1/2 |
| (4) 자기모멘트 | −1.9131 (핵자자 단위) |
| (5) 반감기 | 12분 |

중성자

핵산란은 그 원자핵의 특성을 반영하므로 동위체를 이용한 대비 변조법, 대비 정합(contrast matching)법을 사용할 수 있다. 일반적으로 물질의 화학적 성질은 원자핵을 둘러싼 전자의 상태에 의존하므로 원자핵의 구성이 다른 동위체의 경우 화학적 특성 변화 없이 산란과 관계되는 대비를 자유롭게 변화시킬 수 있다.

3번째 특징으로 중성자는 핵스핀, 자기모멘트를 가진 자석이라는 것이다. 이 성질은 자성체 연구에 크게 공헌했을 뿐 아니라 연성재료와의 관련에서도 중요한 역할을 한다. 예컨대 자기모멘트를 가진 것은 자기장 내에서 세차 운동을 하는데 이것을 정밀한 원자핵시계로 이용하면 고분해 비탄성산란(스핀-echo법)이 가능하다. 또 자기장 내에서 자기모멘트를 제어하면 중성자의 편극이 가능하고 편극 중성자 해석을 할 수 있다.

한편 연성재료는 어떤 특징을 갖고 있을까. 많은 경우 연성재료는 유기물이다. 또 연성이므로 물 등의 저분자와 공존이 가능하다. 즉 여기에는 다량의 수소가 존재하는 셈이고 이 점이 중성자 산란과의 관련에서 중요하게 된다.

표 3.4에 나타낸 연성재료를 구성하는 주요 원자의 중성자 산란 길이(중성자파의 산란 진폭과 같음)를 보자. 수소(H)의 산란 길이는 $-0.374\times10^{-12}$cm이다. 원자핵 특성을 반영하는 핵산란은 수소와 중수소 간의 큰 대비를 가져온다. 또 수소(H)의 중성자 산란단면적은 81.5barn이고 다른 원자에 비해서 매우 크다. 이것은 수소(H)

**표 3.4** 연성재료를 구성하는 주요 원자의 산란 길이와 산란 단면적

| 원소 | 원자번호 Z | 중성자 산란장 b ($10^{-12}$cm) | 중성자 산란 단면적 (barn $10^{-12}$cm) | 중성자 흡수 단면적 (barn) | X-선 산란장 ($10^{-12}$cm) |
|---|---|---|---|---|---|
| $^{1}$H(수소) | 1 | −0.374 | 81.5 | 0.19 | 0.28 |
| $^{2}$H(중수소) | 1 | 0.666 | 7.6 | 0.0005 | 0.28 |
| $^{12}$C(탄소) | 6 | 0.665 | 5.51 | 0.003 | 1.69 |
| $^{14}$N(질소) | 7 | 0.940 | 11.4 | 1.1 | 1.97 |
| $^{15}$O(산소) | 8 | 0.580 | 4.24 | 0.0001 | 2.25 |

수소는 중성자와 특별한 관계에 있음을 알 수 있다.

의 중성자 산란단면적의 대부분이 원자핵의 스핀상태를 반영한 스핀 비간섭성에 의한 것이다(79barn).

연성재료의 중성자 산란의 경우 간섭성 산란단면적과 스핀비간섭성 산란단면적을 동시에 관측한다. 여기서 간섭성 또는 비간섭성이라 하는 것은 각각 물질내 산란체의 대(對)상관 또는 자기(自己)상관을 나타낸다. 대상관은 산란체 사이의 집단적인 움직임과 형태(상대적인 배치)에 대한 정보이고, 또 자기 상관은 산란체 개개의 움직임과 형태에 관한 정보이다. 실제 실험에서는 측정 목적에 따라 이들을 선택적으로 관찰하는 연구가 필요하다.

연성재료의 매력은 무엇일까. 연성재료는 유기 분자가 만드는 유리, 교질, 막, 겔(gel), 용액, 융(融)액 등 상태의 총칭이기도 하다(그림 3.14).

다시 말하면 「고분자, 콜로이드 입자, 교질, 막 등을 내부에 포함하고 10nm~1,000nm 정도의 크기로 구조체를 형성하는 능력이 있는 용액」으로도 표현할 수 있다. 「능력」으로 표현한 것은 연성재료의 자기 조직화의 측면을 강조하고 싶기 때문이다. 여기에 생명 현상을 지배하는 생체도 포함시킬 수 있다. 즉 연성재료는 단지 말랑말랑한 물질이라는 의미를 가질 뿐 아니라 단순히 물질 수준에서의 복잡성, 기능성, 자기 재생성 등이 가능한 자연계의 상위 계층을 총칭하는 것으로 생각할 수 있다. 여기서 관찰되는 「형태와 운동」은 계층을 이루며 매우 다양하다.

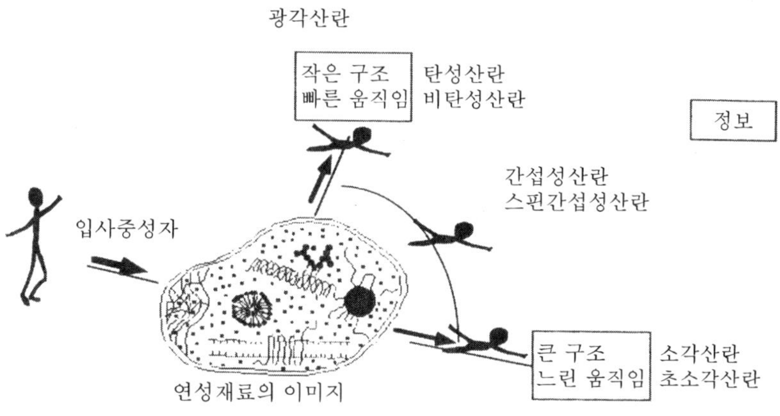


**그림 3.14** 중성자 산란에서 얻어지는 정보
연성재료인 경우 특히 수소와의 관련이 중요하다.
(연성재료의 상(image)[25])

다음으로 연성재료를 구성하는 대표적 존재인 고분자를 예로 들어, 「형태와 운동의 계층」에 대하여 생각해보자. 고분자는 Å($10^{-8}$cm=0.1nm)의 크기의 단량체 (1개인 저분자)가 화학적 결합에 의하여 여러 개가 연결된 「연결계」이다. 이 연결계는 보통 수 백개 이상의 단량체로 구성되며, 수 백 Å 크기이다. 따라서 1개의 고립된 고분자조차도 막대한 수의 내부 자유도를 가지고 있다.

크기(r)가 0.1nm 정도의 monomer 내부 운동(진동, 곁사슬의 회전)의 특징적인 시간은 일반 고체와 마찬가지로 피코 초($10^{-12}$초) 정도이다. 용융(melt) 상태의 단량체(monomer) 단위의 확산 등 고분자 사슬의 운명은 나노 초($10^{-9}$초)이고, r이 10nm 정도인 고분자 전체의 운동(사슬의 변형, 회전 등)으로 되면 마이크로 초($10^{-6}$초) 정도가 된다. 또한 고분자 용융이나 농후계(濃厚系)일 경우 고분자의 자기확산은 뒤얽힘의 효과로 더욱 느려져서 초 정도의 크기가 된다. 또 고분자를 냉각하여 유리상태가 되면 그 확산 운동의 시간은 수 만 년까지도 된다(그림 3.15)[26].

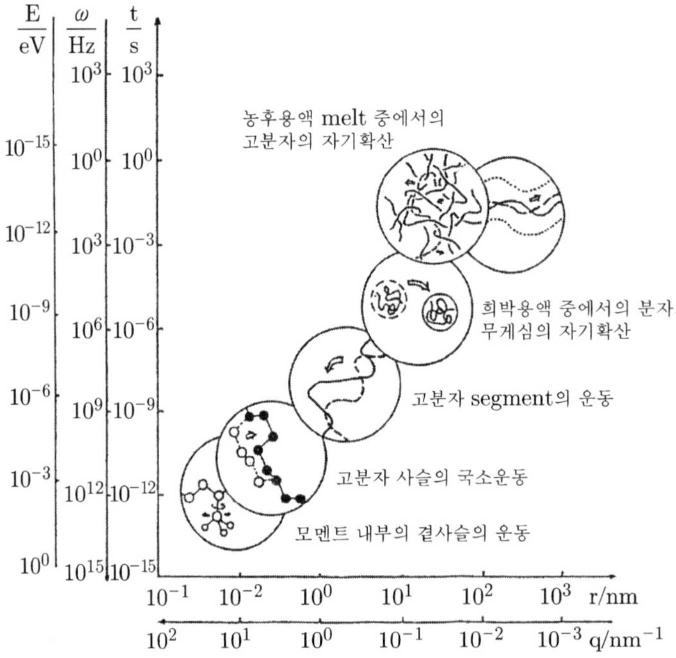


**그림 3.15** 고분자 사슬 중의 각종 운동에 대한 완화시간 T와 운동체의 크기 R과의 상관관계. 푸리에 변환하면 진동수 $\omega$와 운동량변화(파수) q의 상관이 된다.[26]

이와 같이 1개의 고분자 자체는 매우 광범위한 시간・공간 크기에 걸치는 「운동과 형태의 계층」을 갖는다. 게다가 고분자의 「운동과 형태」는 결코 고정된 것이 아니고 정적, 동적인 자유도가 최대한으로 개방되어 있어서 시간적으로 끊임없이 변화하고 있다.

또한 이 고분자가 여러 가지 집합 구조, 망상(network)구조 등의 상위 계층을 형성하면 그 복잡성은 헤아릴 수가 없다. 중성자 산란으로 연성재료를 관측하는 경우, 이와 같은 넓은 시공(時空)의 계층 속에서 어떤 부분을 관측하게 되는 것인가를 다음의 실험을 예로 들어 살펴보기로 한다.

### ③ 고분자의 단량체 영역

그림 3.16은 일반적인 중성자 시간 비행법(time of flight)에 의하여 액체 상태의 고분자를 관찰한 경우의 모식도이다. 그림에는 탄성 산란과 그 이외의 비(또는 준) 탄성 산란이, 중성자의 운동량(또는 파수) 변화 q와 에너지 변이△E의 함수로서 나

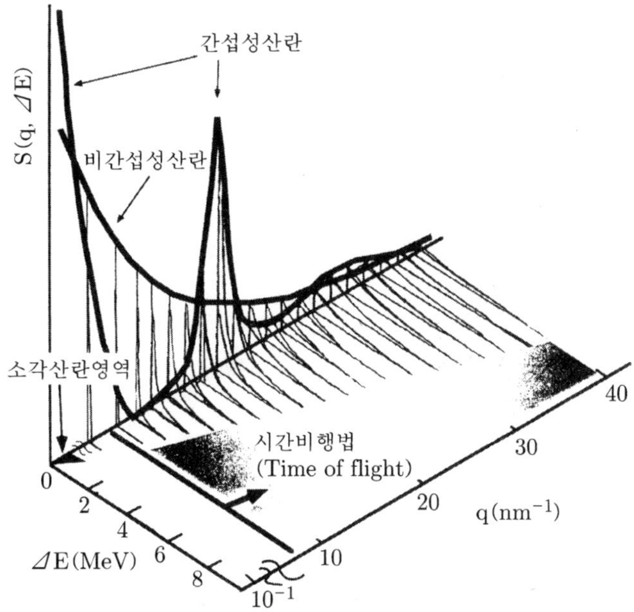


**그림 3.16** 전형적인 중성자산란(비행시간법)으로 얻어지는 산란강도 분포 S(q, △E)의 모식 그림. 이 (q, △E) 영역은 고체물리의 보고(宝庫)이다. 연성재료의 진면목은 소각산란의 영역에서부터, 보다 소각, 보다 저에너지에 응집돼 있다.

타내져 있다(주 : 에너지를 대부분 E로 나타내는 바와 같이 파수(파장의 역수)를 q로 나타내는 수가 많다). 여기서 관찰하고 있는 구조의 크기는 고분자의 단량체 단위의 크기(그의 역수가 $10nm^{-1}$)이다. 탄성산란 성분은 액체 상태에 있는 고분자의 구조를 장시간에 걸쳐서 평균화한 것이다. 한편 비탄성산란 성분은 중성자의 에너지 변화에 대응하는 시간 영역에서의 운동을 반영하고 있다. 또 앞에서 기술한 바와 같이 간섭성, 비간섭성 산란 양쪽이 동시에 관찰된다.

그림 3.17은 고분자 유리(polyisobutylene)의 경우, 일정한 q에서 에너지 축을 따른 비탄성산란 성분을 보이고 있다. 유리천이 온도($T_g$)보다 충분히 낮은 온도에서 에너지 변이 2meV 부근에 완만한 피크가 보인다. 이는 소위 보존피크(boson peak)이고 유리 물질에 있어서 보편적이다.

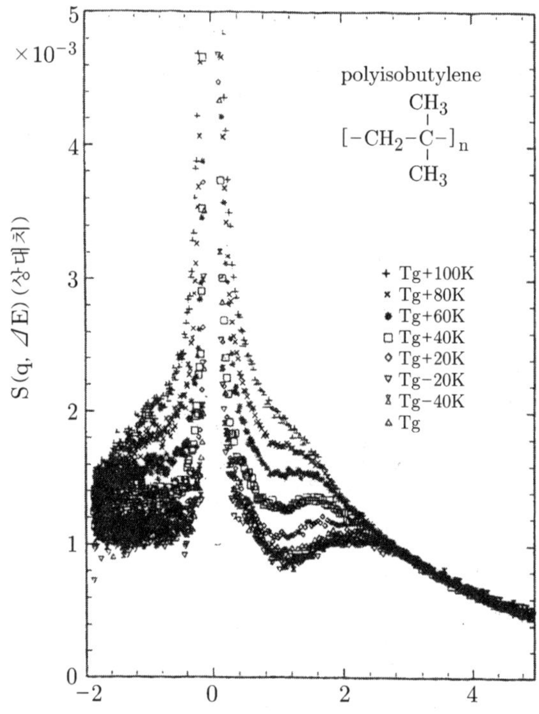


**그림 3.17** 중성자 비탄성 산란에 의한 유리전이의 연구 예.
보존 피크, 빠른 완화 과정은 저분자 유리를 포함해서 보편적으로 관찰되고, 고분자의 연결성은 반영되고 있지 않다. 파수 q는 보즈(bose) 인자 및 Debye Waller 인자로 보정한 파수[27].

이 강도는 보즈(bose)인자로 규격화(scale)되어 유리화한 고분자 단량체의 집단적인 조화 진동에서 유래한다. 온도가 상승하여 유리천이 온도에 가까워짐에 따라서 에너지 변이 2meV보다 저에너지 측에 새로운 비탄성 산란이 증대하는 것을 볼 수 있다. 이 강도는 이미 보즈 인자로는 규격화할 수 없고 고분자 유리의 국소 구조 완화에서 기인한다. 유리상 고분자 고체로부터 액체로의 전이를 포착한 실험 예이고, 연성재료 하위 계층(고분자의 단량체 수준)의 묘상(描像)이다.

### ④ 소각(小角)산란의 영역

연성재료의 복잡함은 소각 산란 영역에서 한층 뚜렷하다. 먼저 탄성 산란에 주목하고 소각 산란 영역의 공간 크기를 간단히 살펴보자. 그림 3.18은 중성자 산란으로 포함할 수 있는 공간 크기를 정리하고 있다. 그림 3.16에 나타낸 고분자의 단량체 단위의 정보는 파수 $q=10nm^{-1}$ 부근이다.

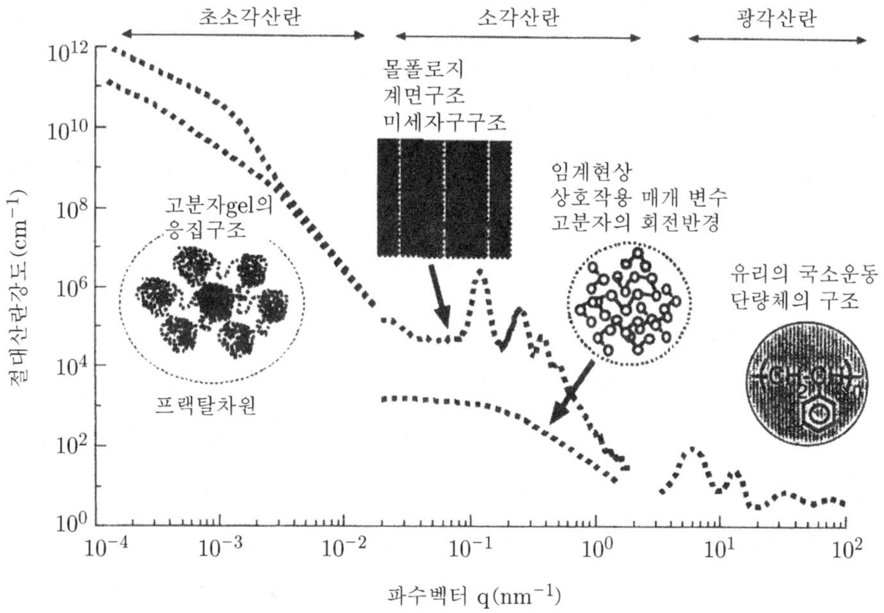


**그림 3.18** 중성자 산란으로 관찰 할 수 있는 파수 영역
대응하는 공간 크기는 2π/q로 얻어진다. 소각 산란은 산란중성자의 비행 거리를 10m이상으로 해서 실현한다. 초소각 산란은 channel cut한 2단 결정의 각도 분해능(micro radian)을 이용한다.

여기서는 고분자의 연결성이 반영되지 않아 고분자, 저분자 분별을 할 수 없다.

보다 큰 구조에 대응하는, 파수가 작은 영역은 소각 산란($q=10^{-2}\sim10^{0}nm^{-1}$)과 초소각 산란($q=10^{-4}\sim10^{-2}nm^{-1}$)으로 나누어진다. 소각 산란 영역은 고분자의 회전 반경에 대응하고 고분자의 연결성이 중요한 영역이다. 최근 고분자물리의 큰 진전은 이 소각 산란 실험으로부터 얻은 다양한 지식에 의한 경우가 많다.

예컨대 고분자 용융체에서는 복잡하게 뒤얽힌 고분자 퍼짐이 단량체 간의 배제(排除)부피의 차폐로 인하여 이상(理想) 사슬(Gauss사슬) 상태로 되어 있다는 발견이 있었다. 이것을 밝혀낸 것은 중수소 라벨(label)법을 쓴 중성자 소각 산란이다. 이 발견은 그 후 고분자 다체계 이론적 기술(記述)(예컨대 난잡 위상 근사)의 발전에 필요하게 되었다. 이 실험으로 상징되는 바와 같이 소각 산란의 공간 영역은 앞에서 정의한 연성재료의 개성을 반영하는 영역이다. 그 영역을 최근의 연구 예를 더듬어 가면서 상세히 보기로 하자.

여러 가지 고분자를 혼합함으로써 다양한 성질의 재료를 만들 수 있다. 이 경우 고분자 재료의 성질은 구성 고분자의 혼합 정도, 즉 상용성(相溶性), 상분리 구조(구성 고분자가 서로 분리되었을 때 생기는 구조) 등에 의존한다. 중성자 소각 산란은 이 혼합 상황(혼합계의 상전이·상분리와 협력 현상) 관찰에 상당히 유용하다.

지금 고분자 단량체 단위의 수가 N개로 이루어진 2종류의 고분자를 같은 체적으로 혼합한  혼합계를 생각하자. 2종류의 단량체 단위 간 상호작용의 세기를 $\chi$라는 변수로 나타내기로 한다. $\chi$가 양이면 서로 척력이 작용하여 분자 혼합계는 불안정하게 되고 마침내 A 집단과 B 집단으로 상분리 될 것이다. $\chi$가 충분하게 혼합된 상태는 안정적으로 존재하고 단일 상(1상 혼합계로 정의함)을 형성한다. 고분자는 N개의 단량체 단위가 화합 결합으로 연결되어 있기 때문에 이들을 혼합하기 위해서는 저분자인 경우에 비해서 $\chi$가 1/N이 되지 않으면 안 된다. 공업적으로 이용되는 고분자의 N은 $10^4$ 정도이므로 저분자와 비교해 $10^{-4}\chi$의 미묘한 변화가 중요하게 된다. 즉 단량체 단위의 근소한 구조 변화가 고분자의 혼합 상황에 뚜렷한 영향을 주는 셈인데, 이것을 중성자 소각 산란으로 관찰할 수 있다는 것이다.

Poly(orthochlorostyrene)와 poly(parachlorostyrene) 모두 단량체 단위가 $C_8H_7Cl$로 표현되고 그림 3.19(a)의 구조식에서 알 수 있는 바와 같이 염소 Cl의 위치만이

다른 이성체이다. 그렇지만 전자는 폴리스틸렌(polystyrene(P.S))과 상용(相容)인데 후자는 비상용이다. 다시 말하면 Cl 위치가 서로 다른 것이 $\chi$에 아주 근소한 변화를 가져오는데, 이것이 N배 증폭되면 상용성에 결정적으로 중대한 영향을 가져온다.

타이어 재료로 잘 이용되는 polybutadiene(PB)이라는 합성고분자의 단량체 단위에 1,2-결합과 1,4-결합의 이성체가 존재한다(그림 3.19(b)). 마찬가지로 합성고무

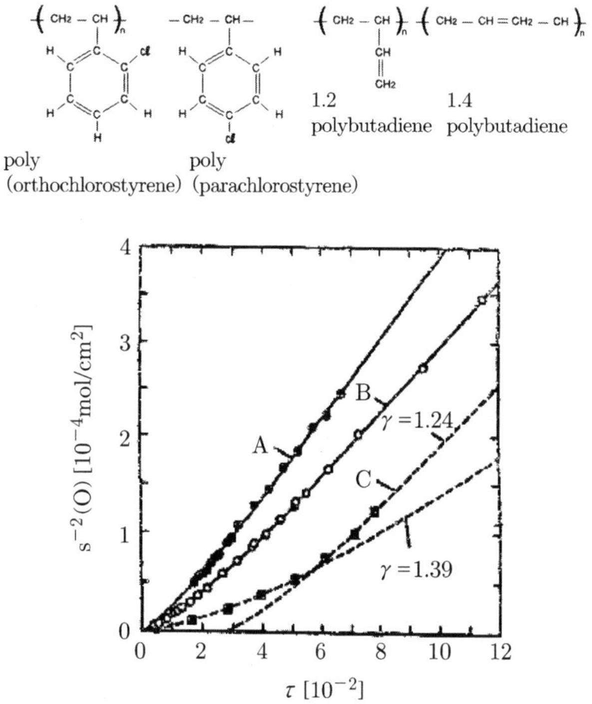


**그림 3.19** (a) Poly(orthochlorostyrene)와 poly(parachlorostyrene)의 구조식,
(b) 1,2(polybutadiene과 1,4(polybutadiene)의 구조식,
(c) polystylene과 3종의 중수소화 polybutadiene(dPB) A, B, C와의 혼합계에 대한 감수율의 역수 $S^{-1}(O)$의 환산온도 τ 의존성
A, B, C는 각각 1, 4 결합이 많은 dPB, 1, 4 결합과 1,2 결합으로 이뤄지는 dPB, 1, 2 결합이 많은 dPB이고, A→C의 순으로 1, 2 결합 분률이 증대한다. A, B는 τ의 증가와 더불어 $S^{-1}(O) \sim \tau^{\gamma}$, γ=1.24의 3d Ising보편성 class에서부터 γ= 1.0의 평균장 보편성 class로의 cross over 거동을 나타내고, A→B의 순으로 cross over 영역이 넓다. C는 $\tau^{\gamma}$ 증가에 수반해서 S-1(O)$\sim \tau^{\gamma}$, γ=1.39의 Fischer RG 보편성 class에서 γ=1.24의 3d Ising 보편성 class로의 cross over를 나타낸다[29].

무재료로 잘 사용되는 폴리이소프렌(polyisoprene)에는 3, 4-결합과 1, 4-결합의 이성체가 존재한다. 한 쪽 성분을 중수소화하고 혼합계의 단일 상(相) 상태인 중성자 소각 산란을 측정함으로써 $\chi$를 정밀하게 평가할 수 있다. 폴리부타디엔/폴리이소프렌(polybutadiene/polyisoprene) 혼합계에 있어서, 이와 같은 $\chi$의 정밀 평가를 결합 분률(分率)의 함수로써 계산해 보면 폴리부타디엔의 1, 2-결합 분률의 증대, 폴리이소프렌의 1, 4-결합 분률의 증대, 폴리이소프렌의 1, 4-결합 분률의 증대가 양쪽 고무상 고분자의 상용성을 증가시킨다는 것이 밝혀져, 타이어의 품질 관리에 크게 기여했다[28].

폴리머 혼합계에 있어서 폴리머 단량체 단위 구조의 근소한 변화가 상전이에 미치는 효과가 중대함은 임계현상 물리에도 흥미 있는 의견을 가져왔다. PS와 3종의 PB로 이뤄진 혼합계에 관한 실험을 소개하자[29]. 3종의 PB는 대략 같은 N을 갖는데 1, 4-결합의 분률이 다르다. 3종의 PB를 중수소화하고, (임계 조성을 갖는)3종의 혼합계 A, B, C를 만들고 1상 혼합 상태에서 중성자 소각 산란을 측정하여 감수율(感受率) S(O)를 구했다. 감수율의 역수 $S^{-1}$(O)를 환산 온도 $\tau$에 대해서 도시하면[30], 혼합계 A, B, C는 그림 3.19(C)와 같은 흥미있는 거동을 나타냈다[29]. 여기서 $\tau$=O가 임계점이고, $\tau$가 커질수록 임계점으로부터 멀어져, 보다 안정한 1상 혼합 상태가 된다.

그림의 결과는 다음과 같이 해석할 수가 있다. A→C로 혼합계의 1성분인 PB의 1, 2-결합 분률이 증가하면 $\chi$의 절대 값이 조금 감소한다. 이 근소한 $\chi$의 변화가 열요동에 중대한 효과를 준다. 전문적으로는 열요동에 대한 되맞춤무리 효과(renormalization group effect)에 중대한 영향을 준다. 즉 $\tau$가 커짐에 따라서 C에서는 Fischer의 renormalization지수보편성 영역[31]에서 3차원 Ising 보편성 영역에, B, A에서는 3차원 Ising의 보편성 영역에서 평균장(場)의 보편성 영역으로의 cross over가 보인다. 다시 말하면 A→C로 PB의 1, 2-결합 증가에 따라 임계 영역이 확대되고, 임계 영역의 넓이를 주는 지표인 Ginzburg Gi가 증가한다는 결론이 얻어진다. 즉, 종래 보편량으로 생각되고 있던 Gi가 보편량이 아닌 것으로 된다. 이것도 중성자 소각 산란과 연성재료의 하나인 고분자와의 조합이 낳은 근대 과학에의 기여라 생각해도 좋다.

다음에 혼합계의 $\chi N$이, $\chi N > \chi_c N$ 그리고 혼합 상태가 불안정하며, 혼합계를 A분자가 많은 집단과 B분자가 많은 집단으로 나뉠 때에 형성되는 상분리 구조에 대해서 생각해 보자. 상분리 과정의 구조를 중성자 소각 산란으로 관찰하면 구조의 시간변화를 잘 알 수 있다. 그림 3.20(a)는, PB과 PI를 각각의 43%, 57%의 체적 분률로 혼합한 계가 상분리의 후기 과정이라 알려져 있는 어느 특정 시간에서 나타내는 산란 곡선이다[32]. 이 실험에서는 빛과 중성자를 입사선으로 선정해서 광산란과 중성자 소각 산란을 병용함으로써 3자리수 이상의 폭넓은 파수(q)영역에 나타난 상분리 구조를 관찰하고 있다. 파수 q와 우리가 현실로 이용하는 공간 크기 r과는 $2\pi/r$의 관계가 있다. 이 결과로부터 상분리 구조는 대략 다음에 나타내는 4개의 공간 계층성을 갖는다는 것을 알았다.

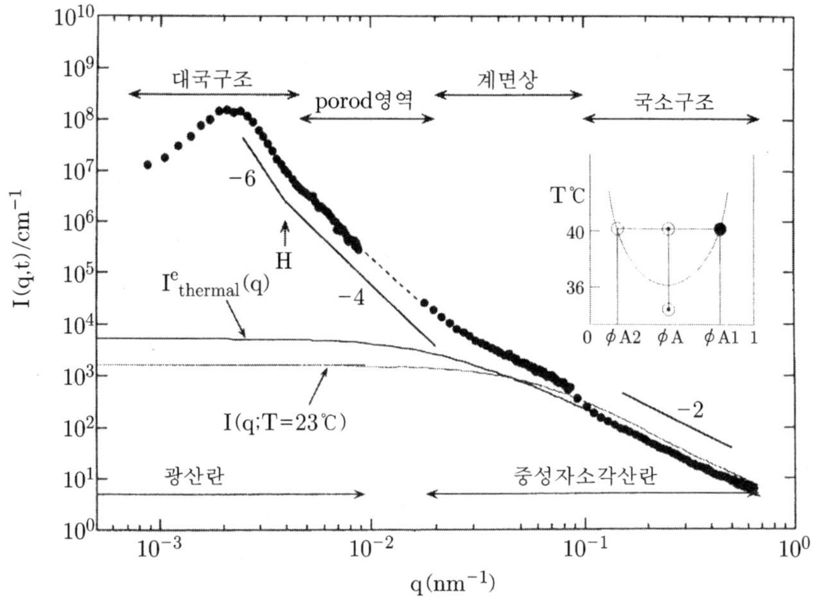


(a)

**그림 3.20** 체적 분률로 43% / 57%의 조성을 갖는 중수소화 polybutadiene / polyisoprene 혼합계에 있어서
(a) 상분리 후기 과정의 어느 시간에 있어서의 산란 프로파일 [32]
I(q; T=23℃)는 상분리 전의 1상 혼합의 평형 상태에서의 산란 프로파일, $I^e$ thermal(q)는 상분리온도(40℃)에서 상분리 후의 평형 상태에서의 각 상 내에서의 조성 요동에 의한 산란 프로파일

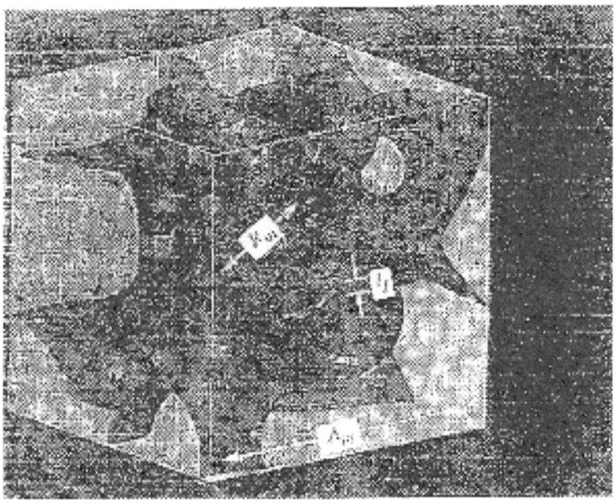

**그림 3.20** (b) 상분리 구조의 대국 구조(Global structure)를 나타내는 스펀지 상 구조. 시간 의존의 Ginzburg – Landau 방정식에 의거한 컴퓨터시뮬레이션에 의하여 얻어진 주기적 상분리 구조의 대략 1주기분을 나타낸다[33]. $\Lambda_m$은 구조주기, $R_m$은 평균곡률반경($R_m^{-1} = \langle |k_1| \rangle + \langle |k_2| \rangle / 2$, $\langle |k_i| \rangle$ (i = 1, 2)는 면적 평균 주(主) 곡률의 절대값), $\ell_1$은 계면의 두께.

우선 제일 상위의 계층 구조[대국(大局)구조]는, r이 크고 q는 작은 영역($q<10^{-2}$ $nm^{-1}$)의 산란 곡선에 나타나 있다. 이 대국 구조의 주기는 $2\pi/q_m$($q_m$은 산란 극대를 나타내는 q)로 주어지므로, 이 실험의 경우 약 3μm이다. 비선형 시간 발전(發展)방정식의 하나인「시간에 의존한 Ginzburg · Landau방정식」에 의한 해석이나(그림 3.20(b)참조)[33] 또는 공동 초점(共焦点) 레이저 현미경에 의한 관찰에서 이 대국 구조가 스펀지상 구조임이 처음으로 밝혀졌다[33]. 스펀지상 구조란 그림 3.20(b)의 2개의 상(相) 모두 3차원 공간에서 연속으로 주기성을 가진 구조이고 2상의 계면은 안장(saddle)형의 곡면(미분기하학에서의 쌍곡면)으로 이루어진 흥미있는 구조이다.

다음의 계층 구조(Porod 영역)는 약간 큰 파수($q \sim 10^{-2} nm^{-1}$)영역의 산란 곡선에 나타나 있다(그림 3.20(a)참조). 여기서는 2상 상분리 구조의 계면 면적, 계면 표면 장력파(capillary wave)의 정도(그림 3.20(c)참조)나 계면 두께(계면과 수직 방향의 고분자 A 또는 B의 밀도의 공간 분포 $C_X$, 그림 3.20(d)참조) 등이 문제가 된다.

3번째의 계층 구조는 보다 큰 파수 영역($10^{-2}<q<10^{-1} nm^{-1}$)의 산란 곡선에 나타

난다(그림 3.20(a), 중간상, 계면상(相)참조). 여기서의 산란은 2상의 계면 내부(계면상)에 있어서 A, B 두고분자의 단량체 단위 조성의 요동에 강하게 의존한다. 임계점 근방의 상분리에서는, 계면상의 두께는 저분자계와 마찬가지로 (고)분자 그 자체의 크기보다도 훨씬 크다(예컨대 10배 정도가 된다). 이 계면 내부에서의 단량체 단위의 국소 혼합 조성의 공간 분포 $C_X$는 열역학 이론(평균장 이론)의 예측(그림 3.20(e)의 매끈한 실선)에 일치하지 않고 큰 열요동을 갖는다는 것이 처음으로 밝혀졌다. 이것은 현미경 등의 실제 공간 관찰에서는 좀체로 얻어지지 않는 귀중한 계면 구조에 관한 정보이다.

최하위의 계층 구조는 보다 큰 q영역($10^{-1} < q < 1\text{nm}^{-1}$)에서의 산란에 나타난다(그림 3.20(a)의 local, 국소 구조 참조). 여기서는 상분리한 2상의 내부에서의 각 단량체 단위의 조성의 국소 요동이 중요하다. 상분리에 의하여 발생하는 2개상의 조성은 그림 3.20(a)에 삽입한 상 그림의 공존 곡선(실선)과 상분리 온도(삽입 그림에서는 40℃)로 결정된다.

이상과 같이 폭넓은 파수 영역에 걸쳐서 중성자 산란을 관측함으로써 연성재료가 형성하는 복잡한 계층 구조나 그 시간 변화를 밝혀낼 수 있음을 알 수 있다. 그림 3.20(a)의 산란곡선의 일부는 광산란으로 측정된 것인데, 이것은 중성자 초소각 산란으로 측정할 수도 있다.

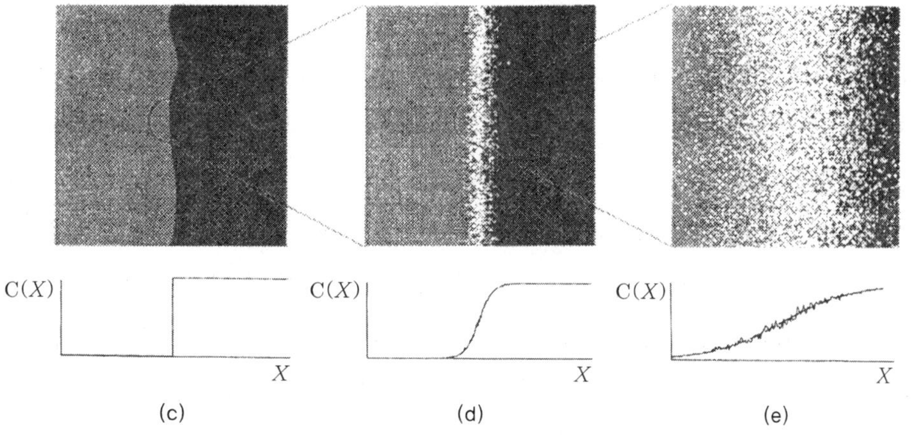


**그림 3.20** (c)와 (d)는 계면 구조를 나타내고, (e)는 계면층 내부의 구조를 나타낸다. C(x)는 계면에 수직 방향의 1성분 조성의 공간 분포를 나타낸다.

이제까지 기술한 중성자 소각 산란보다 더욱 소각(큰 구조)을 관찰하는 수단이 중성자 초소각 산란이다(그림 3.18). Channel cut한 2결정의 각도를 micro radian의 크기로 제어함으로써 초소각($10^{-4} < q < 10^{-2}$nm$^{-1}$)을 관측할 수 있다. 이것은 광산란 영역과 중첩되지만 여기서도 중성자 특성의 위력을 발휘한다. 전하를 가지지 않음으로써 중성자는 물질투과성이 우수하고 광산란에서는 대상이 될 수 없었던 빛을 투과하지 않는 물질에도 응용할 수가 있다. 예컨대 submicron 크기의 겔의 응집구조, 안료를 포함한 복잡계의 분산 상태, 카본블랙(carbon black)/고무계 등의 복합 재료 등 실용적인 계의 연구 분야에 큰 성과가 기대되고 있다. 또 여기서는 언급하지 않았지만 중성자 소각 산란과 같은 공간크기를 관측할 수 있는 분광기로서 중성자 반사율계(系)가 있다. 박막이라는 구속 환경 하에서 연성 재료의 연구 수단으로 크게 주목되고 있다.

### ⑤ 핵스핀에 주목한 실험

소각산란(small angle scattering) 영역에서, 고분해인 비탄성산란실험을 실현하는 것이 중성자 스핀 에코(echo) 법이다(그림 3.21)[34]. 중성자 스핀 에코법은 1972년 Mezei에 의해서 제창되고 1980년경에 실현된 새로운 분광기이다. 중성자의 핵스핀은 자기장 내에서 세차운동한다. 세차의 회전각(角)은 중성자가 자기장 중에 존재하는 시간에 비례하므로 자기장을 통과하는 중성자의 속도 변화를 민감하게 반영한다. 실제의 측정에서는 산란 전후의 세차운동을 반전시켜 중성자 스핀 에코로 중성자의 에너지 변화를 검출한다. 중간 상관 함수(실시간축)로서 얻어지는 데이터의 관측 시간은 보통 1~20ns인데 그레노블의 IN15에서는 150ns까지가 측정 가능하다. 이제까지 중성자 스핀 에코법은 자성체의 임계 현상, 과냉각 액체의 유리전이, 용융 고분자의 확산 모델(레프테이숀)의 검증 등 기초물리학적인 문제에 적용되어 왔다. 또 최근에는 생체 물질 등을 포함해서 자기(自己) 조직화한 복잡 액체의 느린 동력학 (slow dynamics)의 연구에 큰 성과를 올리고 있다. 소각산란 크기의 영역에서는 많은 경우 분자 내부에서 발현하는 힘보다 분자간의 마찰력 쪽이 주체적이다. 그 때문에 관측되는 스펙트럼은 시간에 관해서 단조하게 감소하는 완화형이 많다(그림 3.21).

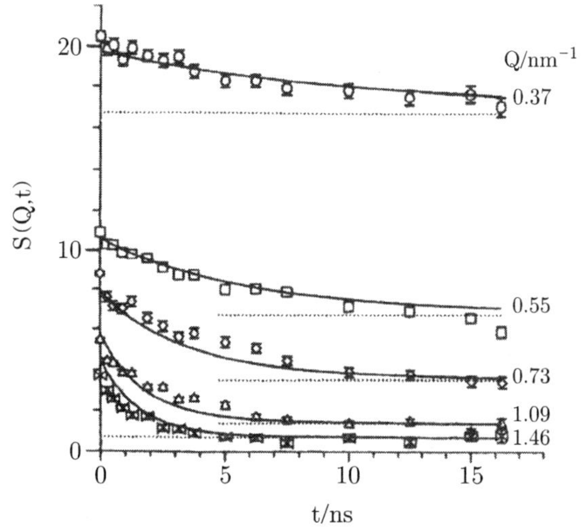


**그림 3.21** 실온에서의 PE(Mw=5000) – PEB (Mw=8000)의 데카린용액의 중성자 스핀 echo 데이터.
점선은 정적 산란의 기여를 나타내고, 실선은 elastic slab model에 의한 scaling을 나타낸다. [34]

중성자의 핵스핀과 관련해서 마지막으로 편극중성자해석의 실험 예를 기술한다. 편극중성자해석에 의해서 앞에서 기술한 간섭성 산란과 스핀 비간섭성 산란을 분리할 수 있다. 편극된 중성자가 산란 과정에서 연성 재료 중의 수소와 상호작용할 때 (i) 「스핀이 반전하는 과정」과 (ii) 「스핀이 반전하지 않는 과정」의 2종류의 과정이 존재한다(그림 3.22(a)).「스핀이 반전하는 과정」은 비간섭성 산란을, 또 「스핀이 반전하지 않는 과정」은 비간섭성 산란과 간섭성 산란의 양편을 일정한 비율로 포함하고 있다. 편극중성자해석의 결과 「반전한 성분」과 「반전하고 있지 않은 성분」을 정량적으로 구할 수 있다면 간섭성 산란과 비간섭성 산란을 분리할 수 있다. 스핀 분석기(예컨대 Heusler 합금)는 에너지 분석기로서의 역할을 다한다. 예컨대 탄성 성분을 빼내서 간섭성 산란과 비간섭성 산란을 분리해 본다. 고(高)배향된 결정성 고분자를 샘플로 선정한 실험 예를 보자(그림 3.20(b)). 이 물질은 단량체를 단위로 방향(芳香)환이 염주이음으로 공유결합된 물질로 방향환만이 수소를 갖고 있다. 분리된 간섭성 성분은 탄소로부터의 산란으로 액정 분자의 공간 배치를 반영하고 있다. 또 비간섭성 성분은 수소에 유래하며 탄성 비간섭성 구조 인자(Elastic

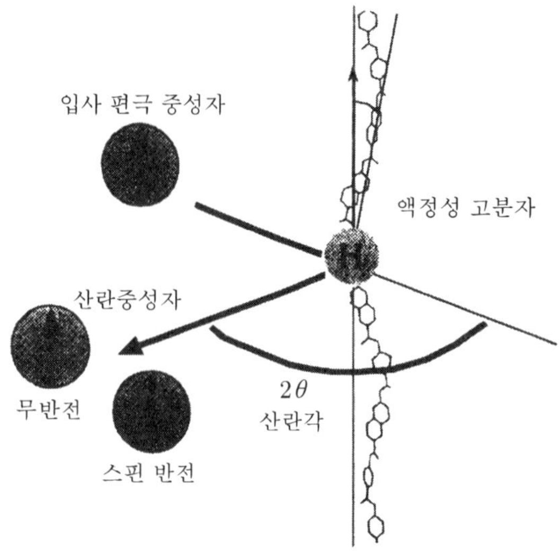


**그림 3.22** (a) 수소에 의한 편극중성자의 산란과정의 모식그림[35]

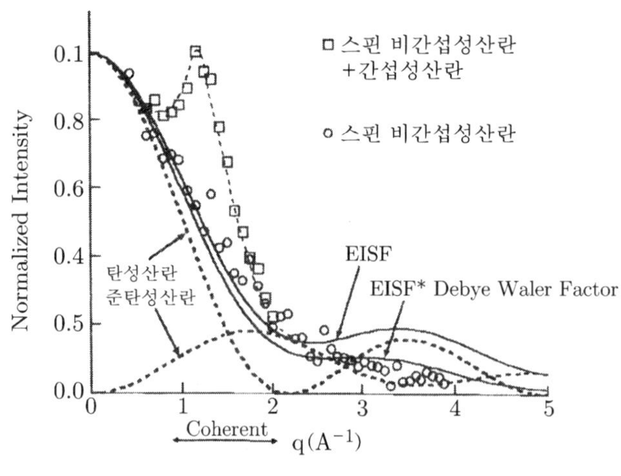


**그림 3.22** (b) 편극중성자해석에 의한 액정성 고분자의 관찰 예[35]

Incoherent Structure Factor)라 불린다. 이것은 수소(결국은 방향환) 움직임의 시공자기상관(時空自己相關)에 대한 장시간 평균이다. 다시 말하면 방향환이 움직일 수 있는 공간의 크기와 공간 대칭성을 반영하고 있다. 탄성 비간섭성 구조 인자는 공유결합의 축 주위의 원궤도에 따라서 방향환이 자유 회전 완화하고 있다고 가정할 때 잘 재현된다. 분자의 골격과 공유결합하고 있는 「수소」의 움직임을 단서로 해서 골격의 국소 구조 완화를 관찰한 실험 예이다.

## 3. 산업에의 응용

### (1) 머리말

일본에서 중성자 산란의 산업에의 응용은 각 중성자원(neutron source) 시설에서 연구자 개인 수준에서 단발적으로 행하여져 왔고, 조직이라 해도 계속적으로 실시되는 것에는 이르지 않았다. 따라서 이 분야의 연구는 국제적으로는 크게 늦어졌다고 할 수 있다. 여러 원인이 있겠지만 널리 사용되고 있는 X선에 비해서 중성자선은 제한된 시설의 적은 수의 장치에서만 이용할 수밖에 없고 그 강도 또한 비교적 약한 것이 주원인이었다. 그러나 최근 원연의 JRR-3M이나 고에너지가속기연구기구의 KENS에서는 고성능 중성자 산란 장치가 다양하게 설치되어 기초과학 연구 면에서는 이미 세계 최고 수준에 있다고 해도 좋다. 이제 일본 연구자의 눈이 겨우 응용 분야에로 향하게 됐고 산업에의 응용을 시도하기에 이르렀다. 이 경향은 향후 더욱 가속되리라 생각된다. 왜냐하면 중성자 산란의 산업에의 응용은 21세기의 보다 좋은 생활을 위한 신물질의 창제, 안전 확보, 환경 보전 등에 필수적이라 생각되기 때문이다.

중성자 산란이 어떠한 산업에 응용 가능한가를 살펴보기 위해서 중성자의 특징과 응용 예를 간단히 기술한다.

① 중성자는 물질에의 투과력이 강하고 물질 내부에까지 침입해서 산란하기 때문에 물질 내부의 상태를 살펴볼 수 있다. 예컨대 재료 내부의 잔류 스트레스나 결정배향 해석을 3차원적으로 할 수 있다. 또 재료 전체에 걸친 단결정성의 검사나 석출물의 구조해석이 가능하다.

② 중성자 산란에서는 수소, 산소와 같은 경원소와 란탄(La), 우라늄(U)과 같은 중원소가 혼재해 있는 경우에도 경원소를 용이하게 식별할 수 있다. 예컨대 산화물초전도체의 산소 위치나 연료전지의 산소위치의 정보가 정확히 구해진다. 또 생체고분자 내의 수소 위치나 수화수 위치를 정확하게 구할 수 있다.

③ 중성자는 스핀을 가지기 때문에 물질의 자기 구조나 자기 모멘트를 관측할 수 있고 자성연구에 적합하다. 예컨대 질화철계 영구자석 재료의 자기 모멘트의 관측이나 자성박막 자기기록 매체의 자구(domain)의 관측, 산화물초전도체를 관통하는 자속의 관측이 가능하다.

④ 중성자 에너지를 산란 전후 측정함으로써 물질 내부의 에너지 수준의 상태나, 원자나 자기모멘트의 운동 상태 정보를 얻을 수 있다. 예컨대 이방적 초전도체의 초전도 에너지 간격(gap)을 측정할 수 있다.

⑤ 수소와 중수소의 큰 산란능의 차이를 이용할 수 있으므로 고분자, 콜로이드 입자, 교질, 막 등 소위 연성 재료에 관한 대부분의 연구에서는 중수소를 포함하는 물질을 도입해서 관측된 상의 대비(contrast)를 할 수 있다.

이상과 같이 중성자 산란을 이용하면 X선 회절에서는 불가능한 여러 가지 중요한 연구가 가능하게 된다. 장래 계획으로 중성자선 강도가 세계에서 가장 강하게 되고 또한 장치의 종류나 수가 늘게 되면 바로 범에 날개를 단 것 같이 될 것이다.

여기서는 JRR-3M에서 실시되고 있는 고체물리 분야의 산업적 응용 연구를 예로 들면서 그 현황과 장래를 생각한다. 또 연성 재료를 대상으로 한 연구에서는 이미 말한 이유로 일본에서 행하여지고 있는 것은 아직 많지 않으나 그 대표적인 성과에 대해서 기술한다.

### (2) 재료 내부 잔류 스트레스 해석

#### ① 목적

생활과 밀착된 건축 재료, 비행기의 날개나 엔진, 열차의 레일, 또한 화력발전소의 터빈이나 원자력발전소의 압력 용기 등의 실용 재료가 외부로부터 힘을 받았을 때 그들이 건전성을 유지하는 일은 안전 확보의 관점에서 중요한 과제이다. 일반적으로 재료에 외부로부터 힘을 가하면 재료에는 스트레스가 생겨 strain이 발생한다. 힘을 계속해서 가하면 소성 변형을 일으켜 파괴에 이른다. 재료의 건전성을 결정하는 허용 스트레스는 외부의 힘에 대응한 스트레스와 힘을 가하기 전부터 존재하는 잔류 스트레스와의 합이므로 만약 잔류 스트레스가 불분명하면 외부 힘의 허용 범위도 불분명하여 건전성을 평가할 수 없다. 따라서 재료 내부 잔류 스트레스의 3차원 측정은 피로 파괴, 취성(脆性)파괴, 스트레스 부식 파괴에 관련되는 재료 강도나 피로 수명의 정량화 그리고 안전 확보상 반드시 필요하다.

### ② 특징

재료의 스트레스를 측정하기 위해서는 재료의 strain을 측정하지 않으면 안된다. 재료의 표면 strain은 가장 간단하게는 strain측정기를 붙여서 측정할 수 있으며, 이 방법으로 용접부나 복합 재료 등에서 중요한 내부 스트레스를 측정하려면 재료를 절단하여야 하기 때문에 파괴 시험으로 한다. 비파괴적으로 내부 스트레스를 측정하기 위하여 결정격자 간격을 측정하는 X선회절법이나 중성자회절법이 많이 이용되고 있다.

이 중 X선회절법에 의한 스트레스 측정은 1940년대에 시작되어 평행빔 슬릿계와 $\sin^2\phi$법을 조합한 표준측정법이 확립되고 선원을 손쉽게 구할 수 있어서 실용 기술로 이용되고 있다[36]. 한편 중성자회절법에 의한 스트레스 측정은 1980년경에 영국에서 시작되었는데[37], 그 선원은 원자로에 의한 정상 중성자원이나 핵파쇄 시설에 의한 펄스 중성자원 등 대형 시설에 한정되고 또한 빔 강도가 X선에 비해서 약하기도 하고, 측정 장치의 수나 데이터양도 적어 표준측정법의 확립을 위한 공동 작업은 1996년부터 시작되었다.

그러나 중성자 회절법의 경우, 예를 들어 X선은 철(steel)의 표면에서부터 수10 $\mu$m 밖에 침입할 수 없는 것에 비하여, 중성자선은 50mm 정도나 침입하므로 재료 내부의 정보를 압도적으로 잘 취할 수 있다는 이점이 있다. 또 복합 재료와 같이 많은 상(相)이 공존하는 계에서도 일반적으로는 각각의 상의 정보를 선택적으로 취할 수 있는 이점이 있다. 이와 같은 이점 때문에 중성자회절법은 가장 신뢰성이 있는 내부스트레스 데이터를 제공하는 것으로 여겨지며 서둘러 광범위한 이용 영역을 찾고 있다. 일본에서는 JRR-3M에서 1991년부터 본격적인 잔류 스트레스 측정용 회절장치(RESA)의 개발이 시작되었으며 1996년 그 측정 기술이 확립되었다. 여기에서는 RESA의 경험을 기초로 하여 중성자회절 잔류 스트레스 측정법을 기술한다. 더욱 상세한 해설은 문헌 등을 참조하기 바란다[38].

### ③ 측정 방법

측정 원리와 흐름을 그림 3.23에 모식적으로 나타냈다. 결정격자에 부하가 걸리지 않는 상태에서 부하가 걸린 상태로 변화했을 때 결정 격자면의 간격의 변화($d_0 \rightarrow d_\sigma$)를 중성자회절 peak 위치의 변화($2\theta_0 \rightarrow 2\theta_\sigma$)로 3차원적으로 측정해서 이 격자의 탄성 strain 분포 $\varepsilon_{i,j,k}(r)$을 정밀하게 결정한다. 다음에 측정한 탄성 strain으로부터 탄성역학의 Hooke 법칙을 이용해서 스트레스 분포, $\sigma_{i,j,k}(r)$로 환산한다. 얻어진 스트레스 분포를 고찰해서 재료의 건전성을 검증함으로써 제조 방법의 개선이나 제품의 보수 방법을 결정한다. 일반적 측정에서는 주(主) strain 방향이 예측될 수 있는 경우가 많으므로 이 3개의 주방향 strain $\varepsilon_x$, $\varepsilon_y$, $\varepsilon_z$와 Poisson비 $\nu$와 Young율 E를 중성자회절법으로 측정해서 스트레스를 결정한다. 이때 이용하는 탄성상수 $\nu$, E는 strain이 회절 조건을 만족하는 특정의 결정면 간격의 strain의 평균값이므로 기계적인 값과 일반적으로 다르고, 회절면 의존성을 가지고 있음에 주의할 필요가 있다. 예컨대 1축 외부 스트레스의 부하를 걸었을 때의 strain의 변화를

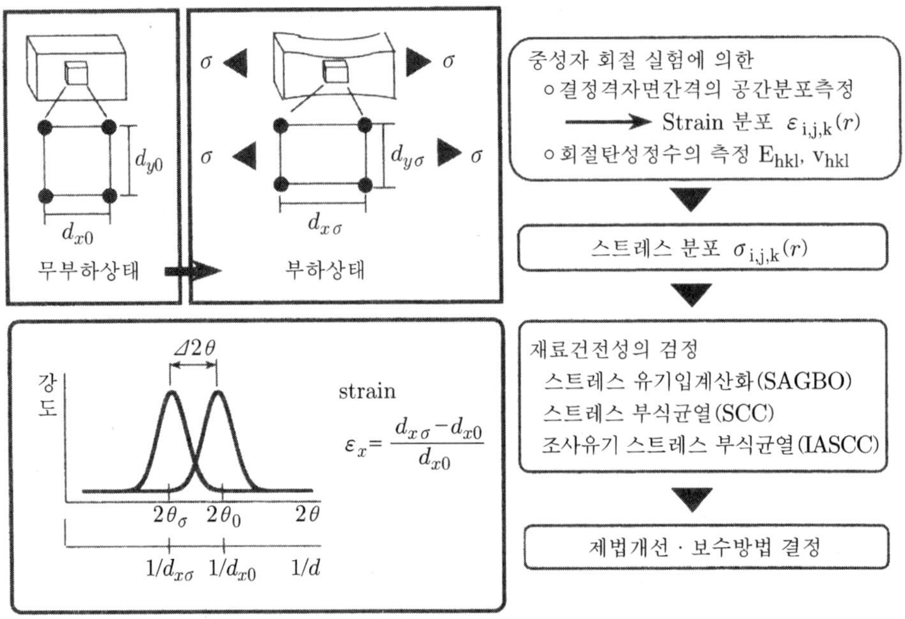


**그림 3.23** 중성자회절에 의한 재료 내부 잔류 stress 해석

hkl면 간격을 게이지로 실측할 때 외부 stress $\sigma_z$와 그 방향에 평행인 법선 vector를 가진 격자면의 strain $\varepsilon_z$나 수직한 격자면의 strain $\varepsilon_x$, $\varepsilon_y$에 대한 스트레스에 대한 관계는 모두 소성 변형 영역에 이르러서도 역시 거의 직선적으로 증가한다. 이 2개의 직선 기울기의 비로부터 Poisson비 $\nu_{\mathrm{hkj}}$를, 또 외부 스트레스에 평행인 법선 벡터를 가진 격자면에 대한 직선의 기울기 $d\sigma_z/d\varepsilon_z$로부터 Young율 $\mathrm{E_{hkl}}$을 실험적으로 결정할 수가 있다[39]. 다음으로 스트레스의 절대값을 결정하는 경우는 무부하시의 결정격자면 간격 $d_0$의 정확한 측정이 필요하고 이 측정이 전체의 측정 정밀도를 지배하는 가장 중요한 인자 중 하나이기도 함에 주의할 필요가 있다. 통상 $d_0$의 측정은 동등한 재료를 annealing해서 스트레스 zero인 표준시험편으로 하고 가능한 한 넓은 시료 영역의 중성자측정으로 $d_0$를 측정하고 있다.

### ④ 측정 예

그림 3.24(a)는 ITER의 중심 솔레노이드 초전도 코일 자켓으로, 외형 45mm ×45mm, 내경 36mm의 파이프 형 Ni-Fe 기초합금 인코로이908이 곡률반경 500mm로 만곡하고 있는 모양을 모식적으로 나타낸 것이다. 이 초전도 coil은 기계적으로 성형한 후 초전도체를 생성함과 동시에 자켓 재료를 고강도화하기 위하여 650℃에서 240시간의 열처리할 필요가 있는데, 그때 200MPa를 넘는 장력잔류 스트레스와 0.1ppm 이상의 산소농도 조건이 겹치면 자켓 재료 인코로이908 중에 스트레스 유기(誘起) 입계산화(粒界酸化)(SAGBO)가 일어나서 균열이 생겨 재료가 파괴될 위험성이 있다. 따라서 그림의 A, B, C, D의 대표적인 영역에서 잔류 내부 스트레스를 측정하였다. 그림 3.24(b)는, 2mm로 좁힌 중성자빔이 임의의 영역에 입사해서 코일 표면으로부터 2mm깊이까지 침입하여 회절되는 모습을 모식적으로 나타낸 것이다.

다른 곳에 대해서도 자켓 재료를 이동시켜서 마찬가지로 측정하고 회절각에서 결정면 간격을 구하였다. 이와 같이 해서 얻어진 strain 분포에서 각 장소에서의 세로(x), 가로(y), 높이(z)의 3주축방향 성분으로 나눠서 산출한 스트레스가 그림 3.25에 나타내 있다. 영역 C의 내표면 가까이에서 $\sigma_y$, $\sigma_z$가 SAGBO 조건을 넘는 장력잔류 스트레스가 있는 것으로 확인되었기 때문에 제조 방법의 개량을 촉구함과 동시에 산소농도 제어의 중요성을 지적할 수가 있었다[40].

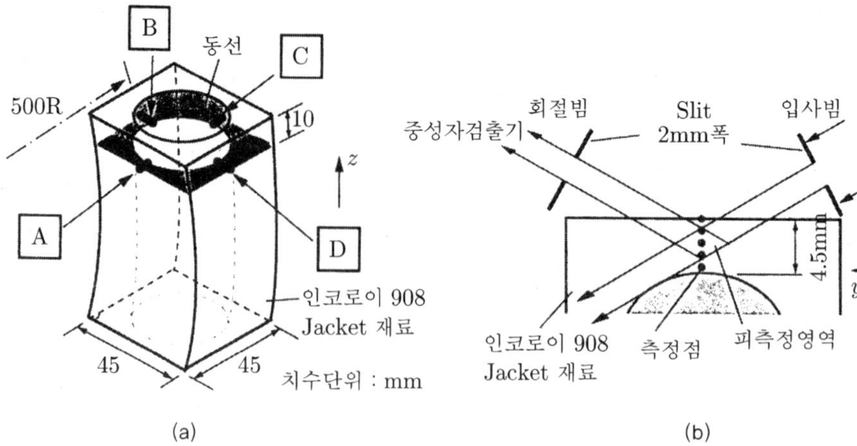


**그림 3.24** (a) 중심 솔레노이드 초전도 코일 (b) 중성자회석(回析) 빔 경로

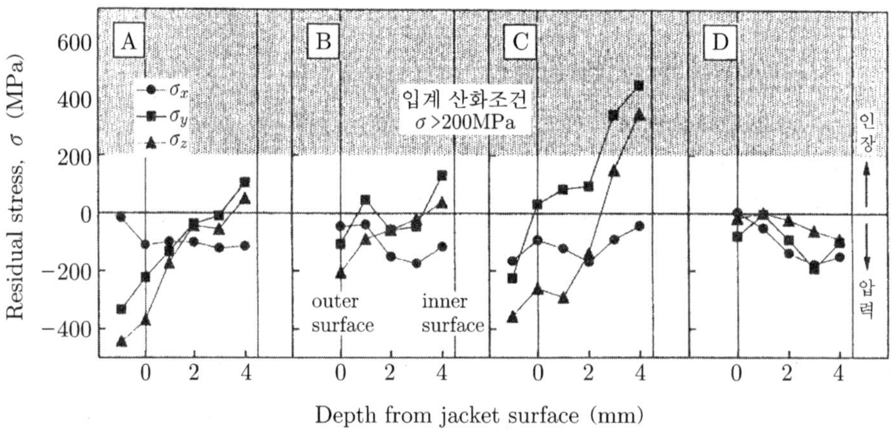


**그림 3.25** ITER-CS 코일 자켓의 잔류 스트레스 분포

### ⑤ 장래에의 전망

위에 기술한 연구 예에서는 중성자빔의 크기는 2mm×2mm 혹은 2mm×4mm이다. 이 정도의 빔을 이용하여도 용접 재료, 소성변형 재료, 냉감(冷嵌)재료, 소결 재료 등의 균일 조성 근사가 가능한 재료에 대해서는 잔류 내부 스트레스를 $1mm^2$ 단위로 구할 수 있게 되었다. 그러나 박막 재료, 복합 재료, 경사(傾斜) 재료와 같이 계면이 문제가 되는 재료에 대해서는 거의 측정할 수 없는 실정이다. 왜냐하면 계

면과 그 근방을 살펴보기 위해서는 0.1mm×0.1mm 정도 이하의 빔이 필요하기 때문이다. 계획 중인 5MW 핵파쇄 중성자원이 완성되면 중성자회절용 빔 강도는 실효적으로 JRR-3M의 약 천배정도 될 것으로 예상되어 이와 같은 종류의 연구에 혁명적인 진보를 가져오리라 기대된다. 또한 균일 조성 근사가 가능한 재료라도 조사된 원자로 압력용기와 같이 특수 환경에 있는 재료의 연구에 있어서 향후 진전이 기대된다.

### (3) 결정 구조 해석

분말중성자회절장치를 이용하는 물질의 결정 구조 해석은 물질 동정(同定)이나 문제가 되는 원자의 존재 위치를 정밀하게 결정할 수 있기 때문에 가장 일찍부터 산업에의 응용이 시도되어 왔다. 많은 X선회절 연구자가 있으므로 잠재적 수요는 매우 높다. 분해능 $\Delta d/d$는 $1\times10^{-3}$이 달성되어 있어 예컨대 산화물 초전도체, 연료전지, 거대 자기저항 효과를 나타내는 물질 등에 포함되는 경원소(산소)의 위치 정보가 정확히 구해진다. 또 단결정 중성자회절에 의하여 생체고분자 중의 수소 위치나 수화수 위치가 정확히 구해지게 되었다.

### (4) 자구(magnetic domain) 관측

자기 기록 매체에 자성 미립자를 칠한 막이 이용되어 왔는데, 수년전부터 합금자성박막이 주로 이용되었다. 자기기록의 고밀도화는 합금박막매체에서도 미소자석으로 작용하는 자구 크기에 따라 한계가 정해진다고 생각되었으며, 미소 자석의 최소 단위는 결정립(粒)일 것이라고 생각되어 왔다. 새로운 자기기록매체 Co-Cr 합금 자성박막을 100°~300℃의 기반 온도에서 제작하면 그림 3.26에 나타낸 바와 같은 결정립 내의 농도 얼룩을 시사하는 독특한 Co 고농도 줄무늬 구조가 생기는 것이 전자현미경법이나 핵자기공명법에서 밝혀졌다. 이 Co 고농도 줄무늬 부분은 상분리에 의하여 생성된 것으로, 그 하나하나가 미소 자석으로 되어 있을 가능성을 시사하지만, nm 크기를 정량적으로 측정하는 수단이 없었다. 따라서 중성자 소각산란법을 이용해서 1tesla 자기장에서 자기산란 강도측정을 하여, 그 해석으로부터 줄무늬의

**그림 3.26** Co-Cr 박막의 Co 고농도 줄무늬 구조

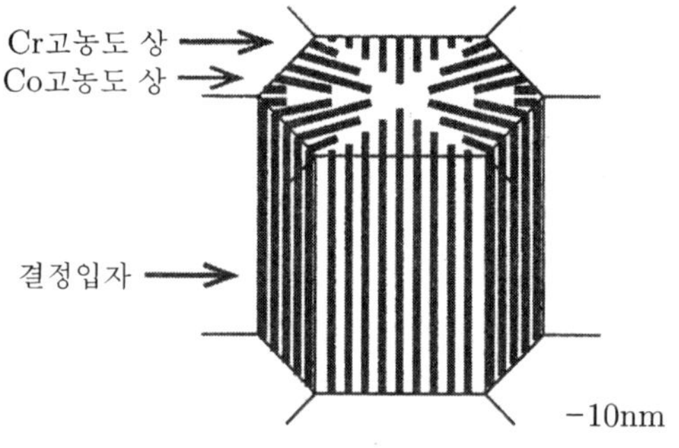



**그림 3.27** Co-Cr 박막 조성 구조 모델

폭은 약 8nm, 길이는 약 100nm를 중심으로 해서 분포하고 있음을 밝혀냈다. 이에 의거해서 그린 조성 구조모델을 그림 3.27에 나타낸다[41].

만약 이 Co 고농도 줄무늬를 미소자석으로 1bit를 기록할 수 있으면, 1tera bit/cm$^2$(2.5inch disk 한 면으로 조간(朝刊) 1500년 분량의 정보량)라는 초고밀도 기록이 가능하게 되고, 게다가 상분리 계면이 결정적인 흐트러짐이 없으므로 자기 특성이 열화하지 않는 것으로 기대되어 혁명적인 자기 고안 장치가 되리라 생각된다.

### (5) 연성 재료를 대상으로 한 연구 예

#### ① 유기- 무기 혼성(hybrid) 재료

고분자 매트릭스(matrix)에 무기물질을 분산시켜서 얻는 복합 재료는 유기 물질과 무기 물질 각각의 장점을 살린 혼성재료이고 최근에 특히 널리 연구되고 있다. 여기서는 그 중 2가지 예를 든다.

Polysiloxane은 고무적 성질을 가진 뛰어난 유기재료이다. 이 고무 중에 in- situ로 silica($SiO_2$)나 titania($TiO_2$)를 졸-겔(sol-gel)법으로 석출시켜 보강하면 변형에 대한 성질이 현저히 향상한다. 이 보강 구조가 중성자 소각산란(SANS)으로 상세하게 살펴지고 있다[42]. 그림 3.28에는 polydimethylsiloxane($-(Si(CH_3)_2O)n$, PDMS)에 $TiO_2$를 산(酸)조건하와 염기 조건하에서 혼입시킨 composite의 SANS강도 profile이 나타나 있다.

산란 vector $q(= 4\pi \sin\frac{\theta}{\lambda})$가 작은 영역(Guinier 영역)에서 석출물의 크기가 평가되고 있으며, 제작법에 의한 차는 적다. q가 큰 영역(Porod 영역) (0.01Å<q<0.1Å)에서 곡선의 기울기는 전자가 약 -3, 후자가 -4로, 국소적인 구조가 다르게 되어

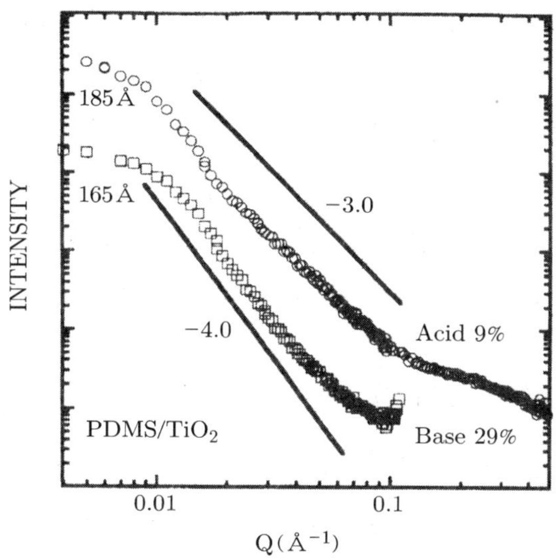


**그림 3.28** PDMS/TiO2 복합체의 SANS 프로파일

있음을 나타낸다. 또 polyethylene(PE) −carbon black(CB) composite에 생기는 빈 공간(void)은 재료강도에 직접 영향을 주기 때문에 그 존재 상태를 파악하는 일은 매우 중요하다[43]. 이 복합체(composite)는 SANS에 대해서는 3상 계로서 검출되기 때문에 이 방법으로 구조 해석하는 것은 매우 곤란하지만 h−polyethylene과 빈공간이 중성자를 산란하는 능력(산란길이 밀도)이 같기 때문에 중성자에 대해서는 CB만이 떠오르는 2상 구조가 된다. 또 역으로 PE를 중수소화하면 그 산란길이 밀도는 CB의 것과 매우 가까워지고 이번에는 빈공간이 떠오른다. 이 사실을 정교하게 이용해서 빈공간의 크기와 양을 정량적으로 연구하고 있다.

### ② 라텍스(LATEX)의 구조 해석

고분자라텍스는 넓은 용도를 가진 유기 재료이다. 일반적으로 라텍스는 부화중합(浮化重合)으로 얻어진다. 그 모습을 on−line SANS로 관찰한 예가 그림 3.29이다[44]. n−hexylmethacrylate($C_6$MA)의 유화(乳化) 중합에 있어서 단량체가 폴리머로의 전화율(轉化率) 상승에 수반되는 구조 변화가 깨끗하게 포착돼 있다. 이 라텍스의 주요 용도로 도막(塗膜), 종이표면, 코팅막 등의 기능 박막이 있다. 이들은 용액중에 분산시킨 상태에서 증발 건고(乾固)시켜서 얻는데 고화 과정의 차이에 의한 입자의 분산 상태, 라텍스의 안정화에 이용된 계면활성제의 편재 상태를 아는 일이 막(膜)강도제어의 관점에서 중요하다. 또 분산매로서 이용되는 유기용제(volatile organic compounds, VOC)의 저감이 환경 문제 (소위 VOC 규제)와 더불어 중요하며, 분산매로는 유기용제에서 물로의 전환이 요구되고 있다. 또 한편 제막(製膜) 후에는 높은 내수성을 가져야 하는 것은 말할 필요도 없다.

### ③ Polyolefin의 상용성(相容性)

Polypropylene(PP)은 수요가 많은 범용 수지의 하나로, 단량체(單体, monomer)이다. 재료로 이용되는 경우는 적고 강인성을 늘이는 등 여러 가지 목적으로 다른 올레핀계 폴리머, 예컨대 에틸렌 플로필렌 공중합체(EPR)와의 혼합체 구조 재료로서 많이 이용되고 있다. 여기서 PP는 전형적인 결정성 폴리머이고, 다른 폴리머와의 상용성은 PP의 결정화에 큰 영향을 주기 때문에 상용성의 평가는 재료 설계상 매우 중요하다. PP의 입체 규칙성을 제어하는 중합법은 카민스키촉매의 등장으로 비약적으로 향상되었으며, 종래법과 다른 균일한 입체 규칙성이나 좁은 분자량 분포를 가진 것을 얻게 되었다. 여기서는 카민스키촉매로 얻어진 EPR과 PP의 혼합체의 상용성을 SANS로 연구한 예를 소개한다[45].

그림 3.29는 중수소 라벨링 한 EPR(PP의 함유율 53%)과 PP(체적분률 61%) 혼합물로부터 간섭성 산란강도곡선의 온도 의존성을 나타낸다. 균일 1상(相) 상태에 대응하는 산란 곡선이 얻어지고, 440~480K의 온도 범위 내에서는 온도 의존성은 거의 볼 수 없다. 난잡 위상 근사를 이용한 curve fit에서 얻어지는 2종의 고분자 간의 상호작용 변수(상호작용의 크기를 나타냄)는 매우 적고, 양자가 잘 녹아 있음이 밝혀져 있다.

이것은 PP에 대한 종래법 결과와 다르다.

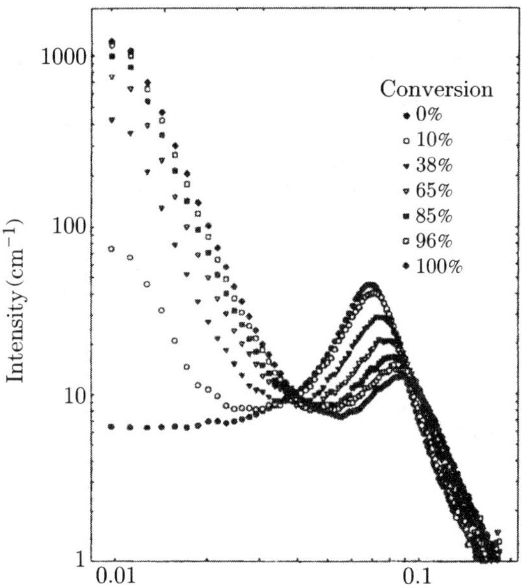


**그림 3.29** $C_6MA/DTAB/D_2O$계 유화중합 단량체 전화율의 변화에 수반하는 SANS 프로파일의 변화

④ **고분자 Gel**

가교(bridge)된 고분자는 겔을 만들고 식품, 의약품, 위생용품이나 정수 목적으로 널리 이용되고 있다. 여기서는 그 예로서 이온교환 수지의 구조를 SANS로 관찰한 예를 보인다. 공업적으로 이용되고 있는 교환수지의 대부분은 polystylene과 polydivinylbenzene의 공중합체이고 후자가 가교점을 제공한다. 주제(主劑)인 폴리스틸렌을 각각 4급화, 술폰(sulfon)화하면 애니온(anion), 카치온(cation) 교환수지가 된다. 카치온 교환 수지의 구조가 SANS로 상세히 조사 되고 있다[46]. 그림 3.30에서는 유화 중합에 의한 겔 형성시에 단량체의 전화율(轉化率) 증대에 따라 이온클러스터(ion cluster)사이의 거리가 감소(산란 곡선의 극대가 Q의 큰 쪽으로 이동)한다는 것을 알 수 있다.

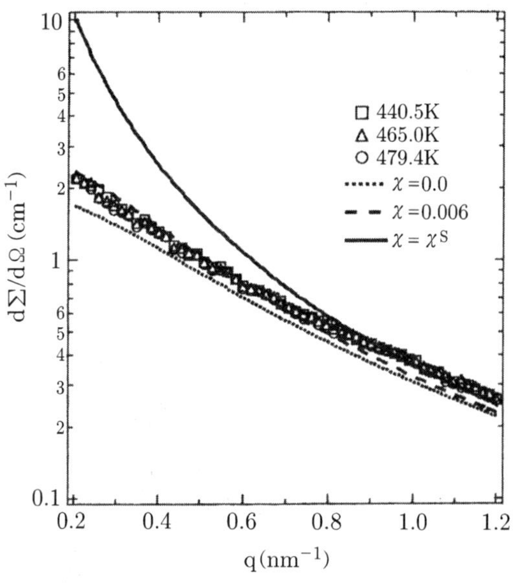


**그림 3.30** Polyethylene부를 중수소화한 EPR과 PP 혼합체의 SANS 프로파일의 온도 의존성

⑤ **Asphaltene 교질(micelle)의 구조 해석**

석유가 현대인의 생활을 지탱하는 물질이라는 것에는 이견이 없다. 특히 비산유국인 일본은 최근 산유국의 정책(경질(輕質)유의 수출제한)의 영향을 받아 중질유의

개질 기술이 요구되고 있다. 특히 중질 잔유(殘油)의 수소화처리 과정에 포함된 "몇" 퍼센트 정도의 asphaltene 성분이 장해가 되고 있다. 따라서 중질유 분해를 촉매반응을 이용하여 좋은 효율로 얻기 위해서는 이 asphaltene의 구조 해석이 매우 중요하다[47]. 표 3.5에서는 SANS로 측정한 생산지가 서로 다른 5종의 석유로부터 asphaltene 교질(중수화 톨루엔 중)의 구조해석 결과를 나타낸다. Guinier plot에서 얻은 희박용액 내의 교질의 거동은 모두 음의 농도 의존성을 가지는데, 더욱 상세한 해석 결과 오른쪽 끝의 난과 같은 모양으로 산유지에 따라 3그룹으로 나누어짐을 알 수 있다.

**표 3.5** 중성자소각산란(SANS)으로 평가한 Asphaltene 교질의 크기(회전반경)
AH) 아라비안 헤비, SL) 스마트라라이트, KW) 퀘이트, KF) 카푸지,
IH) 이라니안헤비

| | 0% 외삽 | 0.5% | 0.75% | 1.0% | 2.0% | GROUP |
|---|---|---|---|---|---|---|
| AH | 4.35 | 3.99 | 3.93 | 3.88 | 3.16 | A |
| SL | 3.89 | 3.85 | 3.72 | 3.65 | 3.54 | A |
| KW | - | 3.75 | 3.96 | 3.46 | 3.46 | B |
| KF | - | 3.72 | 3.80 | 4.05 | 3.90 | C |
| IH | - | 3.91 | 3.73 | 4.42 | 3.63 | B |

### ⑥ 공중합체의 계면 구조의 해석

서로 다른 종류의 고분자로 형성되는 block 공중합체는 벌크 상태에서는 분자 내의 상분리에 의한 마이크로 상 분리 구조를 나타내기 때문에 이 구조를 살린 복합재료가 주목받고 있다. 이 구조를 지배하는 것은 이종(異種) 고분자 계면이다. 중수소라고 표기한 분자로 만든 박막에 대해서 중성자 반사율을 측정하면 계면의 상세한 정보가 얻어진다[48]. 그림 3.31(a)는 교호(交互)라메라 모양의 구조를 가진 styrene-d8-2- vinylpyridine block 공중합체 박막의 중성자 반사율 측정결과이다. 그림 3.31(b)와 같은 깊이방향의 밀도 분포에서 계면은 4.5mm이다.

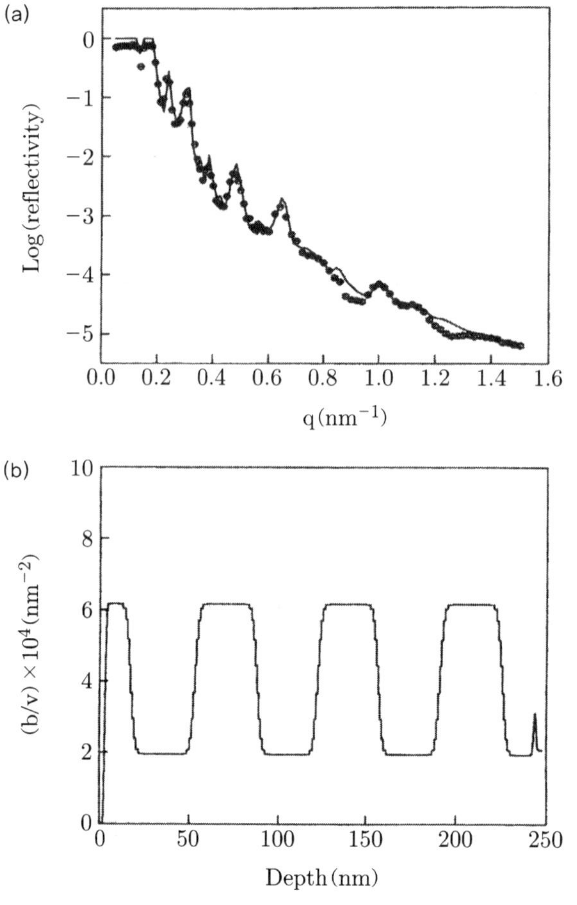


**그림 3.31** Poly styrene-Poly-2 vinylpyridine 2원 Block 공중합체 박막의 중성자 반사율

### (6) 맺음말

이와 같이 간단히 살펴보았을 뿐인데도 폭넓은 분야에 중성자산란 기술이 침투하여 유용하게 적용되는 것을 알 수 있다. 향후 보다 높은 대강도 중성자원의 출현에 의해서 빔 강도가 자리수가 다르게 증강될 뿐 아니라 편극 중성자빔의 이용이 본격화해서 질과 양과 함께 획기적인 연구가 보다 넓은 분야에서 전개될 것이다. 서두에서도 이야기했지만 일본에서는 산업 이용에 대한 대응이 늦었으므로 특별 프로그램을 짜는 등의 제도 개혁이 필요하다. 왜냐하면 중성자 산란의 산업에의 응용은 21세

기의 보다 좋은 생활을 구현하는 신물질의 창제, 안전 확보, 환경 보전 등에 필요하기 때문이다.

## 4. 중성자 광학

### (1) 중성자 광학과 빔 제어의 중요성

중성자 광학은 크게 나누어 3가지 목적을 가지고 있다. 첫째는 중성자빔의 이용 효율을 높이기 위해서 빔을 제어하는 일이고, 둘째는 중성자의 파장 분석 등에 적용해서 해석 수단으로서 이용하는 것이다. 이 둘은 서로 상보적으로 중성자의 과학적 응용을 위한 것인데 여기서는 빔제어로 부르기로 한다. 셋째는 중성자의 파동성 자체를 연구 대상으로 하는 것으로, 기초물리학에 속한다.

중성자 빔 실험을 위한 중성자원으로서는 가속기나 연구용 원자로가 이용된다. 중성자선은 X선이나 하전입자선에 비해서 독특한 특징을 가진 방사선이고 연구가 반드시 필요하나, 중성자원이 고가임에도 불구하고 얻을 수 있는 중성자선의 강도가 낮다는 큰 제약이 있다. 따라서 유효하게 이용할 수 있는 방법을 찾는 것이 특히 중요하다.

중성자원의 유효성은, 그것과 중성자 빔 실험장치 들을 매개하는 중성자 도관 등의 중성자빔 제어기기의 성능에 강하게 의존한다. 중성자는 전하를 갖지 않기 때문에 이들 제어에 중성자의 광학적 성질을 이용한 기기가 쓰인다. 이들의 고성능화에 의하여 이용 가능한 중성자 강도의 증대, 이용할 수 있는 빔 포트의 수를 늘릴 수 있을 뿐 아니라 새로운 실험 방법을 제공하는 기기가 될 가능성도 있다.

빔 제어계에는 크게 나눠서 반사 광학계와 굴절 광학계가 있다. 반사 광학계는 중성자 거울에 의하여 중성자를 편향시키거나 단색화하거나 하는 전반을 가리키며, 기존의 중성자 광학소자의 대부분은 반사 광학계에 속한다. 퍼진 빔 전체를 제어하는 수단으로 굴절 광학계에 대한 연구가 진행되고 있다. 중성자반사 광학계로서 중성자 도관, 초 거울(supper mirror), 모세관(capillary) 중성자 렌즈의 개발 현황, 또 중성자 굴절 광학계로서 중성자 자기 렌즈와 중성자물질 렌즈를 소개한다.

### (2) 중성자 반사 광학계의 개발

#### ① 중성자 도관의 역할과 다층막 거울 개발의 중요성

중성자도관은 강도를 낮추지 않고 중성자원으로부터 떨어진 곳으로 유도하기 위한 것이다. 중성자 도관은 2가지 큰 이점이 있다. 하나는 그림 3.32에 나타내는 바와 같이, 열중성자원에 다수의 도관을 설치함으로써 하나의 중성자원에 많은 장치를 연결할 수가 있다는 것이다. 이로써 대형 중성자원 이용 효율의 비약적인 증대가 실현된다. 또 하나는 중성자원으로부터의 $\gamma$선이나 고속 중성자선 등의 백그라운드를 거의 완벽하게 감소시키는 일이다. 열중성자를 차폐하기 위하여 Li-6 차폐체를 이용하면 방사선이 거의 없는 곳에서의 중성자산란 실험을 가능케 한다. 이것은 연구자 및 유지관리자의 피폭 방지 뿐 아니라 실험장치의 취급을 쉽게 하는 등 큰 이점이 된다.

중성자도관에는 종래 Ni의 전반사 거울이 이용되어 왔다. 그러나 열중성자도관에서는 이용 중성자 강도의 증대나 도관을 적절한 길이로 억제한다는 관점에서 짧은 주기, 고반사율인 초거울이 필요하다. 초거울은 그림 3.33에 나타내는 바와 같이 굴절률이 다른 물질(Ni 및 Ti 등)을 다층으로 하는 금속 다층막이고, 이 모의적 인공 결정격자의 막주기(膜周期) 간격을 가변함으로써 넓은 파장 영역의 중성자를 Bragg 반사하는 것이다. 초거울을 중성자 도관에 응용하면 Ni의 전반사 임계각(1Å의 중성자에서는 0.1°)을 m배로 증가시킬 수가 있고(mQ super mirror로 부름), 도관 출구에서는 $m^2$의 중성자 강도의 증가가 예상돼 중성자이용 실험에 1자리수 이상 중성자 강도의 증가가 가능해진다. 파장 1.8Å의 중성자의 속도는 2,200m/s 이다.

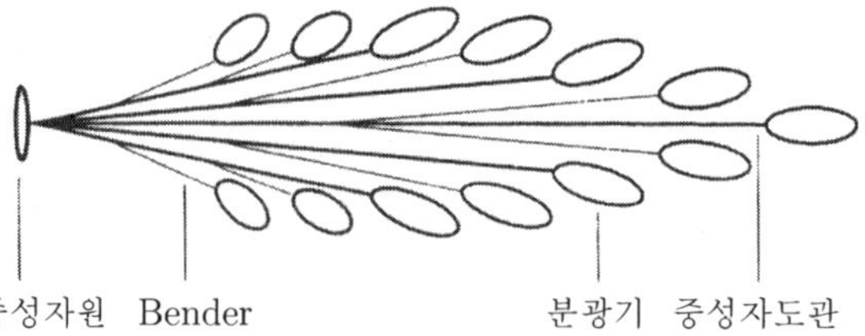


**그림 3.32** 중성자 도관 군

도관으로부터의 빔은 그림 3.33에서 보는 바와 같이, 빔 bender로 구부린다면 하나의 도관에 대해서 2개 이상의 장치를 설치할 수가 있다. Pulse 중성자원용의 백색 중성자의 빔 bender로 초거울이 이용된다.

단색 중성자를 얻기 위한 빔 bender의 경우, 열중성자용에는 단결성 모노크로미터(monochrometer)가 이용되고 냉중성자용에는 다층막 모노크로미터가 이용된다. 후자에서는 이용 중성자 강도의 증대 혹은 큰 bender각의 실현을 위하여 다층막 거울의 고성능화가 매우 중요하다. 냉중성자용의 분광기에서는 중성자의 편극화나 단색화를 위하여 다층막 거울이 이용된다. 이 경우에도 이용할 수 있는 중성자 강도 혹은 편극해석이나 파장 해석의 실험 정밀도는 다층막 거울의 고성능화에 의해서 대폭 개선된다.

단색 중성자를 얻기 위한 빔 bender의 경우, 열중성자용에는 단결성 모노크로미터(monochrometer)가 이용되고 냉중성자용에는 다층막 모노크로미터가 이용된다.

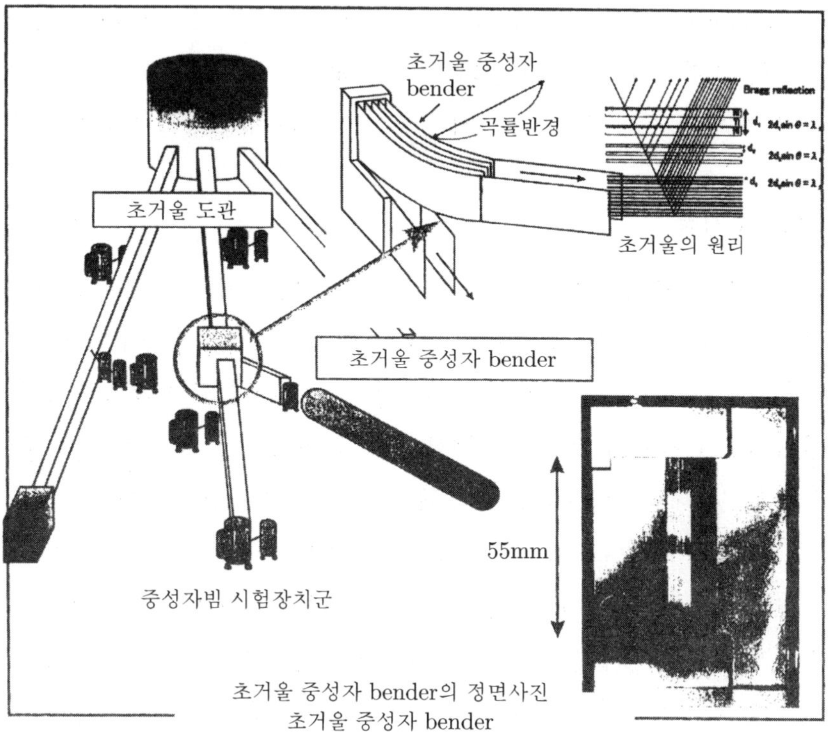


**그림 3.33** 초거울 중성자 bender

후자에서는 이용 중성자 강도의 증대 혹은 큰 bender각의 실현을 위하여 다층막 거울의 고성능화가 매우 중요하다. 냉중성자용의 분광기에서는 중성자의 편극화나 단색화를 위하여 다층막 거울이 이용된다. 이 경우에도 이용할 수 있는 중성자 강도 혹은 편극해석이나 파장 해석의 실험 정밀도는 다층막 거울의 고성능화에 의해서 대폭 개선된다.

도관에서 나온 중성자 빔은 도관에서 멀어짐에 따라 발산에 의해서 그 강도는 감소한다. 그러나 중성자 광학적 방법을 이용해서 빔의 발산을 억제 혹은 수렴시킴으로써 이용 가능한 빔강도를 증대시킬 수 있다. 이와 같이 초거울을 위시한 다층막 거울은 중성자원의 효율적인 이용과 밀접하게 관계되어 있고, 고성능화는 중성자원의 이용 효율을 높이기 위하여 매우 중요하다. 일본은 중성자 거울의 기초적 분야에 있어서 세계적으로도 선진적인 역할을 다하고 있으며 Ni/Ti 다층막 거울의 실용화, 세계 최초 초거울 도관, bender 등에도 독자적인 이용을 시도하였다. 그러나 고성능 다층막 거울의 실용화에서는 뒤져 있다. 이것은 다층막 거울 제작을 위한 마그네트론 스퍼터(magnetron sputter) 장치가 1대도 없다는 사실에 기인하고 있다. 현재, 계획되고 있는 대형가속기 중성자원의 실현에 맞추어 특히 그 유효 이용 관점에서 다층막 거울 등의 중성자 광학소자 개발의 중요성과 긴급성이 증대되고 있다.

### ② 고성능 초거울

고성능 초거울의 개발은 여러 층의 박막으로 구성되는 금속 다층막을 원자층 크기로 얼마나 좋은 정밀도로 성막(成膜)하느냐 하는 작성 기술 개발에 달려 있다. 예컨대, 개발 목표인 Ni의 4배의 전반사 임계각을 가진 초거울인 경우 1쌍 층당 거울의 중성자 반사계수가 극도로 작아지기 때문에 필요 막 층수는 급격히 증가해서, 가장 널리 이용되고 있는 Ni/Ti다층막인 경우에는 최소 다층막 주기가 70Å이고, 총 막층수 1,000층을 만들어야하는 곤란한 기술이 필요하다. 이때 Ni의 주상(柱狀) 성장에 수반하는 계면의 거칠음 및 Ni/Ti 사이에 계면 확산에 의한 다층막 구조의 흐트러짐이 중성자 반사율을 떨어뜨리는 것이 문제가 되며 현재까지 전자빔 증착법이나 스퍼터링 법을 이용한 성막 기술 개발이 추진되어 왔다. 이제 최근에 개발된 이온 polish법에 의한 고성능 초거울 개발 성과를 보인다. 이온 polish법은, 저에너지의 이온빔을 성막 직후의 다층막에 조사해서 그 계면의 거칠음을 갈아 깎아내는(研削)것이다. 박막 표면의 산(山) 부분에 위치하는, 결합력이 약한 원자에 이온빔을 조사함으로써, 스퍼터에 의하여 튀겨내서 확산에 의하여 낮은 포텐셜로 이동을 독촉하여 계면의 거칠음을 저감시킨다(그림 3.34). 실험에서는 Ni/Ti 다층막(주기길이 100Å, 10쌍층)에 대해서 각 층을 성막 직후에 비스듬한 입사로 저에너지의 $Ar^+$ 이온빔을 조사한다. 이때 $Ar^+$ 이온빔의 조사 시간(0~1,310초), 가속전압(100V, 300V, 600V), 입사각도 10°, 45°)를 변수로 해서 X선 회절을 이용하여 Ni/Ti 계면의 거칠기를 평가했다.

한 예로서 그림 3.35에 이온 polish 시간을 변수로 하여 Ni 층 또는 Ti층을 polish 했을 경우의 계면거칠기의 평가 결과를 나타낸다(가속전압 100V, 입사각도 10°). 이 결과 Ni층만을 이온 polish한 경우 최적 조건으로서 조사시간 69초, 가속전압 100V, 입사각도 10°가 얻어져 Ni/Ti 다층막의 계면거칠기를 종래의 7Å에서부터 3.5Å인 세계 최소로 저감시키는 일에 성공하였다. 또 Ti층에서도 계면 거칠음을 4.0Å으로 저감할 수가 있었다.

사진 3.1에 투과형전자현미경을 이용하여 같은 시료의 단면에 대한 관찰 결과를 나타낸다. 이온 polish에 의한 계면 거칠음 저감 효과가 명확히 확인된다. 이 결과는

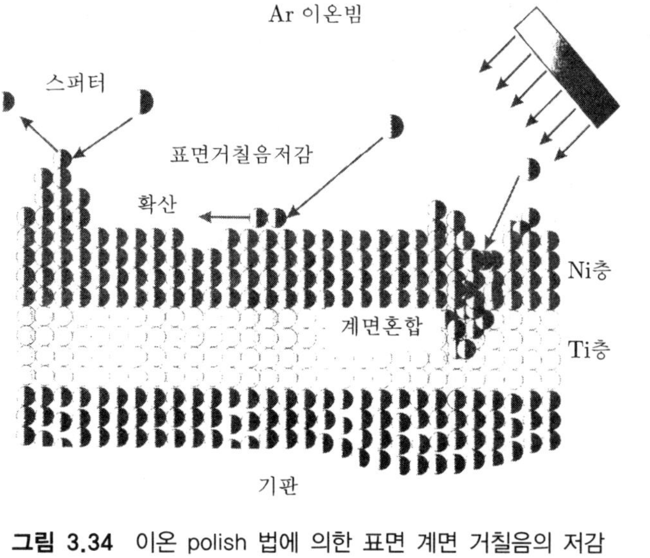


**그림 3.34** 이온 polish 법에 의한 표면 계면 거칠음의 저감

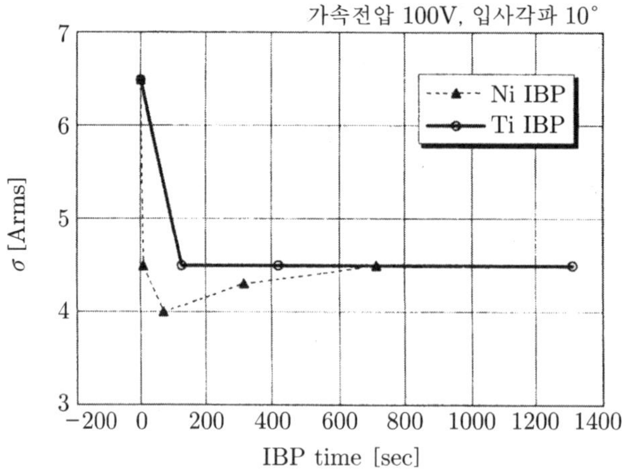


**그림 3.35** 이온 polish 시간에 따른 Ni/Ti 다층막 계면 거칠음 변화
(▲Ni층만 polish, ○Ti층만 Polish)

Ni층만 $Ar^+$ Ion Polish
(Ni:69sec, 100V, 10°)

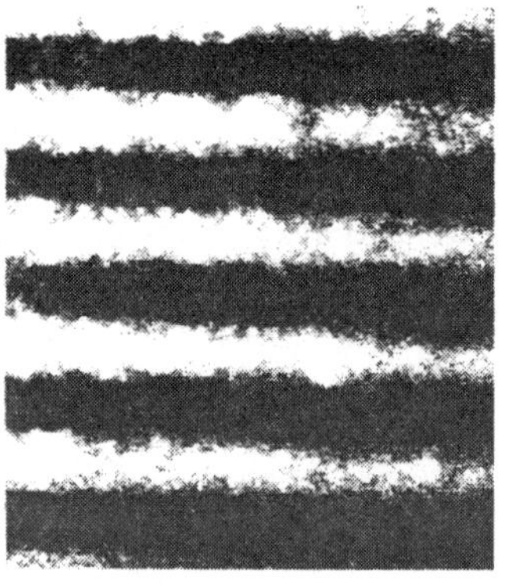

$Ar^+$ Ion Polish 없음

**사진 3.1** Ni/Ti 다층막(d=100Å, 10bilayers)에서의 이온 polish 효과

이제까지 곤란했던 Ni의 4배의 전반사 임계각을 갖는 초거울에 대해서 90% 이상의 중성자 반사율을 가능케 한 성과이다. 이온 polish법의 적용 기술 개발의 성공에 따라 Ni/Ti 다층막 거울의 극단(極短) 주기화가 가능하여 향후에 4Q 초거울을 이용한 중성자 집속 도관, 편극 초거울 등의 개발을 추진한다. 대강도 핵파쇄 중성자원, JRR-3 등의 빔 라인에서의 중성자 강도의 증가, 나아가서는 다채로운 중성자이용 연구에 진전이 기대된다.

### ③ 다중 모세관 중성자 렌즈

다중 모세관 섬유는 중공(中空) 모세관 유리의 집합체로, 유리관 내면에서 중성자의 전반사를 응용한 것이다. 섬유를 임의의 곡률로 구부려 두면 중성자는 몇 번이나 전반사하면서 중공관 안에서 구부려지면서 수송된다. 다수의 섬유를 초점을 향하도록 배치하면 중성자 빔을 미소 영역으로 집속시킬 수 있다.

다중 모세관 단면을 사진 3.2에 나타낸다. 사진내의 섬유의 유효 지름은 1.2mm이고 섬유 내에는 채널 내경 15$\mu$m의 중공공(中空孔)이 약 1,000개 열려 있다. 직선 또는 곡선 상에 배치한 섬유의 중성자 수송 효율은, 측정된 섬유의 전반사 임계각 1.1mrad/Å과, 이것을 이용한 중성자수송 결과와 좋은 일치를 보이는 것으로 알려져 있다.

그림 3.36은 중성자 렌즈의 시험제작품이다. 이 시험제작품에서는 1개의 길이가 12cm의 다중 모세관 섬유(유효 지름 0.5mm, channel 내경 10$\mu$m)를 110개 다발로 구성한 것이다. 각각의 섬유는 1개의 초점을 향하도록 정밀 가공에 의하여 지지체에 낸 구멍에 삽입 돼 있고, 최대 60cm의 곡률반경으로 구부러져 있다. 가장 밖의 둘레의 fiber를 통해서 수송되는 중성자의 최대 파장은 5.6Å이다. 이 렌즈는 출구로부터 50mm 앞에 0.6mm∅의 미소 빔을 맺을 수 있도록 설계되어 있다.

집속 실험은 JRR-3M의 냉중성자 도관 출구에서 $2\times5cm^2$의 냉중성자 빔을 집속시키는 실험을 했다. 집속 실험에서는 중성자 강도의 변화를 sub mm의 위치분해능

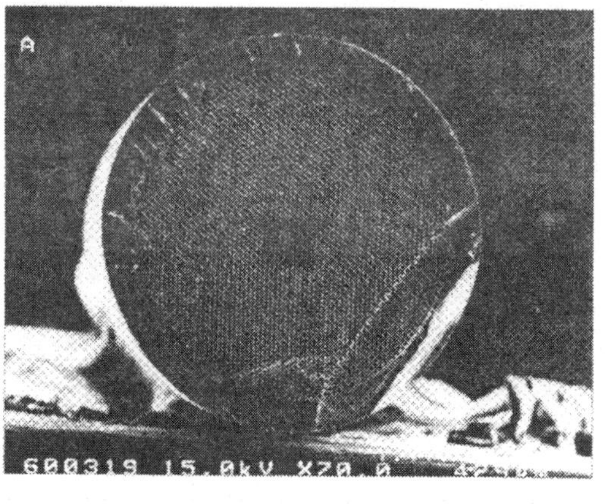


**사진 3.2** 다중 모세관 섬유의 단면사진

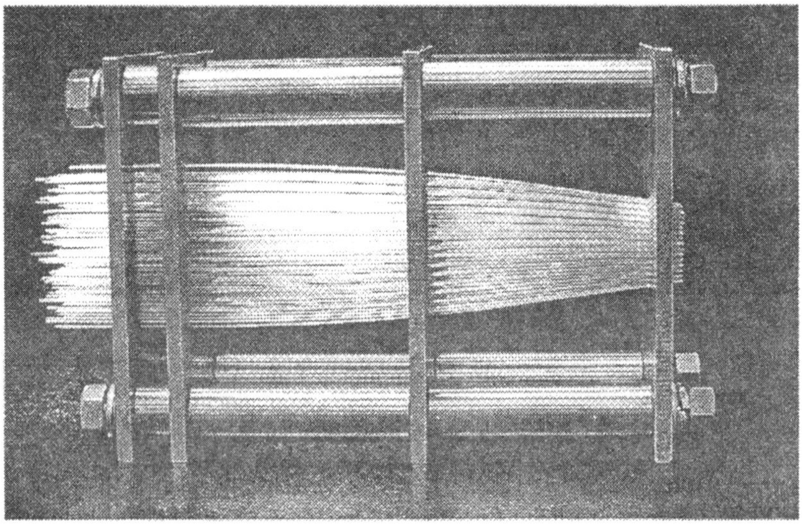

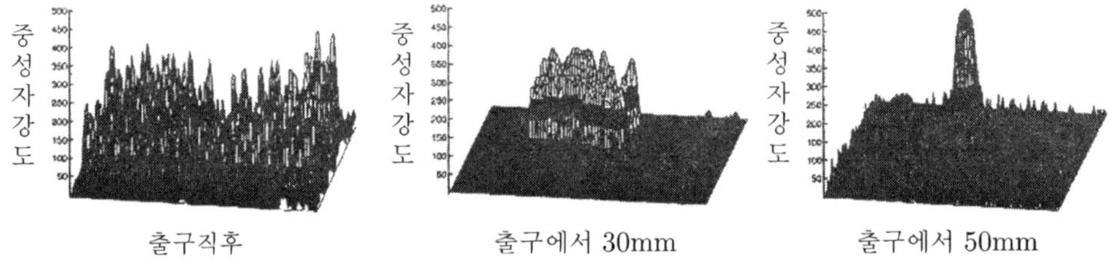


**그림 3.36** 다중 모세관 중성자 렌즈

으로 측정할 필요가 있기 때문에 중성자 검출기에 원연에서 개발된 중성자 영상판(위치분해능 0.2mm, dynamic range 1:105)을 이용했다. 그림 3.36은 중성자 렌즈 초점에서 중성자 강도의 2차원 분포를 나타낸다. 이 실험결과 1mm$^2$당의 중성자 강도를 렌즈가 없는 경우와 같은 위치에서의 강도보다 10배 증가시키는 일에 성공했다. 향후 섬유의 유효 지름을 0.1mm 정도까지 감소시킨 극미소 빔의 개발과 이것을 이용한 즉발(卽發) $\gamma$선 방사화 분석 등에의 응용이 검토되고 있다.

### (3) 중성자 굴절광학계의 개발

#### ① 자기 렌즈

중성자는 전하를 가지지 않지만 스핀에 반평행인 자기쌍극자 모멘트에 의해서 자기장과 상호작용한다. 그 결과 중성자는 자기장 기울기에 따라서 가속도를 얻고, 자기장과 평행인 스핀을 가진 중성자는 자기장이 약한 곳에 모이는 경향을 가지고 있다. 이 성질을 이용해서 자기쌍극자 모멘트를 가진 중성입자 빔을 제어하는 방법이 일반적으로 이용되고 있다. 다만 중성자의 경우에는 자기 쌍극자 모멘트에 비해서 질량이 크기 때문에 가속도가 작고 그 때문에 초냉중성자와 같이 매우 느린 중성자 등 제한된 범위에서 논의되는 데에 머무르고 있다. 확실히 열중성자나 냉중성자가 가진 운동량 자체를 변화시키는 정도의 큰 가속도를 얻는 일은 용이하지 않지만 빔 제어와 같이 빔 축에 수직인 방향의 작은 운동량을 변화시키는 것뿐이라면 충분히 응용할 수 있다.

여기서 현재 연구 중인 자기 렌즈를 소개한다. 사용하고 있는 자석은 그림 3.37에 보이는 바와 같은 6극 영구자석이다. 6극 자석은 중심축 상에서는 자기장이 0이고 축으로부터 멀어짐에 따라서 자기장이 강해지므로 스핀이 자기장에 평행인 중성자는 축상으로 모이는 경향이 있다. 길이 50mm의 Al 블럭에 방전 가공으로 구멍을 내고 영구 자석을 6개 배치해서 6극 자석을 구성했다. 이 블럭을 40개 연결해서 전체로써 길이 2m인 영구 6극 자석을 만들었다. 중심부의 구경(口徑)은 9mm이고 중성자는 이곳을 지난다. 비편극 중성자가 입사하면 중성자 스핀이 자기장의 입구에서 양자화되어 반수의 스핀은 자기장에 평행하게, 반수의 스핀은 자기장에 반평행하게

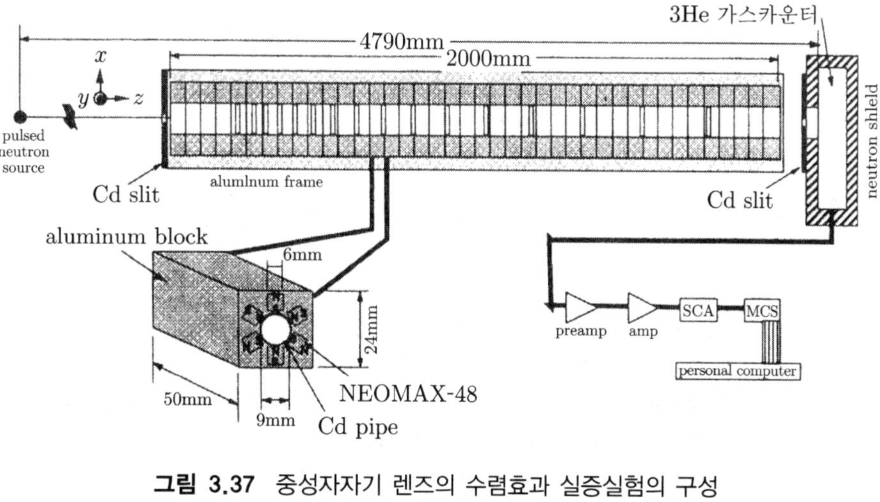


**그림 3.37** 중성자자기 렌즈의 수렴효과 실증실험의 구성

된다. 그 후 중성자의 운동에 따라 중성자가 느끼는 자기장은 서서히 변화하며 자기장의 방향도 회전한다. 중성자 스핀은 자기장을 축으로 세차운동을 하고 있는데, 세차운동의 각속도가 중성자가 느끼는 자기장 방향의 회전 각속도에 비해서 충분히 빠른 경우에는 중성자 스핀은 자기장에 휘감기듯 운동하여 자기장 방향을 계속 향하고, 처음에 스핀이 평행이었던 것은 그대로 계속해서 평행이다. 그 결과 중성자는 6극 자기장 내부에서는 사인(sine)곡선을 그리면서 축 주위를 진동한다. 빔 축과 만나는 곳에서 자기장이 끝나도록 자석의 길이를 설계해 두면 중성자 빔을 수렴시킬 수 있다. 다시 말하면, 스핀이 자기장에 반평행인 것은 축으로부터 멀어지는 쪽으로 간 후 자석 등에 맞아 없어진다.

이 자기 렌즈의 수렴 작용의 실증 실험을 소개한다. 자석의 입구에 지름 2mm의 구멍이 난 Cd을 놓고 자석을 통과한 중성자를 또 하나의 지름 2mm의 구멍이 난 Cd 슬릿을 설치한 중성자검출기로 계수했다. 같은 구성으로 자기를 띠고 있지 않은 세트를 준비해서 같은 측정을 하여, 자기를 띤 경우와 자기를 띠지 않은 경우의 중

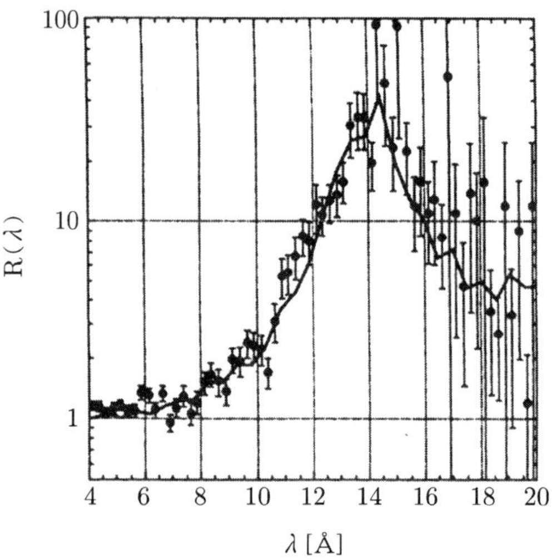


**그림 3.38** 중성자자기 렌즈의 수렴효과 실증 실험결과
자기를 띤 경우와 띠지 않은 경우의 투과 중성자수의 비를 중성자 파장의 함수로서 도시한 것. 비가 1을 넘은 부분이 자기장에 의한 수렴 효과이다. 실선은 자석 내 벽면에서의 반사나 자석축 상에서 자기장의 충분한 강도가 없기 때문에 일어나는 증폭도의 현상을 고려한 수치 모사 결과이다.

성자 계수율의 비를 중성자 파장에 따라 도시한 것이 그림 3.38이다. 실험에서는 펄스 중성자원을 이용하고, 중성자 파장은 중성자의 비행시간법으로 구했다. 파장 14Å 부근에서 현저한 증폭이 관측되고, 자기장이 없는 경우의 대략 35배의 빔 밀도임을 알 수 있다. 이 실험 구성에서는 자석의 입구에 점중성자원이 배치된 경우와 비슷하며, 자석에 평행중성자 빔이 입사한 경우에 대략 1m의 거리에서 초점을 맺는 것에 해당된다. 또한 위의 실험에서 증폭도를 제한하는 최대 요인은 작은 자석 구경이다. 또 자기 렌즈의 경우에는 자석 구경 내에서의 중성자 감쇠가 없다. 또한 수속력(收束力)이 강하고 단파장인 중성자에 유효한 광학계를 구성하기 위해서는 단지 자석의 강도나 길이를 크게 하면 되고 원리적인 문제점은 존재하지 않는다. 따라서 대규모의 자석계를 구성하는 비용 문제가 최대의 제한이 된다고 생각된다.

### ② 물질 렌즈

저속 중성자와 물질과의 상호작용은 물질 내에 포함된 원자핵과의 상호작용이 대부분이다. 원자핵에 의한 포텐셜을 물질 내의 체적으로 평균한 것을 유효 포텐셜이라 부른다. 원자핵이 물질 중에서 차지하는 체적은 매우 작으며, 평균 유효 포텐셜 값 또한 매우 작다. 베릴륨(Be)은 원소 중에서 최대의 값을 나타내지만 그래도 대략 250neV이다.

유효 포텐셜은 많은 경우에 양의 값이다. 원소 중에서 음의 포텐셜을 갖는 것은 Mn, Ti, Li, V, H이고, 그 이외의 원소의 유효 포텐셜은 양이다. 유효 포텐셜이 양이면 입사 중성자는 물질 중에 들어갈 때에 운동 에너지의 일부를 유효 포텐셜에 빼앗겨 경계면에 수직한 방향으로 감속을 받는다. 따라서 경계면에 비스듬히 입사한 중성자는 그림 3.39의 삽입도에 나타낸 바와 같이 굴절을 받는다. 이것은 1보다도 작은 굴절률에 대응하고 유효 포텐셜이 음인 경우에는 1보다도 큰 굴절률에 대응한다.

다음에 현재 연구 중인 물질 렌즈를 소개한다. 우선 렌즈의 소재로서 요구되는 체질은 굴절률이 1에서 크게 벗어나 있어서 보다 크게 중성자를 구부릴 수 있고, 렌즈에 의한 중성자의 투과율이 클 것 등이다. 이 요구를 만족하는 후보는 자연 동위체 존재비의 원소에서는 O, C, Be, F이고, 농축 동위체에서는 중수소 D가 적합하다. 이들

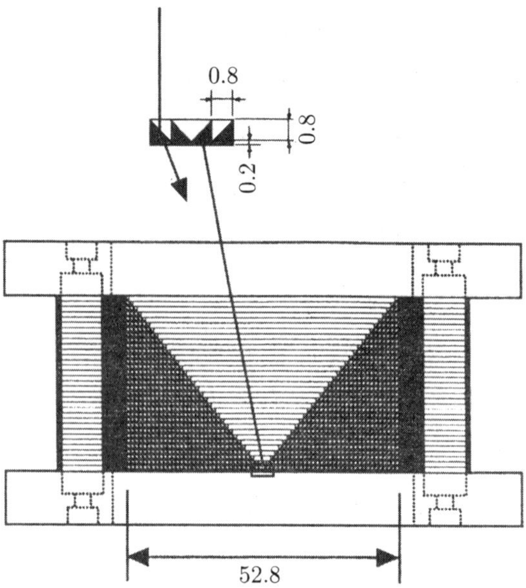


**그림 3.39** 현재 연구 중인 중성자 물질 렌즈

중에서 베릴륨은 안전상의 관점에서 제외된다. 재료 입수 및 가공의 용이함 등을 고려해서 PTFE(Polytetrafluoroethylene(teflon)와 탄소를 현재 후보로 연구를 시작하고 있다. 여기서 PTFE를 예로 들면 PTFE의 유효 포텐셜은 $(112+i3.9\times10^{-5})$neV로, 14Å의 중성자는 경계면이 있을 때마다 0.14mrad 구부려진다. 그림 3.39에 나타낸 바와 같이 Fresnel 렌즈와 같은 단면을 가진 얇은 판을 쌓아 올려서 볼록 렌즈를 구성한다. 굴절률이 1보다 작기 때문에 광학 렌즈에서 오목 렌즈로 부르고 있는 형상이 볼록 렌즈로서 작용한다. 이 렌즈에 평행 중성자가 입사한 경우 대략 3m에서 초점을 맺는다. 따라서 이 렌즈를 2장 쓰면 1.5m, 3장 쓰면 대략 1m라는 짧은 거리에서 초점을 맺는다. 다만 렌즈가 겹치면 투과율이 감소하므로 물질 렌즈인 경우에는 전체로서의 물질양이 제한을 받는다.

### ③ 중성자 굴절 광학계에 의한 새로운 방법

자기 렌즈, 물질 렌즈 모두 볼록 렌즈와 오목 렌즈로 구성할 수 있다. 따라서 빔을 수렴할 뿐만 아니라 수렴하는 빔을 평행화시키는 작용도 한다. 이러한 기능은 반사 광학계로도 구성 가능하지만 긴 거리를 필요로 하거나 최적 조건을 만족하는 일은 어렵다. 물질렌즈는 중성자의 파장에 따라서 편향각이 변하는 미소 프리즘의 집합체이다. 6극 자석도 파장에 따라서 편향각이 변하므로 일종의 프리즘이고, 4극 자기장을 이용하면 바로 프리즘이라 부를 수 있는 기능을 갖는다. 이러한 중성자 프리즘과 위치 검출형 중성자 검출기를 조합하면 이제까지는 없던 에너지 유감형(有感型)의 열·냉중성자 검출기가 실현되고, 비탄성 중성자 산란 등에 있어서 전혀 새로운 방법을 열어 갈 가능성이 있다.

# 참 고 문 헌


[1] 小幡行雄編, 中性子の非弾性散乱研究会報告 JAERI 1113 (1966).

[2] 小幡行雄編, 中性子非弾性散乱研究会報告 (第2回) JAERI 1157 (1968).

[3] 遠藤康夫, 固体物理への招待 「中性子散乱」, 固体物理, 23,305 (1988).

[4] 中性子散乱の教科書 : S.W.Lovesey, Theory of neutron scattering from condensed matter, Clarendon Press, Oxford (1984).

[5] 高溫超伝導の発見は銅酸化物によって成された : J.G.Bednorz and K.A.Mueller, Z.Phys., B64, 189 (1986).

[6] E.C.Stoner, Proc. Roy. Soc., A165, 372 (1938).

[7] 遠藤康夫, 石川義和, 固体物理 5, 245, (1970).

[8] 金森順次郎『磁性』培風館 (1968).

[9] C.G.Shull, Y.Yamada, J.Phys. Soc. Jpn., 17 B-Ⅲ, 1 (1962).

[10] F.J.Dyson, Phys. Rev., 102, 1217, (1956).

[11] T.Izuyama, Kim and R.Kubo. J.Phys.Soc.Jpn., 18. 1025 (1963).

[12] M.F.Collins, Magnetic Critical Scattering, Oxford University Press (1989).

[13] 遠藤康夫『電子と物性』, 日本物理学会編, 丸善, p129 (1998).

[14] P.W.Anderson, Adv. Physics 46, 3, (1997).

[15] Neutron scattering at pulsed source, ed. by R.J.Newport, B.D.Rainford, R.Cywinski, Adam Hilger (1988).

[16] KEK Report 95-19 ed. M.Furusaka, Y.Endoh, 大強度パルス中性子による科学 (1995).

[17] K.Amaya et al., Letter to Nature, 393, 767 (1998).

[18] 例えば次の教科書に多くの例が出ている ; Feigin L.A. & Svergun D.I., Structure

Analysis by Small-Angle X-Ray and Neutron Scattering Plenum Press, New York. (1987).

[19] N.Niimura, Y.Karasawa, I.Tanaka, J.Miyahara, K.Takahashi, H. Saito, S. Koizumi and M.Hidaka, Nucl. Instr. and Meth., A 349, 521 (1994).

[20] N.Niimura, Y.Minezaki, T.Nonaka, J.C.Castagna, F.Cipriani, P.Hoeghoej, M.S.Lehmann & C.Wilkinson, Nature Struct. Biol., 4, 909 (1997).

[21] Smith J., Kuczera K., Tidor B., Doster W., Cusack S., & Karplus M., Physica B 156, 157, 437 (1989).

[22] P-G. de Gennes, Scaling Concepts in Polymer Physics, Cornell University Press, Ithaca and London, 1979.

[23] M. Doi and S. F. Edwards, The Theory of Polymer Dynamics, Clarendon Press, Oxford. 1986.

[24] J. S. Higgins and H. C. Benoit, Polymers and Neutron Scattering, Clarendon Press, Oxford, 1994.

[25] 田中文彦, 固体物理, 29, 273 (1994).

[26] 梶 慶輔, 要田公夫, 月刊フィジクス, 5, 103 (1984).

[27] B. Frick and D. Richter, Phys. Rev. B, 47, 14795 (1993).

[28] S. Sakurai, H. Jinnai, H. Hasegawa, T. Hashimoto, and C. C. Han, Macromolecules, 24, 4839 (1991).

[29] D. Schwahn, H. Takeno, C. Willner, H. Hasegawa, H. Jinnai, T. Hashimoto, and M. Imai, Phys. Rev. Lett. 73, 3427 (1994).

[30] A, B2種の分子から成る混合系においては, 一相状態におけるA, Bの局所組成は, 分子の熱運動のために, 平均組成のまわりにゆらいでいる. S-1(0)は, 単位の『揺らぎ』をつくるのに必要な正味の仕事量である. S-1(0)が大きければ, 組成のゆらぎをつくるのに大きな仕事が必要であり, 混合した状態は均一で安定な状態にあることを意味する. S-1(0)が0に近くなると, 混合系の組成は極

めて揺らぎやすく，1相と2相の相転移の臨界点に近い．臨界点においては揺らぎは発散し，S−1(0)=0となる (臨界発散)．

[31] M. E. Fischer, Phys. Rev. 176, 257 (1968)；M. E. Fischer and P. E. Scesney, Phys. Rev. B, 2, 825 (1970).

[32] T. Hashimoto, H. Jinnai, H. Hasegawa, and C. C. Han, Physica A, 204, 261 (1994).

[33] T. Hashimoto, H. Jinnai, Y. Nishikawa, T. Koga, M. Takenaka, Progr. Colloid Polym. Sci. 106. 118 (1997).

[34] M. Monkenbusch et al. Prog. Colloid Polym. Sci. 106. 112 (1997).

[35] S. Koizumi et al.

[36]『X線材料強度学』；日本材料学会編，養賢堂 1973.

[37] A.J.Allen. C.Andreani. M.T.Hutchings, and C.G.Windsor, NDT Int. Oct. 249 (1981).

[38] Industrial Applications, M.T.Hutchings and C.G.Windsor, Neutron Scattering Part C, Eds. K. Skold and D. L. Price, Academic Press, 405 (1987).

[39] 林真琴，石渡雅幸，森井幸生，皆川宣明，『材料』，45, 772−778 (1996).

[40] Y. Tsuchiya et al. Physica B, 241−243, 1264 (1998).

[41] J.Suzuki et al. J. Magn. Magn. Mater. 184, 116 (1998).

[42] D.W.McCharthy et al. J. Polym. Sci.. Part B, Polym. Phys.36, 1167 (1998).

[43] D.W.M.Marr et al. Macromolecules 30, 2120 (1997).

[44] C.C.Co et al. Macromolecules 31, 3203 (1998).

[45] M.Seki et al. Macromolecules in press.

[46] F.Ikkai et al. J.Polym. Sci., Polym. Phys. Ed. 34, 1637 (1996).

[47] 亀井信一ら『石油学会誌』投稿準備中

[48] N.Torikai et al. Macromolecules 30, 2907 (1997).

# 중성자를 이용한 기초물리의 연구 4장

## 1. 원자핵 · 소립자 연구 그리고 우주물리 연구에의 응용

### (1) 머리말

물리학은 자연에 대한 지적 호기심이 만들어 낸 문화 가운데 하나이고, 옛부터 자연에 대한 사고방식의 규범으로 되어 왔다. 그리고 물리학의 발견과 발명은 응용과학을 통해서 인간 생활에 유용하게 활용되고, 또 역으로 물리학은 실험을 통한 응용과학을 이용하여 발전해 왔다고도 할 수 있다.

여기서 논하는 기초물리는 우주의 근원과 자연계 그리고 우주에서 성립하는 가장 기본적인 법칙을 탐구하는 일을 목적으로 하고 있다. 지구상에, 그리고 우주에 존재하는 원소는 원자핵과 전자로 구성된다. 원자핵은 양성자와 중성자로 구성되어 있으므로 중성자는 이 우주에 존재하는 물질을 구성하는 기본적인 입자 중 하나라고 할 수 있다. 중성자는 또 보다 기본적인 소립자인 쿼크(quark)로 되어 있고(그림 4.1), 중성자의 성질은 구성 입자인 쿼크와 쿼크 사이에 작용하는 기본적인 힘의 성질을 반영하고 있다.

중성자의 성질을 살펴봄으로써 우주와 그 구성 요소인 소립자 사이에 작용하는 기본적인 힘을 이해할 수 있다. 중성자 특성 중 하나로 스핀이 있다. 이것은 공간축 방향을 가리키는 gyrocompass의 팽이와 같은 것이고, 시계의 바늘과 똑같이 시

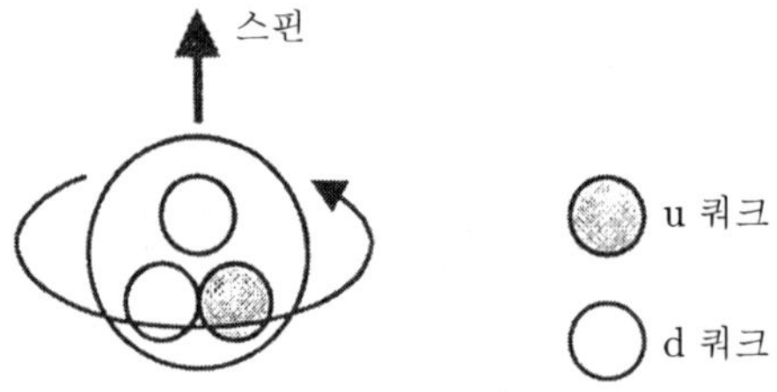


**그림 4.1** 중성자

간의 진행 방향이 반대로 되면 역전한다. 이 스핀의 성질을 이용하여 공간이나 시간이 반전했을 때 자연계의 기본 법칙이 어떻게 되는가를 살펴볼 수도 있다. 그리고 이것은 우주에 있어서의 물질의 존재와 깊이 관련되어 있다.

### (2) 중력, 전자기력, 강한 힘, 약한 힘, 그리고 공간과 시간의 반전

우리들은 일상생활에서 중력과 전자기력을 느낄 수가 있고, 또 이들을 이용하고 있다. 한편, 강한 힘과 약한 힘은 통상 우리가 느낄 수 없는 힘이고, 원자핵 내의 양성자와 중성자 사이, 그리고 이들 입자를 구성하는 쿼크 사이에 작용하는 힘이다.

강한 힘은, 그 이름이 나타내는 바와 같이 강한 에너지를 만들어 낼 수 있다. 원자핵의 분열이나 융합은 양성자나 중성자 사이의 결합 에너지의 변화를 수반한다. 이 결합 에너지의 변화는 화학반응에 수반되는 결합 에너지 변화의 백만 배나 되고 원자력이라 불리는 에너지 원천으로서 이용된다. Fermi에 의한 중성자와 원자핵 반응의 연구가 기반이 되었다(1938년 노벨상).

그에 반하여, 약한 힘은 크기는 작지만 핵반응 뒤에 생기는 원자핵의 $\beta$붕괴에 관여하고 있다. $\beta$붕괴에서는 그림 4.2에 나타낸 바와 같이 원자핵내의 중성자가 양성자로 바뀌고 (따라서 원자핵의 종류가 바뀐다), 전자와 중성미자(neutrino)가 방출된다. 오른쪽 그림은 중성자에서 양성자로의 변화를 쿼크를 이용하여 나타내고 있다.

약한 힘은 공간 반전에 대해서 기묘한 거동을 한다고 알려져 있다. 중성자의 $\beta$붕괴에서는 그림 4.3과 같이 전자는 중성자 스핀과 역방향으로 방출된다. 스핀은 회전축과 회전방향으로 정의되고, 이 경우 아래 방향이다. 그림 4.3에서는 이 현상이 거울에 비춰지고 있다. 거울에 비춰짐에 따라서 y축과 회전 방향이 반전한다.

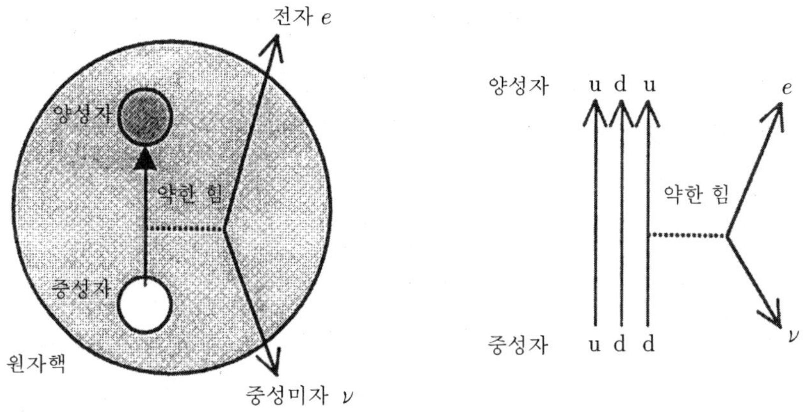


**그림 4.2** 원자핵의 $\beta$붕괴

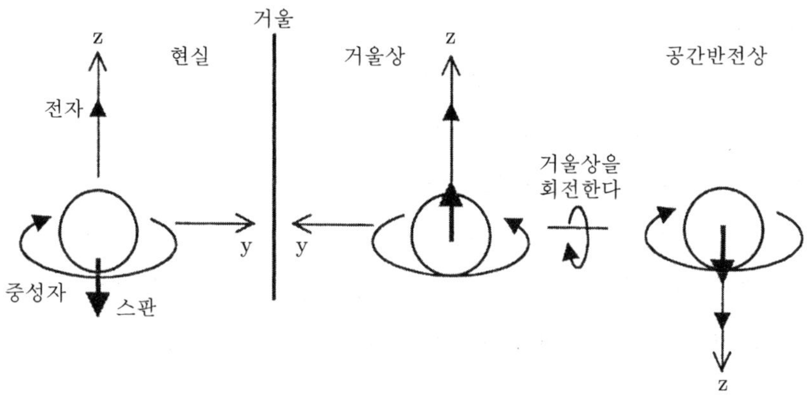


**그림 4.3** 편극중성자 $\beta$붕괴와 공간반전

또한 거울 면과 수직인 축 주위를 180° 회전시키면 x축(지면에 수직)과 z축과 스핀이 반전하고 그 결과 모든 좌표축이 반전(이것을 공간 반전이라 하고 P로 나타냄)하여 스핀은 원래대로 되돌아간다. 이때 전자의 방출 방향은 역이 된다. 따라서 $\beta$붕괴는 P로 변화하고, 약한 힘은 P에 대한 불변성이 깨진다. 이것은 Co60의 $\beta$붕괴에서 처음으로 발견되어, 이 P불변성의 깨짐을 시사한 Lee와 Yang은 1957년에 노벨상을 받았다.

핵반응 후에는 통상 $\gamma$붕괴도 일어난다. $\gamma$붕괴에서는 전자기력에 의하여 $\gamma$선이 방출된다. 전자기력은 P불변이므로 $\gamma$선은 스핀방향에 대해서 대칭적으로 방출된다.

화합물 중에는 원래의 화합물과 구조가 공간 반전하고 있는 광학이성체가 존재하는 경우가 있다. 광학이성체의 존재 확률은, 화학결합에 관여하는 전자기력이 P불변이므로 원래의 화합물과 같다. 또한 여기서는 논의되지 않지만, 중력이나 강한 힘에 대해서도 P불변성이 유지되고 있다.

공간 반전(P)불변성 깨짐의 발견은 시간 반전(T)불변성을 살펴볼 수 있는 계기가 되어 중성자의 전기쌍극자모멘트(EDM)의 연구가 시작 되었다. 중성자의 EDM은 중성자의 스핀방향에 대한 전하의 편기(片寄)를 전하 소량(素量) e와 길이(단위는 cm)의 곱으로 나타낸다(그림 4.4). 시간을 반전하면 스핀의 방향은 역전하지만 전하의 편기는 역전하지 않으므로 EDM은 역전한다. 따라서 EDM의 존재는 T불변성의 깨짐을 의미한다. 이제까지 실험에서는 EDM은 발견되고 있지 않았으며, EDM은 $10^{-25}$e · cm이하로 생각되고 있다.

시간 반전(T)은 공간 반전(P)과 더불어 입자와 반입자 사이의 반전(C)에 관계하고 있다. 반입자는 입자와 정반대의 성질을 갖는 것으로, 입자와 만나면 서로 소멸(쌍소멸)하여 진공 중의 에너지로 변화한다. 또 역의 과정, 진공 중의 에너지에 의해서 입자와 반입자의 쌍생성도 일어난다(그림 4.5). C와 P를 동시에 작용시키는 것(CP)은 T를 단독으로 작용시키는 것과 같다(CPT 정리). CP에서의 불변성의 깨짐은 1964년 Cronin과 Fitch 등에 의해서 발견되었다(1980년 Nobel상).

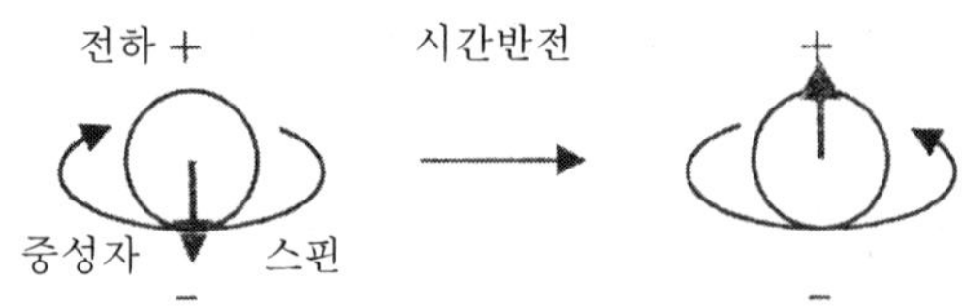


**그림 4.4** 중성자 EDM과 시간반전

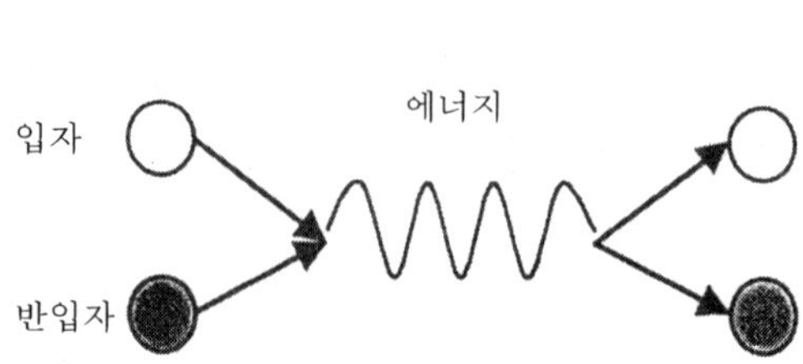


**그림 4.5** 입자와 반입자

### (3) 물질의 존재

CP의 깨짐은 우리가 존재하는 우주에서의 물질 존재와 깊이 관련되어 있다. 우주론에 의하면, 이 우주는 빅뱅(Big Bang, 대폭발)으로 시작되고, 빅뱅의 에너지에 의하여 물질의 생성이 시작된 것으로 되어 있다. 빅뱅의 흔적이라 할 수 있는 우주의 팽창과 우주 흑체 방사의 발견(1978년 노벨상) 등이 그 증거로 알려져 있다.

빅뱅 초기에는 우주의 온도는 매우 높고, 거대한 에너지에 의하여 쿼크 등 모든 소립자가 쌍생성되고 또 곧장 쌍소멸되는 일이 되풀이되고 있었다고 생각되고 있다. 이때 소립자에 작용하는 힘에 CP의 깨짐이 있으면 입자의 수가 반입자의 수보다 근소하게 많아 우주가 냉각되는 과정에서 반입자는 사라지고 입자로 구성되는 물질만이 남게 된다. 이 경우 우주에 현존하는 물질의 양은 CP를 파괴하는 힘의 성질에 의존하게 된다. 우주에 현존하는 물질의 양을 설명하는 이론이 몇 가지 제창되고 있는데, 이들 이론은 중성자의 EDM의 값에 대해서도 예측하고 있다. 초(超)대칭 이론에 의한 설명에서는 EDM의 크기는 $10^{-26}$e・cm 정도이고 현재의 EDM의 측정한계에 비해서 1자리 수 작다.

우주가 냉각하는 과정에서의 물질의 형성은 우선 쿼크에서 양성자와 중성자가 만들어지고 이들 입자의 핵반응에 의하여 중양성자, He 등 보다 무거운 원소의 합성으로 진행되었다고 생각되고 있다. 이 우주에 존재하는 원소의 존재비는 우주의 생성 메커니즘, 핵반응단면적, 중성자의 수명 등에 의존한다. 우주의 원소 합성은 현재도 별 내부에서 진행되고 있다.

우리가 이용하고 있는 에너지 원천인 태양으로 눈을 돌리자. 태양의 에너지는 주로 양성자와, 양성자가 핵융합하여 중양성자, 양전자, 중성미자가 되는 반응에서 생긴다. 이 반응은 중성자의 $\beta$붕괴의 역반응이고 그 반응율은 중성자의 수명 값에 의존한다. 현재 우주 원소 합성에 대한 이해는 중성자의 수명 이외의 다른 변수의 실험정밀도 부족으로 제약받고 있지만, 이 제약이 없어지면 중성자 수명의 실험정밀도 향상이 이루어질 것이다.

### (4) 쿼크 사이의 약한 힘

고바야시(小林)와 마스가와(益川)에 의하면 CP의 깨짐은 3종류의 쿼크의 존재와 관련되어 있는 것으로 알려져 있다. 소립자물리에서는 이 쿼크의 종류를 세대(世代)라 부르고 각 세대에는 내부 자유도가 존재한다. 이 내부 자유도에 따라 각 세대에는 상(上) 성분과 하(下)성분이 존재하고 (u,d), (c,s), (t,b)와 같이 총계 6종의 쿼크가 존재한다. 예컨대, 제1세대에서는 u 쿼크가 상 성분이고 d 쿼크가 하 성분이다. s 쿼크의 존재는 Cronin, Fitch 등은 이미 알고 있었는데, c와 b는 고바야시・마스가와 이론 후 고에너지 실험에서 연달아 발견되었으며, 최근 6번째의 쿼크 t의 존재가 확인되었다.

$\beta$붕괴는 상하 성분 사이에서 일어난다. 예컨대, 중성자의 양성자로의 $\beta$붕괴는 u와 d사이에서 일어난다. 고바야시・마스가와 이론에 의한 약한 힘에서는 하 성분은 3세대 사이에서 서로 혼합되어 있다. 다시 말하면 d, s 그리고 b는 혼합되어 있다. 중성자의 $\beta$붕괴에서는 s와 b의 기여는 나타나지 않고 d의 기여만이 나타난다.

이것을 3차원 xyz공간에 있는 막대 길이의 x, y, z성분으로 설명해 보자. 각 성분은, 막대가 그 좌표축과 평행인 경우에는 막대의 길이와 같아지는데, 일반적으로는 좌표축에 기울여져 있어 막대의 길이보다 짧다. 그림 4.6은 간단하게 하기 위해서 2차원 공간에 나타내었다. 막대가 x축에 대해서 각도 $\theta$만큼 기울어진 경우 x, y성분이 어떻게 되는가는 직교 행렬로 표현할 수 있다. 막대의 길이는 각 x, y성분의 제곱의 합의 제곱근으로 나타낼 수 있고, 공간의 등방성에 의하여 좌표계에 의존하지 않고 불변이다. 좌표축의 회전은 직교 행렬(전치 행렬과 원래의 행렬의 곱이 1이 되는 행렬)이다. 약한 힘에서는 상 성분이 u에서 c 또는 t로 변하면 혼합 상태로 되며 경사각도 변한다. 중성자의 $\beta$붕괴에서는 약한 힘의 ud성분(Vud)을 보고 있는 것이 된다. 모든 쿼크 사이에서의 약한 힘의 성분을 나타낸 것이 3행 3열의 고바야시・마스가와 행렬이다. 그림 4.6의 2차원인 경우와 같이 고바야시・마스가와 행렬은 3차원의 dsb좌표축에서 본 약한 힘의 방향을 나타낸다. 약한 힘은 모든 쿼크에 대해서 같은 세기를 가지면 dsb공간에서 등방적이라 할 수 있고, 고바야시・마스가와 행렬은 직교 행렬(정확히 말하면 복소수로 확장된 unitary행렬)이 된다.

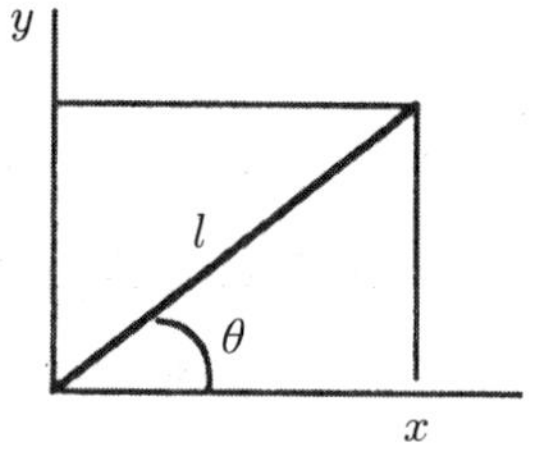

$$\begin{pmatrix} x \\ y \end{pmatrix} = \begin{pmatrix} \cos\theta & -\sin\theta \\ \sin\theta & \cos\theta \end{pmatrix} = \begin{pmatrix} l \\ 0 \end{pmatrix}$$

$$= \begin{pmatrix} l\cos\theta \\ l\sin\theta \end{pmatrix}$$

**그림 4.6** 2차원공간에서의 기울어진 약한 힘

Unitarity에 의하여 Vud는 c, s, t 그리고 b에 관한 다른 행렬 요소와 관계된다. Vud는 이제까지 원자핵의 $\beta$붕괴에서 정해져 있었는데 그 값은 unitarity에서 구한 것과 일치하고 있지 않다. 왜 일치하지 않을까? 약한 힘에 대한 우리의 이해는 옳은 것일까? 원자핵에 의한 Vud결정 정밀도는 원자핵 구조의 불확정함 때문에 한계가 있다. 중성자는 핵 구조가 없으므로 그림 4.3에서 나타낸 비대칭 $\beta$붕괴의 정밀 측정에 의하여 이 문제에 대한 답이 얻어질 수 있다. (주: Vud는 중성자의 쿼크구조와 무관하다. 전자기력의 세기를 정하는 전하가 전류의 보존법칙에 따라 불변인 것과 같은 이유이다)

### (5) 초냉중성자의 역할

이제까지 기술한 연구에 대해서 초냉중성자는 중요한 역할을 한다. 초냉중성자의 운동 에너지를 온도로 환산하면 모든 물질이 얼어붙는 온도, 즉 절대 0도에 가깝다. 중성자는 미소 자석을 갖지만 수 십 kG의 자기장에 놓았을 때의 자기력은 초냉중성자의 운동 에너지를 이겨낼 수 있어 중성자를 자기장 내에 가둬 놓을 수가 있다. 이때 중성자의 자기 모멘트의 방향을 100% 가지런하게 할 수 있다. 자기모멘트는 스핀의 방향을 향하고 있으므로 스핀도 거의 100% 가지런하게 된다. 게다가 초냉중성자는 물질 표면에서 전반사하기 때문에 용기에 가둬 둘 수 있다. 다시 말하면 초냉중성자를 이용하면 중성자의 상태를 정확히 고정할 수 있음을 의미하고 중성자의 $\beta$붕괴의 정밀 실험이나 EDM의 정밀 측정을 가능케 한다.

### (6) 초냉중성자원

핵파쇄(spallation) 반응을 이용하는 중성자원이 초냉중성자 생성에 최적임을 보이자. 에너지 1GeV 정도의 양성자가 원자핵 표적에 입사하면 원자핵 내의 핵자와 몇 번 충돌한다. 이때의 에너지로 원자핵이 분열한다. 분열 후 생긴 원자핵은 중성자 과잉핵이고, 중성자는 원자핵에서 증발한다. 이때 중성자의 에너지는 핵 내 핵자의 열에너지로 정해지고 수MeV이다. 핵파쇄 중성자원의 경우 높은 에너지를 가진 중성자는 수소 혹은 중수소 등과의 충돌에 의하여 감속되어 열중성자가 된다. 생성되고 감속된 중성자는 표적 안에서는 거의 소멸되지 않는다. 한편 원자로에서는 열중성자와 우라늄의 핵분열 반응에 의한 연쇄 반응으로 핵파쇄 중성자가 생성된다. 생성된 중성자는 상당한 비율로 원자로 내에서 소멸한다. 따라서 중성자원은 원자로에 없는 특징을 가지고 있다. 같은 수의 중성자 생성에 필요한 에너지는 원자로에 비해 훨씬 적고 $\gamma$선의 생성이 상대적으로 매우 적다. 또 원자로에서는 연쇄 반응의 조건을 생각할 필요가 있지만 핵파쇄 중성자원에서는 그럴 필요가 없다. 중성자 발생 시간은 양성자빔의 조사법 변화로 제어가 가능하다. 지금 설명한 특징은 초냉중성자의 발생과 펄스 중성자의 발생에 적합하다. 지면상의 제약으로 자세한 논의는 할 수 없지만, 펄스 중성자를 이용하면 중성자의 EDM측정에 관련된 중성자 원자핵 공명에서 새로운 T의 깨짐 실험도 할 수 있음을 첨부해두고 싶다.

이제까지 초냉중성자는 원자로에서의 냉중성자를 중력이나 회전하는 터빈날개와의 충돌에 의해서 감속시켜 구했다. 이들 방법으로 구한 초냉중성자의 밀도는 고전역학의 기본 정리의 하나인 Lieouville 정리에 따라 중성자원에서의 열평형 값을 넘을 수 없다. 이 한계를 타파하는 것이 super-thermal법이다. 이 방법에서는 중성자의 에너지를 낮추기 위해서 중성자와 초유동(super fluid) He의 phonon과의 충돌이 이용된다. 핵파쇄 중성자원에서는 $\gamma$선 발열이 적기 때문에 중성자 강도가 큰 중성자원 곁에 저온 장치인 super-thermal 초냉중성자원을 설치할 수 있고, 이제까지에 비해서 강도를 3자리 수 정도 향상시킬 수 있다. 이 초냉중성자는 최근 세계적인 주목을 받아 여러 외국에서 건설 계획이 추진되고 있다.

## 2. 초냉중성자-그 발생법과 이용 연구

초냉중성자(ultra cold neutrons ; UCN)란, 표면을 연마한 금속 등 중성자거울에 의하여 모든 입사각에서 전반사하는 중성자를 말하고, 속도로 말하면 약 6m/s 이하, 에너지로는 약 0.2MeV 이하의 중성자이다. 이와 같은 UCN이 가진 특이한 중성자의 광학적 성질과 에너지가 매우 작은 것으로부터 UCN을 생성하고 관측하는데에는 특수한 장치가 필요하다. UCN의 특징적 성질을 활용함으로써 기초물리에 관한 여러 가지 독특한 실험이 행하여지고 있다.

### (1) 초냉중성자의 존재

고체 중성자 거울에 의하여 모든 입사각에서 전반사되는 중성자의 존재와, 그것이 중성자 거울로 된 진공 용기(중성자 bottle이라 함)내에 장시간 밀폐될 수 있다는 특이한 성질을 이론적으로 예언한 것은 1959년의 Zel'dovich의 논문이다[1].

속도 수백 m/s의 냉중성자를 고체거울에 1°이하의 미소각으로 입사시켜 그 전반사를 측정하는 실험은 이미 1940년대에 Fermi 등에 의하여 행하여져 왔다. 전반사 임계각의 정현(正弦, sine파)이 입사 중성자의 속도에 비례한다고 하는 중성자광학 법칙으로부터 중성자 속도가 열중성자의 약 1/350이 되면 임계각이 90°가까이 된다는 것을 쉽게 상상할 수 있다. 그러나 이와 같은 매우 낮은 속도의 중성자에 주목해

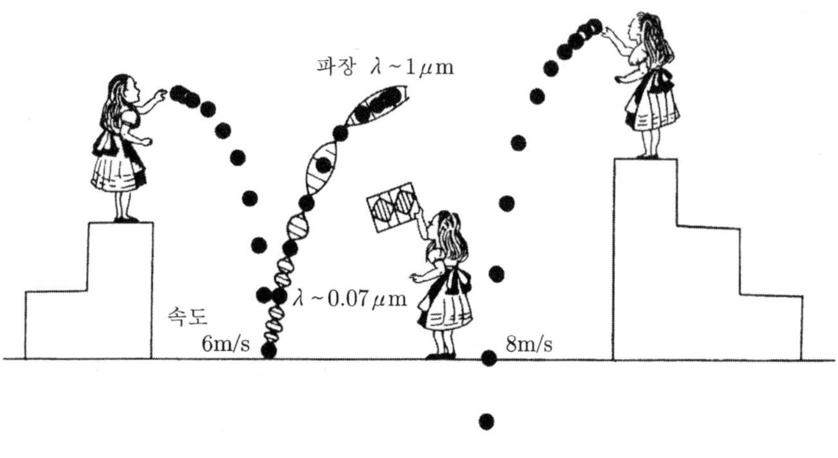


**그림 4.7** 중성자의 전반사

**표 4.1** 각종 거울의 한계중성자속도

| 거울 물질 | 한계중성자속도(m/s) |
|---|---|
| Al | 3.22 |
| Be | 6.9 |
| C(흑연) | 5.8 |
| Cu | 5.6 |
| $D_2$(액체) | 3.82 |
| Fe | (+)8.2;(-)4.15 |
| $H_2$(액체) | - |
| $H_2O$ | - |
| Ni | (+)7.2;(-)6.2 |
| Ti | - |
| Stainless강 | 5.6 |
| 폰브린 | 4.4 |

자성재료에 대해서는 (+)=평행 스핀, (-) = 반평행 스핀이고 반사할 때의 한계속도. 또 한계속도가 (-)로 기재된 물질은 한계 에너지가 (-)임.

서 이것을 특수한 중성자로 분류함과 동시에, 용기에 장시간 밀폐할 수 있는 특성 및 그 이용 가치를 처음으로 지적한 것이 Zel'dovich이다. 그림 4.7에 나타낸 바와 같이 중성자거울에 수직 입사 시 전반사가 일어나는 최대의 중성자 속도를 그 거울의 한계 중성자속도라 하고, 많은 고체 중성자거울에서는 그 값이 표 4.1에 나타내는 바와 같이 약 5~6m/s이다. 즉 UCN 다시 말하면 초냉중성자란 이 한계 속도 이하의 속도를 가진 중성자를 말한다.

그림 4.8에 나타내는 바와 같이 UCN의 에너지를 온도로 말하면 10mK 혹은 그 이하에 해당한다. 또 중성자의 파장은 속도에 반비례하므로 UCN의 파장은 약 600 Å 이상이 되고, 고체나 액체 등의 물질 중의 수백 개 원자에 걸치는 길이에 이른다. 따라서 물질 중의 원자핵에 의한 UCN의 산란은 이와 같은 수백 개의 원자핵으로부터의 산란파의 간섭에 의하여 기술되고, 그 결과 UCN에 대한 물질의 효과는 평균적인 원자핵의 밀도에 의한 효과로 치환될 수 있다. 이 효과를 물질의 실효적 핵산란

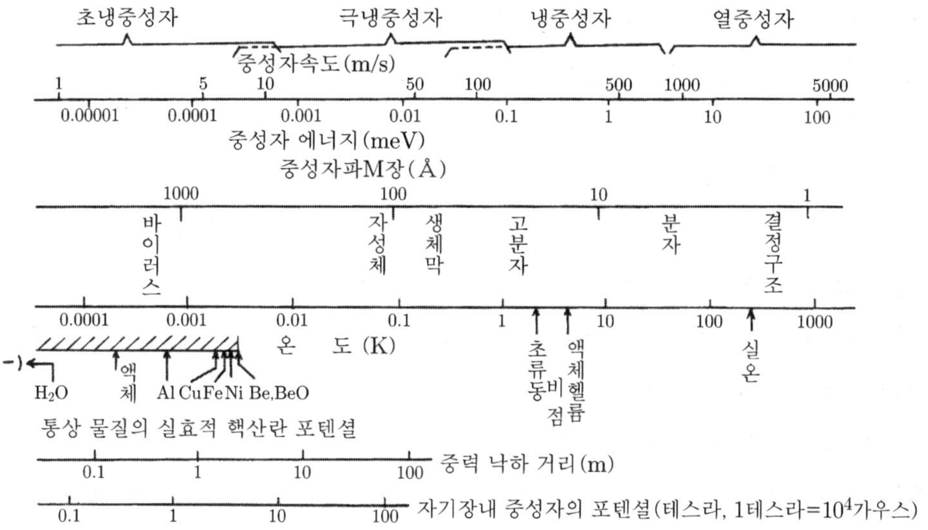


**그림 4.8** 저속 중성자의 분류와 특성

포텐셜이라 부르고, UCN의 에너지가 이 포텐셜보다 작아지면 물질 내로 들어갈 수 없고 표면에서 전반사한다.

그림 4.8에 주요 물질에 관한 포텐셜의 값을 나타냈다. 이와 같이 빛과 유사한 거동 외에, 저속도의 UCN은 중력의 영향을 받아, 낮은 속도로 쳐 올리는 테니스 공과 마찬가지로 중력장에서 1~2m 밖에 올라가지 않는다. 또 중성자는 스핀을 가지며, 자기쌍극자 즉 작은 자석임으로부터 강자기장의 영향을 현저히 받아, 자기장에 평행인 스핀인 경우에는 자기장에 의하여 반발되고 반평행인 스핀인 경우에는 끌린다. 또 그림 4.8에는 평행 스핀의 UCN이 완전히 반사되는 자기장의 세기를 나타내고 있다. 이들의 여러 작용을 이용해서 UCN을 제어할 수 있다.

### (2) 최초의 관측 성공

원자로의 노심에는 감속된 중성자가 다량으로 존재하는데, 소위 Maxwell분포를 갖는 중성자 가운데 UCN성분을 측정할 경우 쉽게 UCN을 검출할 수 있느냐 하면 실제는 그렇지 않다. 우선 실온 Maxwell분포 중의 UCN의 비율은 전술한 열중성자와의 속도비로 계산해서 $(1/350)^4 = 10^{-10}$ 정도로 매우 작다. 더욱 결정적인 문제는 수cm의 공기조차도 거의 투과할 수 없는 UCN을, 노심에서부터 기밀(氣密)벽을 투과해서 진공 도관내로 유도해서 다시 노 밖의 검출기의 위치까지 빼내서 관측한다는 일은 곤란하다.

그래서 이들의 곤란을 회피하는 독특한 방법을 고안해 내어 기밀벽 투과의 어려움은 진공 도관 내에서 UCN을 생성하는 것으로 하고, UCN관측은 검출기가 갖는 중성자 입사 창 한계 속도가 진공 도관 내벽 거울보다 낮은 물질을 이용한다. 구체적으로는 표 4.1에서 Ni 혹은 Cu 도관에 Al의 초(超)박창을 설치한 기체 계수기 방식 UCN 검출기를 조합한 배치에 의하여 (그림 4.9 및 그림 4.10) 2개 연구소가 각각 독립적으로 UCN의 최초 관측에 성공했다[2, 3].

그림 4.9의 방식에서는 원자로의 노심 가까이까지 삽입된 도관 내의 끝에 열중성자를 UCN으로 변환하는 변환기가 내장돼 있고, 한편 그림 4.10의 방식에서는 UCN보다도 조금 높은 에너지의 중성자가 변환기로부터 도관 내로 공급되고, 관내에서 반사되어 상승 중에 중력의 작용으로 UCN으로 변환된다. 전자에서는, 변환된 중성자가 변환기로부터 진공 중으로 나올 때에 변환기의 한계 속도에 대응하는 에너지(한계 에너지)만큼 중성자 에너지가 증가하므로, 이것이 작은(또는 음의) 물질을 변환기로 선정할 필요가 있다.

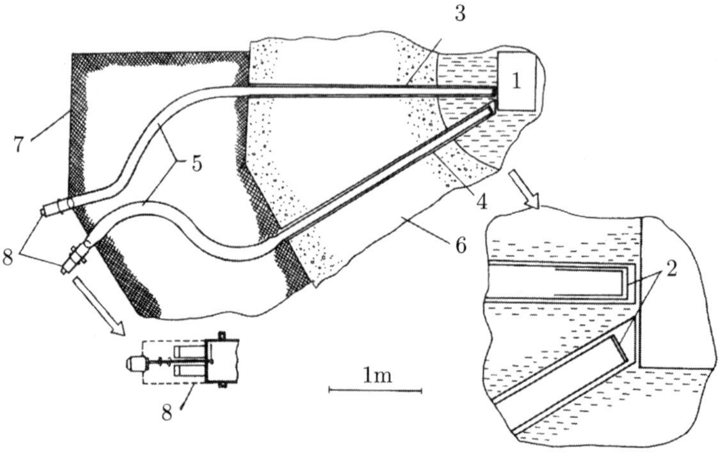


**그림 4.9** 드브나 연구소에서의 수평형 UCN 실험장치
1. 노심, 2. 초냉중성자 변환기, 3. 화학연마 도관(9.4cm, ϕ동), 4. 전해연마도관(위와 같음), 5. 굽은 도관부, 6. 생체차폐, 7. 보조차폐, 8. 초냉중성자 검출기

### (3) 초냉중성자 발생 장치

앞 절에서 기술한 UCN 최초 관측 이후, 여러 가지의 UCN 발생법 및 발생 장치가 개발되고 또 실용화되어 왔다. 그들의 원리는 중성자 변환기법, 중성자터빈(turbine)법 및 자기 감속법으로 구별할 수 있다.

#### ① 중성자 변환법

앞 절의 그림 4.9 및 그림 4.10은 이 분류에 속한다. 변환기의 UCN 생성 성능 향상에는, 중성자 흡수가 적고 한계 에너지가 작은 물질을 선정하는 일 외에 변환기의 온도가 성능에 중요한 역할을 하기 때문에 변환기 재료로 특히 저온 특성이 우수한 중성자 감속재를 선택한다. 만약 생성 UCN이 변환기와 열평형이 되면 UCN강도는 온도의 제곱에 반비례해서 증대하지만 실제의 장치에서는 중성자는 변환기 내에서 몇 번 밖에는 산란되지 않는 구조와 크기이므로 그 성능은 변환기의 물리 형태(고체냐 액체냐)나 기하학적 형상・치수에 복잡하게 의존한다.

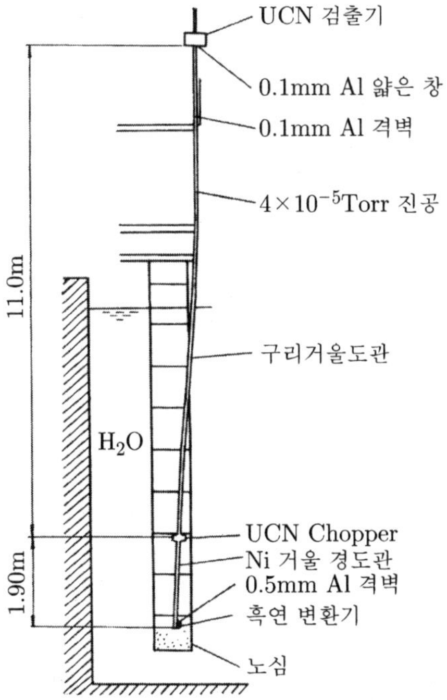


**그림 4.10** 뮌헨 노에서의 수직형 UCN 실험배치

**표 4.2** PNPI연구소에서의 UCN발생

| 로중성자속 ($\times 10^{13}$n/cm$^2$ s) | CONVERTER 물질 ; 온도 | UCNALF도 (UCN/cm$^3$) |
|---|---|---|
| 1 | Mg ; 300K | 0.012 |
| 4 | Be ; 300K | 0.25 |
| 10 | Be ; 30K | 1.9 |
| 6 | $H_2$ ; 20K | 2.3 |
| 17 | $H_2/D_2$ ; 16K | 8 |

러시아의 갓치나에 있는 PNPI연구소의 VVR-M 노에서는 1972년부터 노심 중앙에 변환기를 설치하여 수직 도관에서 UCN을 빼내는 세로형 배치에 의한 UCN원을 개발하고 있고, 표 4.2에 나타낸 성능의 액체수소 변환기를 UCN 기초물리 실험에 이용함과 동시에 현재 고체중수소 변환기 개발을 진행하고 있다[4].

또 이 방식과 닮은 것으로서 초유동 헬륨 변환기가 있다. 양자유체 헬륨의 phonon 여기곡선에 입사 냉중성자의 전운동량이 천이함으로써 1회의 산란으로 냉중성자가 UCN으로 변환되고, 게다가 약 0.5K 이하에서는 역 반응이 거의 일어나지 않음으로 원리적으로 높은 UCN밀도가 얻어진다는 제안이 있다[5]. 그러나 노 밖의 실증 실험의 결과는 이론 UCN 밀도보다 약 2자리 수 낮고 또 노내의 고방사선장에 0.5K 이하의 극저온 헬륨을 저장해야 하는 기술적 과제가 남겨져 있다.

### ② 중성자 터빈법

회전하는 날개에 맞아서 탄성적으로 반사한 입자는 날개 속도의 2배에 해당하는 운동량 변화를 받는다. 따라서 도망가는 날개를 2배의 속도로 뒤 쫓아가서 반사한 입자는 거의 정지 상태에까지 감속된다.

이 원리에 의해서 회전하는 중성자거울에서 UCN을 발생하는 장치가 중성자 터빈이다. (1)절에서 기술한 바와 같이 거울에 수직입사로 전반사하는 중성자 속도는 약 6m/s이하이고 초기 속도가 그 2배 정도에서는 실용상 그다지 이점이 없다. 한편 초기 속도 약 50m/s인 중성자를 속도 약 25m/s로 움직이는 곡면경의 날개에 입사시켜 그 곡면에 따라서 미소 각도 반사를 순차적으로 되풀이한다면 약 10회 반사 결

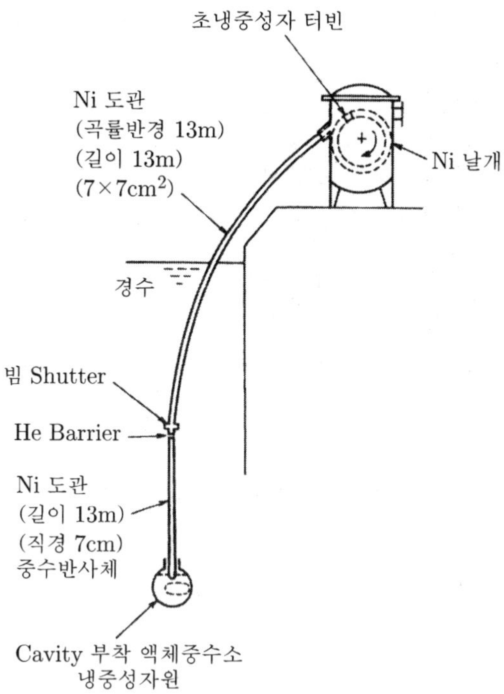


**그림 4.11** ILL연구소의 터빈식 UCN설비

과 UCN으로 변환할 수 있고 실용성이 높다.

그와 같은 장치의 예가 Cu 혹은 Ni의 반원통형 거울날개를 이용한 Steyerl의 축류(軸流) 터빈이고, 그레노블에 있는 ILL연구소의 고중성자속 노의 세계 최강 UCN시설(그림 4.11)에서는 50UCN/cm$^3$의 UCN밀도를 실현해서 국제공동이용에 제공되고 있다[6]. 또 도쿄대(京大)의 KUR에서는 액체중수소 냉중성자원과 수평형 냉중성자 도관 조합의 중성자 출력공(孔)에 그림 4.12에 나타내는 평면 초거울(super mirror)의 다각형 날개 터빈을 설치해서 UCN공동이용 실험을 하고 있다[7].

이들 축류형 터빈에서는 중성자가 날개 내에서 여러 번 반사하기 때문에 순간적이며, 또한 국소적 고밀도 중성자를 취하는 펄스 중성자원을 이용하면 중성자 밀도 분산이 발생되므로 불리하다. 1회의 반사로 UCN을 생성하는 방법으로서 결정 혹은 단주기(短周期) 다층막거울의 Bragg반사에 의한 Doppler shifter가 개발되어 있다. 전자는 미국의 ANL(Argonne National Laboratory)에서 시험제작 된 마이카(mica) 날개 방식의 실용화가 Los Alamos의 LANL에서 추진되고 있으며, 또 후자는 NiTi

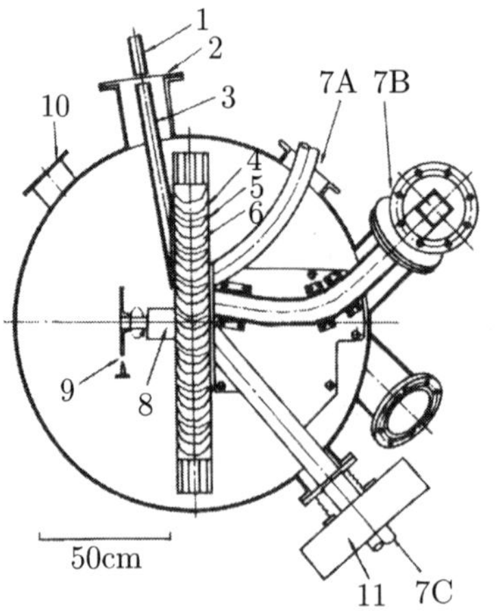


1 : VCN bender
2 : Al 창
3 : VCN 공급도관
4 : 터빈 rotor
5 : 반사우
6 : 하부반사경
7A : 범용실험공
7B : 고가(高架) bottle용 실험공
7C : 비행시간측정용 실험공
8 : 터빈 shaft
9 : 회전검지 장치
10 : 공기 흡입구
11 : UCN Chopper

**그림 4.12** KUR 초 거울 터빈

다층막날개 방식에 의한 에너지 수렴형 Doppler shifter의 시험제작이 추진되고 있다.

### ③ 중성자 자기감속 장치

그림 4.8에서 설명한 바와 같이 중성자는 자기쌍극자이며 자기장이 포텐셜로서 작용한다. 자기장에 평행인 스핀의 중성자는 반발되고, 역으로 반평행인 스핀의 중성자는 끌린다. 다만 자기장을 통과만 하는 것이라면, 예컨대 공이 매끄러운 산(혹은 골짜기)을 타고 넘는 경우와 같이 최종 에너지에 아무런 변화가 일어나지 않는다. 만약 산 정상 가까이에서 평행스핀이 반평행스핀으로 변환할 수 있으면 산에 오르는 에너지를 2번 소비하는 것이 되어 중성자 감속이 일어난다. 이것이 단열스핀 반전법에 의한 중성자 자기 감속의 원리이고, 도쿄대(東工大) 그룹이 KUR에서 개발 실험을 추진하고 있다. 이 방식의 특장은 다단(多端) 배치 펄스 중성자원 동기 제어에 의하여, 최초로 날아오는 빠른 중성자는 전단수(全段數)의 감속 작용을 작동시키고, 뒤에서 순차적으로 날아오는 느린 중성자는 감속 단수를 순차로 줄여감으로써 광범위한 초기 속도 범위의 중성자를 모두 UCN으로 감속시키는 에너지 수렴 감속이 가능한 일, 편극 UCN이 생성하는 일이다.

### (4) 기초물리 연구에의 응용

UCN은 현재의 과학에서 실용 가능한 저에너지의 극한 중성자이며, UCN에 관한 정밀 실험으로부터 중요한 기초 물리적 지식이 얻어지고 있다. UCN의 기초물리에의 구체적 응용으로서 중성자 및 그 붕괴 입자에 관한 소립자 물리 연구, 중성자 자체의 양자물리적 연구 및 중성자 분광에 의한 응집체 물리 연구 등이 있다. 중성자에 의한 소립자 연구 전반에 대해서는 이미 앞에서 상세한 설명을 하였으므로 화제를 UCN에 한정해서 그 기초물리 연구에의 응용을 간단히 설명한다.

#### ① UCN저장 정밀 병(bottle)실험

(2)절에서 기술한 최초의 UCN 관측 이래 다수의 UCN 저장병 실험이 이루어져 왔다. 이상적인 병에 저장된 UCN의 손실은 중성자의 붕괴 및 UCN의 병 거울 면에의 근소한 침입에 의한 흡수 및 산란 가열 뿐이고, 그 저장 수명은 수백 초에 이른다. 그러나 초기의 병 실험에서의 UCN의 저장 수명은 병 내면 거울의 오염에 의한 흡수, 산란 가열이나 병 구조 틈에서의 누설 등으로 매우 짧고, 그 후 이들 원인을 제거하는 개선으로 100s 이상의 저장 수명을 얻기에 이르렀다. 오염의 주요 원인인 표면 수소 혹은 수소화합물을 가능한 한 배제하는 방법으로 금속거울의 고진공 정밀 베이킹(baking) 등에 의한 크리닝법 혹은 비(非)수소 화합물 폰브링그리스 도포(塗布)법이 유효하다. 고체거울 병에서는 UCN 주입 밸브 기구 등으로부터의 누설을 회피하는 방법으로서 UCN 주입 후 병을 회전하여 주입 공을 위로 향하게 하는 중력 밸브 방식이 있다. 한편 폰브링 병은 간극누설이 적어져 저장 수명을 길게 할 수 있는 반면, 표 4.1의 한계 속도에서 알 수 있듯이 저장 UCN 밀도는 작아진다.

UCN저장 병 용적을 변화시키면 거울 면 충돌 빈도가 변한다. 그림 4.13은 용적을 변화시켜 그 충돌 빈도를 가로축으로 나타낸 베릴륨 및 고체산소 극저온 병의 중력 밸브식 저장 실험 결과이다[8]. Be 거울 면은 청정하며 또 산소는 중성자 흡수가 매우 적어 극저온 병 면으로의 UCN 흡수·산란 가열의 영향은 충분히 적다고 생각된다. 그림의 베릴륨 및 고체산소의 각 병의 저장 수명을 무한대 용적 즉 충돌 빈도를 0으로 외삽함으로써 중성자의 붕괴 수명을 각각 885.0±7.7s 및 889.0±3.1s로 얻었다.

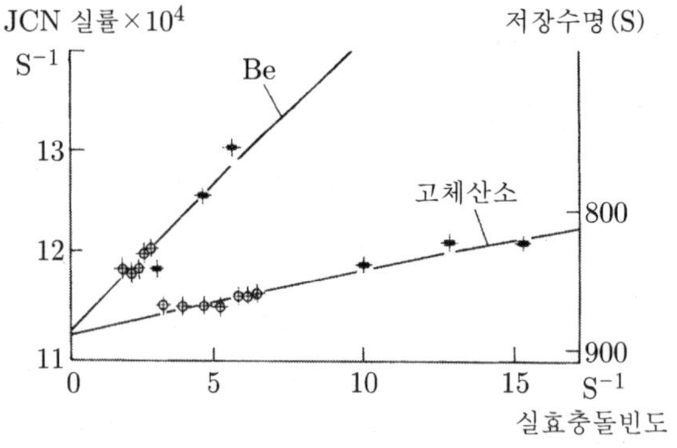


**그림 4.13** Be 및 고체산소 병의 UCN 저장수명 측정결과

중성자 붕괴 수명의 정확한 값은 우주 창생 이래의 물리 현상을 정확히 기술하기 위한 중요한 물리량이다. 한편 그림에서의 기울기는 UCN의 거울 면 충돌당의 손실 확률을 나타내는데, 실험 결과 모두 Be 및 고체 산소 면에서의 평면파 중성자의 손실 확률은 이론값보다 10배 이상 크다. 이는 UCN 이상(異常)이라 불리고 현재 그 메커니즘 해명 노력이 이루어지고 있다.

### ② UCN 전자기 공명 실험

전기쌍극자모멘트(EDM) 혹은 자기쌍극자모멘트(MDM)를 가지는 입자에 전기장 혹은 자기장을 걸면 쌍극자는 세차운동을 일으킨다. 이 세차 주파수와 공명하는 교류 전기장 혹은 자기장을 가하는 실험으로 쌍극자모멘트를 정밀하게 측정할 수 있다. 중성자는 스핀과 반평행인 자기쌍극자이고 MDM은 자기공명실험에 의하여 측정된다. 시간 반전에 의하여 스핀은 역전하지만 전기쌍극자는 역전하지 않으므로 만약 중성자가 EDM을 가지면 시간반전 불변성이 깨진다고 볼 수 있다. 중성자 EDM의 추구가 오랫동안 냉중성자 빔을 이용해서 행하여져 왔는데 EDM의 존재는 발견할 수 없었다. 공명주파수의 측정 정밀도는 세차 회전수 즉 세차장 내 체류 시간에 비례하므로 UCN 병의 응용은 획기적인 정밀도 개선이 된다. 이리하여 UCN에 의한 EDM실험이 ILL 및 PNPI에서 몇 년이나 계속되고 있고 그 측정 정밀도는 $10^{-26}$e · cm의 자리수에 이르고 있지만 아직도 중성자 EDM의 값은 측정되고 있지 않다.

### ③ 붕괴입자 비대칭성의 실험

중성자 $\beta$붕괴로 반중성미자 방출과 더불어 양성자로 되는 것으로부터 편극 중성자의 스핀방향에 대한 여러 가지 붕괴입자의 비대칭성 실험을 생각할 수 있다. 그 중에서도 흥미가 있는 것은 스핀 - $\beta$선의 각(角)상관 비대칭성 및 스핀 - $\beta$선 - 반중성미자의 3방향에 관한 비대칭성이다. 특히 후자의 경우 만일 3방향이 하나의 평면상에 있지 않은 현상이 관측되면 시간 반전에 대한 불변성의 깨짐을 의미하므로 UCN 병을 이 실험에 응용하도록 계획되었다. UCN 병 방법은 이제까지의 냉중성자빔 법에 비해서 중성자가 장치 내에서 붕괴할 확률이 현격하게 크고, 또 큰 붕괴 용적이 가능하고 붕괴입자검출기 배치의 최적화로 실험 정밀도의 대폭적인 개선이 기대된다. 그림 4.14는 LANL에서 계획 중인 붕괴비대칭성 실험장치의 개략도이다[9].

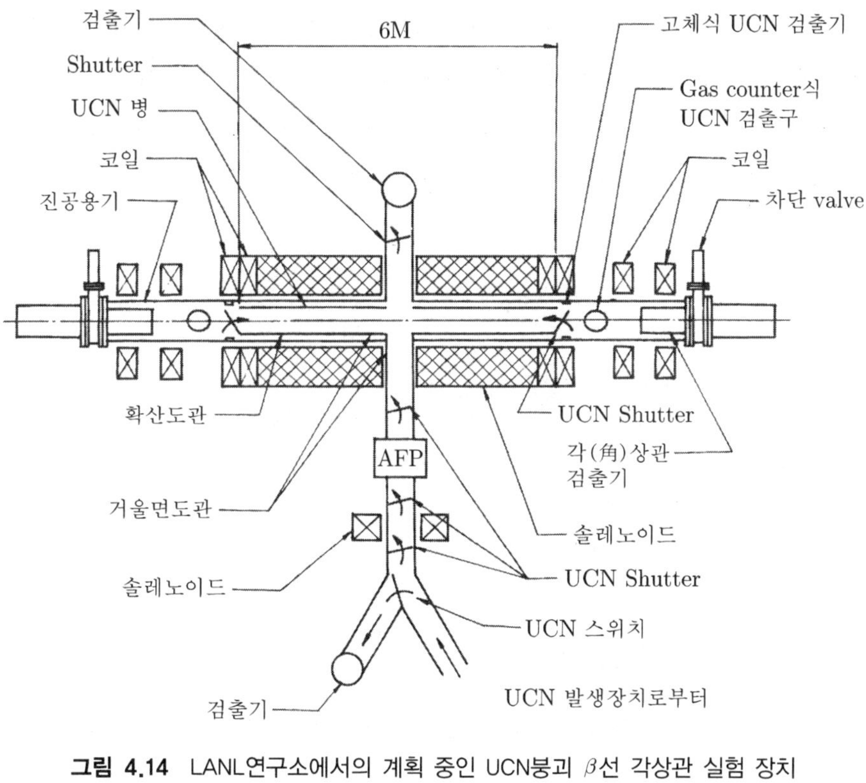


**그림 4.14** LANL연구소에서의 계획 중인 UCN붕괴 $\beta$선 각상관 실험 장치

### ④ UCN 분광 실험

그림 4.8에 나타낸 UCN의 핵산란 포텐셜에 의한 전반사나 중력장에서의 포물선 운동 등의 특성을 응용해서 여러 가지 UCN분광기를 생각할 수 있다. 우선 중력장에서의 비정(飛程)의 극대 값이 사출각 45°에서 일어나는 것을 이용한 비정 수렴중력 분광기 NESSIE가 Steyerl에 의하여 개발, ILL에 설치돼서 약 20neV이라고 하는 초고분해능의 에너지 특성을 보였다. KUR에서는 그림 4.15의 낙차수렴법에 의하여 산란각 해석이 가능하며 설계 분해능 약 30neV의 중력분광기를 개발 중에 있다. 또 UCN의 광학 특성을 이용한 수렴 원리에 의한 UCN현미경이 독일의 München 공과대학 원자로에서 시험제작 및 시험되고 있는데 현시점에서는 중력 수차 보정이나 UCN강도 부족 등의 과제가 남겨져 있다.

또한 최근의 흥미있는 실험으로 중력장에 놓인 수평거울 위에서 UCN은 이산적 에너지 고유 값을 취한다는 것을 관측하고자 하는 시도가 이뤄지고 있다. 이것은 거울면 위 mm이하의 위치 분해능으로 UCN강도 분포의 해석이 요구된다.

이들 실험이 구하고 있는 바와 같이 향후 보다 높은 강도의 UCN이 필요하다. 장래의 강력 중성자선원으로서 핵파쇄형 펄스 중성자원이 중요시되고 있는 일과 아울러 이 분야에서 연구 개발해야 할 흥미 있는 과제가 많다.

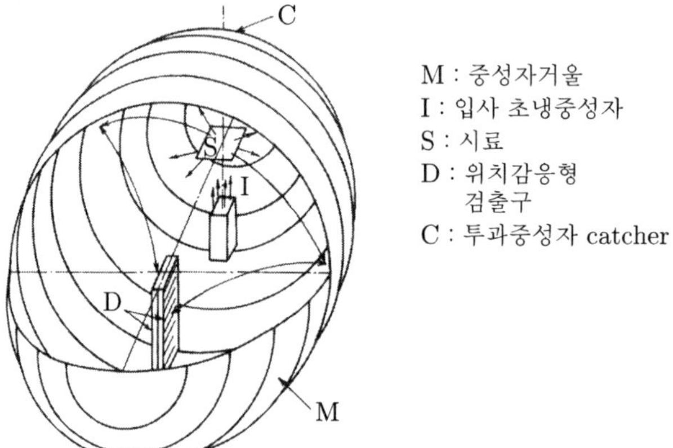


**그림 4.15** 낙차 수렴식 중력 분광기의 구조

## 참 고 문 헌

[1] Yu.B.Zel' dovich: Sov. Phys.-JETP 9 (1959) 1389.

[2] V.I.Luschikov et al.: Sov. Phys-JETP Lett. 9 (1969) 23.

[3] A. Steyerl:Phys. Lett. 29B (1969) 33.

[4] A.P.Serebrpv et al.:Proc.Int.Symp.Neutron Optics, Kumatori, 1996 (JPSJ 65 (1996) Suppl.A) 259

[5] R.Golub, J.M.Pendlebury:Phys Lett. 62A (1977) 337.

[6] A.Steyerl et al.: Phys. Lett. A116 (1986) 347.

[7] M.Utsuro et al,: Ann.Rep.Res.Reactor Inst. 27 (1994) 1.

[8] V.V.Nesvizhevskii et al.: Sov. Phys.-JETP 50 (1992) 405.

[9] T.Bowels et al.: プロジェクト計面書 (1998).

# 가속기 구동 원자력 시스템

# 5장

## 1. 개론

### (1) 머리말

가속기 구동 원자력 시스템은「가속기로 구동하는 원자력 시스템」이란 의미이고, 영어로 약해서 ADS(Accelerator Driven System)로 표현된다. 가속기로 구동되는 것은 원자로(핵분열로)이고 그 구동 방법은 가속기를 이용해서 발생시킨 중성자를 미임계 상태에 있는 원자로에 입사시켜 핵분열의 연쇄 반응을 일으키고 계속 중성자를 공급함으로써 연쇄 반응을 유지하는 것이다. 따라서 이 시스템을 보다 정확히 표현하자면 가속기 구동 미임계로라 할 수 있다.

이 시스템은 최근 고에너지 가속기 기술의 비약적인 발전[1]과 밀접한 관계를 가지고 있으며, 원자력기술의 진전으로 가까운 미래의 원자력 시스템으로 널리 국제적 관심을 받고 있다. 이 시스템은 1) 핵연료의 증식, 2) 고준위 핵폐기물에 포함되는 장수명 방사성 핵종의 소멸 처리[2], 3) 증식과 소멸 처리의 특성을 겸비하며 안전성이 우수한 혁명적인 원자력발전[3], 4) 중성자과학 발전에 대응한 새로운 연구용 강력중성자원[4] 등에 이용할 수 있을 것으로 기대되고 있다.

현재 가장 유망한 가속기 구동 미임계로의 주요부를 도시하면 그림 5.1과 같다. 이 그림에서 알 수 있는 바와 같이 이 시스템은 대강도의 고에너지 가속기 중성자

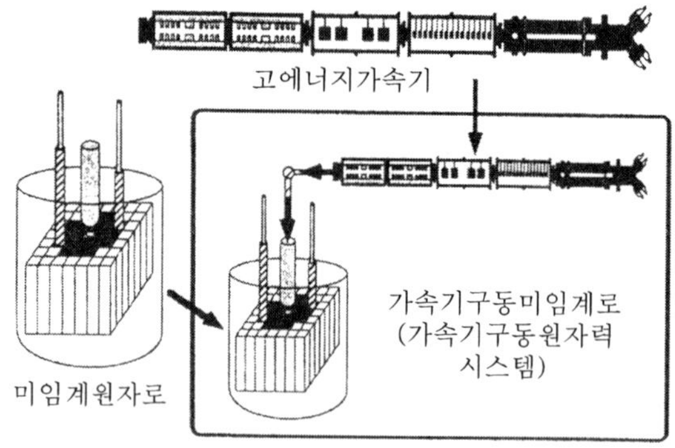


**그림 5.1** 가속기 구동 미임계로의 주요부의 개략적 그림

원과 원자로를 결합한 일종의 하이브리드 시스템이다.

가속기 중성자원으로는 여러 가지가 개발되고 있는데 현재 가장 강력한 가속기 중성자원으로서 실용적 성과를 내고 있는 것은 고에너지의 가속 입자에 의한 핵파쇄반응으로 중성자를 발생시키는 방식이다. 현재 이 시스템에서도 같은 종류의 가속기 중성자원을 이용하는 것이 가장 유망하다고 생각되고 있다. 이 시스템을 핵반응의 관점에서 보면 핵파쇄 - 핵분열 하이브리드 시스템이라고 볼 수 있다.

이 강력 가속기 중성자원과 조합시키는 미임계로는 고속중성자로에서부터 열중성자로에 이르기까지 여러 가지 형식의 것이 후보로 되어 있으며 모두 기본적으로는 지금까지 원자력 시스템으로 검토된 형식의 원자로라 할 수 있다. 다만 이제까지 그다지 연구 개발이 이뤄지지 않았던 미임계로의 다양한 특성을 숙지해 둘 필요가 있다.

### (2) 가속기 구동 원자력 시스템의 역사

원자력 개발의 초기부터 핵융합로는 핵분열로와 마찬가지로, 혹은 그 이상으로 많은 기대가 있었다. 현재 핵분열로는 이미 실용화되어 좋아하든 안하든 관계없이 인류 사회에 있어서 불가결한 에너지원으로서 역할을 다하고 있다. 한편 핵융합로는 연구 개발이 오랜 동안 계속해서 이뤄지고는 있지만 유감스럽게도 아직 실용화는 되지 않고 있다.

가속기 구동 원자력 시스템으로 최초로 제창된 것은 핵융합-핵분열 하이브리드시스템이었다. 핵융합 반응에 의해서 대량의 중성자(중수소 D와 3중 수소 T의 반응에서는 14MeV의 중성자)가 발생한다는 것은 잘 알려져 있다. 이 반응은 초기의 가속기 기술에서도 간단히 일으킬 수가 있었으므로 핵융합로가 실용화되기 전에 핵융합 중성자를 이용해서 핵분열로의 연료를 생산한다는 개념이 제안되었다. 다시 말하면 초기의 가속기 구동 원자력 시스템 연구에서는 핵원료 물질에 중성자를 흡수시켜서 핵연료 물질로 전환하는 일이 주요 목표였다. 따라서 핵융합-핵분열 하이브리드시스템이라고는 해도 적극적으로 핵분열 반응을 이용하고자 하는 것은 아니고 핵융합 중성자로 핵분열성 물질을 만들어 핵분열 반응 이용에 간접적으로 기여한다는 것이었다.

최근 가속기 기술이 비약적으로 발전하여 대전류의 고에너지 가속기가 실용적으로 제공되기에 이르렀다. 이와 같은 가속기를 이용하면 핵파쇄 반응으로 대량의 중성자를 발생시킬 수 있다. 따라서 고안된 것이 핵파쇄-핵분열 하이브리드시스템이었다. 이 시스템도 원래 원자로용 핵연료를 생산하는 일이 주요 목표이었으며 원자로에서 생성되는 장수명 방사성 폐기물의 처리 처분과 관련해서 강한 방사능을 가진 장수명 핵폐기물을 중성자와의 핵반응에 의하여 안정 핵종 혹은 단수명 방사성 핵종으로 전환해서 소멸 처리한다는 개념이 제창되기에 이르러 갑자기 양상이 바뀌어졌다.

원자로에서 생성되는 고준위 핵폐기물의 주요 성분은 핵분열 반응에서 발생되는 핵분열 생성물과 핵연료가 중성자 포획 반응을 일으켜서 생성되는 우라늄보다도 원자번호가 큰 초우라늄원소이다. 고준위 핵폐기물의 처리 처분을 할 때 특히 문제가 되고 있는 것은 방사능의 강도가 반으로 줄 때까지에 요하는 시간인 반감기가 수백년~수 만년이나 되는 장수명 방사성 핵종이며 초우라늄원소가 그 대부분을 차지하고 있다는 것이다.

초우라늄원소가 중성자를 포획하면 대부분의 경우 질량수 혹은 원자번호가 큰 초우라늄 원소로 된다. 초우라늄 원소 중에는 저에너지의 중성자로 핵분열하는 것도 있지만 대부분은 고에너지의 중성자에 의해서 핵분열 반응을 일으킨다. 일반적으로 중성자의 에너지가 높아지면 중성자 포획 반응이 일어날 비율은 핵분열 반응에 비해서 낮아지므로, 핵분열을 일으키는 데에는 에너지가 높은 중성자를 이용하는 것이 효과적이라 생각된다. 고에너지 가속기에서 발생되는 중성자는 에너지가 높은 중성자를 많이 포함하므로 초우라늄원소 소멸에 편리하다.

이와 같은 형태의 소멸 처리는 핵파쇄 중성자를 이용해서 핵분열 반응을 직접 일으켜서 실현할 수 있다. 게다가 핵분열 반응이 일어나면 핵분열 에너지가 방출되므로 이에 대한 이용을 위해서는 핵분열 반응의 수를 늘릴 필요가 있다. 그래서 생각해 낸 것이 바로 핵파쇄-핵분열 하이브리드시스템이 되는 가속기 구동 미임계로이다. 고에너지 가속기에 의하여 발생된 핵파쇄 중성자는 미임계로 내에서 증배되어 핵분열 반응을 일으키고, 그 결과 대량의 에너지가 방출된다. 이를 이용해서 원자력 발전을 하면 고에너지 가속기를 포함한 시스템 운전에 필요한 전력을 조달할 수 있고 경우에 따라서는 잉여 전력을 외부에 공급할 수도 있다. 원자력사회의 음성적 유산으로 생각되어 온 고준위 핵폐기물을 소멸 처리함으로써 사회에 필요한 에너지를 생산한다는 점에서 획기적인 일이라 생각된다.

또한 노벨 물리학상 수상자인 루비아 박사의 제창대로 추진하면 연료 증식 특성과 고준위 핵폐기물의 소멸 처리 특성을 겸해 가속기를 정지하면 원자로가 정지한다는 특성을 가진 보다 안전한 핵에너지 시스템이 가능할 것으로 기대된다. 그러기 위해서는 대전류 · 고에너지 가속기의 에너지 효율(가속 효율)을 비약적으로 향상시킴과 동시에 핵파쇄 중성자의 발생 효율을 높이고 미임계로의 중성자 증배율을 최적화할 필요가 있으며 열특성, 재료 특성, 연료 특성 등을 포함해서 다종다양한 연구개발과제에 전념하지 않으면 안 된다. 또 최근에 중성자과학 연구와 함께 강력중성자원에 대한 요구가 점점 높아짐과 동시에 각종 연구의 내용에 상응한 중성자원의 개발이 요구되고 있어 가속기 구동 미임계로가 새로운 강력중성자원으로서 이용될 수 있는 가능성이 증가하고 있다.

그림 5.2는 가속기 구동 미임계로의 개념도이고, 다음에 가속기 구동 미임계로 물리 기술과 동시에 향후 하여야 할 연구개발 과제에 대해서 기술하기로 한다.

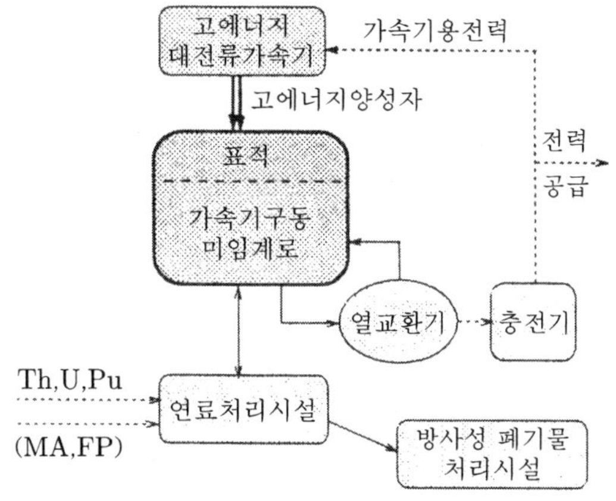


**그림 5.2** 가속기 구동 미임계로의 개념 그림

### (3) 핵파쇄 중성자원

핵파쇄 반응은 고에너지의 양성자 등이 중성자와 양성자로 이루어진 원자핵에 충돌할 경우, 당구에서 하나의 공으로 공의 무더기를 힘껏 부딪쳤을 때와 같이, 원자핵이 뿔뿔이 흩어지는 반응이다.

그림 5.3은 양성자의 에너지를 변화시켜서 각종 표적 핵에 맞혔을 때 발생하는 중성자의 수를 나타낸다. 이 그림에서 표적 핵이 무거운 원자핵이 되면 될수록, 부딪치는 양성자의 에너지가 높으면 높을수록 발생하는 중성자수가 많아짐을 알 수 있다. 무거운 원자핵이 되면 될수록 원자핵에 포함되는 중성자의 수가 많고, 또 주어지는 에너지가 높아지면 뿔뿔이 흩어진 원자핵이 차례로 원자핵에 충돌해서 핵파쇄 반응을 일으킨다고 이해하면 된다. 다만 핵파쇄 반응에서 모든 표적 핵이 양성자와 중성자로 완전히 분해해 버릴 가능성은 거의 없고 핵파쇄 생성물이 남게 되는데, 여기에는 필연적으로 방사성 핵종이 포함된다.

어떤 종류의 방사성 핵파쇄 생성물이 어느 정도 생기는가는 표적 핵의 종류, 가속 입자의 종류, 가속 에너지의 크기에 강하게 의존하는 것으로 생각되는데, 현재로서는 핵파쇄 생성물에 관한 지식이 충분하지 않다.

강력한 핵파쇄 중성자원을 만들기 위해서는 가속 입자의 에너지가 크고, 무거운 원자핵을 표적핵으로서 이용하는 것이 유리하다. 핵파쇄 중성자원에 이용할 수 있는

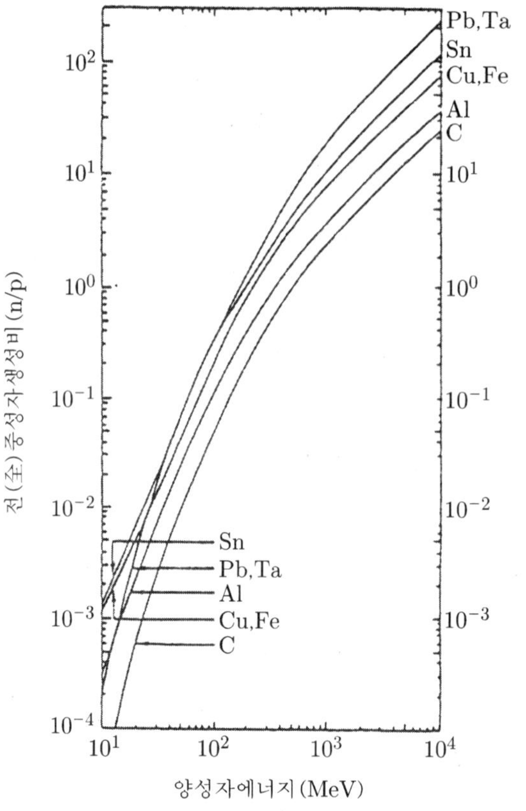


**그림 5.3** 고에너지 양성자에 의한 핵파쇄 반응으로 생성되는 중성자 양과 양성자 에너지의 관계

고에너지 가속기에는 2종류가 있다. 하나는 선형 가속기이고, 또 다른 하나는 싸이클로트론, 싱크로트론으로 대표되는 원형 가속기이다. 일반적으로는, 선형 가속기는 대전류를 달성할 수 있으나 전력소비가 크고, 원형 가속기는 전력소비를 억제할 수는 있으나 대전류를 취할 수 없는 것으로 알려져 있다. 현재로서는 전력소비를 줄이기 위하여 초전도 전자석을 이용하는 일이 생각되고 있는데 초전도 전자석의 이용은 겉보기의 에너지 효율을 높이는데 불과한 것은 아닌가 하는 의견도 있다. 덧붙여 말하면, 원연에서는 소멸 처리를 위해서 대전류·고에너지 양성자가속기를 개발 중에 있고, 또 루비아 박사 등은 에너지 증폭기로서 양성자 싸이클로트론의 이용을 생각하고 있다. 여하튼 가속기 구동 미임계로에서 에너지 효율을 높이기 위해서는 대전류·고에너지 그리고 고효율 가속기를 개발하는 일이 필요하다.

가속기 구동 미임계로의 개발에는 고에너지 입자에 의한 핵파쇄 반응으로 발생하는 중성자의 수, 에너지, 각도 분포를 정확히 알아 둘 필요가 있다. 현재 이들 물리량은 계산 코드를 이용하여 이미 몇 가지 알려져 있기는 하나 아직 계산 정밀도는 불충분하며 몇 안 되는 실험 데이터와의 불일치가 지적되고 있다. 또한 20MeV를 넘는 고에너지 중성자가 일으키는 핵반응에 대해서도 실험 데이터가 매우 부족하고 중성자의 수송 현상을 계산할 때에 필요한 핵반응 단면적 등이 정비되어 있지 않고, 또한 그들의 정밀도도 그다지 높지 않으므로 충분한 설계가 이뤄진 상황이라고 할 수 없다. 고에너지 중성자의 발생에서부터 수송 현상까지를 좋은 정밀도로 취급할 수 있는 계산 코드를 작성하기 위해서는 실험 데이터의 취득이 필요하다.

또한 현재 강력한 핵파쇄 중성자원 개발에 있어서의 애로사항은 가속기 표적부의 설계이다. 가속기 표적부의 개요를 그림 5.4에 나타낸다. 대전류·고에너지의 가속 입자가 표적핵에 맞아서 핵파쇄 반응을 일으키므로 표적부에서는 고밀도의 열이 발생함과 동시에 대강도의 방사선에 노출된다. 또 우리가 알고 있는 바와 같이 가속기 내부는 진공으로 유지하지 않으면 안 되므로 가속 입자는 표적에 입사하기 전에 진공을 유지하기 위하여 준비된 창(window)을 통과하지 않으면 안 된다. 이 창도 표적 자신과 유사한 상황에 놓인다. 그곳에서 발생하는 열을 제거하고 또 표적으로서의 기능을 유지하는 것은 쉬운 일이 아니다. 열 제거에 성공해도 극도의 방사선 손

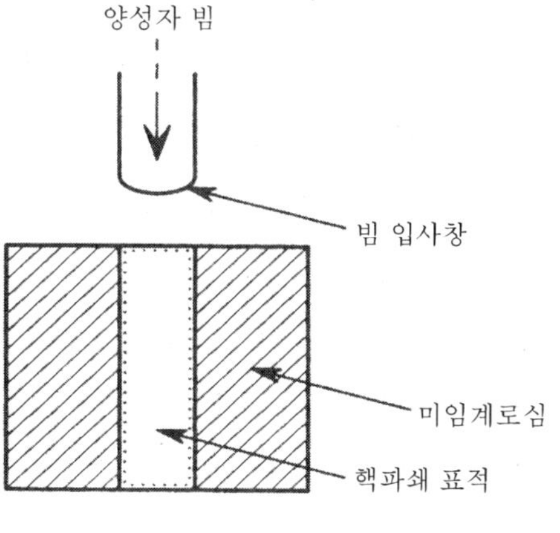


**그림 5.4** 가속기 표적부의 개략적 그림

상을 일으키게 되면 자주 표적부를 교체할 필요가 있어 시스템의 보수 관리가 곤란하다.

따라서 대강도의 핵파쇄 중성자원에서 고체표적을 사용하는 것은 어렵고 액체금속표적 등을 사용하는 것이 고려되고 있다. 그러나 액체금속을 사용할 경우 방사성 핵파쇄 생성물이 열 제거 루프(loop)를 순환하게 되므로 안전한 취급 방법을 확립해야 한다.

### (4) 임계로와 미임계로

우리가 아는 바와 같이, 원자로 내에서 활발하게 일어나고 있는 핵분열 반응은 중성자에 의한 것이다. 이 핵분열 반응으로 큰 에너지가 방출됨과 동시에 핵분열마다 여러 개의 중성자가 발생되어 차례차례로 핵분열 반응을 일으킨다. 이것이 핵분열 연쇄반응이며, 원자로에서는 중성자의 수를 제어하여 연쇄반응을 제어하고 핵분열 에너지 혹은 핵분열 중성자를 빼내서 다양하게 사용된다.

원자로물리학에서는 핵분열 연쇄반응의 상태를 나타내기 위해서 실효 증배율 $k_{eff}$라는 물리량을 자주 이용한다. $k_{eff}$의 물리적인 의미는, 1회의 핵분열로 발생하는 다수의 중성자 가운데 연속 핵분열을 일으키는 중성자의 수라고 할 수 있다. 이 $k_{eff}$를 이용하면, 어느 시점에서 $N_f$개의 핵분열이 일어났다고 하면 다음에 일어나는 핵분열의 수는 $N_f \times k_{eff}$가 되고, 그 다음은 $N_f \times k_{eff} \times k_{eff}$, ……로 나타낼 수 있다.

다시 말하면 $k_{eff}$가 1인 임계상태에서는 아무리 시간이 경과해도 $N_f$개의 핵분열이 계속 일어나고 연쇄 반응이 지속된다. 한편 $k_{eff}$가 1보다 큰 초임계 상태에서는 핵분열 수는 기하급수적으로 늘어나 출력이 지수함수적으로 계속 증가한다. 한편 $k_{eff}$가 1보다 적은 미임계 상태에서는 핵분열 수는 지수 함수적으로 점점 감소하여 이윽고 연쇄 반응이 정지해버리고 만다. 덧붙여 말하면 어떠한 형식의 원자로라 해도 바로 이 원리에 의해서 원자로는 미임계 상태로 되어 정지한다.

현재의 원자로는 일정한 출력으로 운전되고 있을 때 $k_{eff}=1$인 임계 상태에 있고, 외부에서 중성자를 공급하지 않아도 핵분열 반응의 수의 시간적 변화가 없고, 원자로 내에서 중성자의 생성과 소멸이 균형 잡혀 있다.

그런데 일정한 출력을 유지할 수 있는 원자로 상태에서는, 미임계 상태의 원자로에 외부에서 중성자를 계속 공급함으로써 실현할 수 있다. 조금 전에 기술한 바와 같이, 미임계로에서는 $k_{eff}<1$이고 그대로는 핵분열 연쇄반응이 정지해 버리지만 외부에서 중성자를 계속 공급하면 원자로 내에서 중성자의 (공급량+생성량)과 소멸량과의 균형 상태를 이루어 출력을 정상 상태로 유지할 수 있다.

현재의 원자로는 정상 상태에 있는 출력을 변경할 때 제어봉 등을 조작해서 겨우 초임계 상태로 만들어 핵분열의 연쇄 반응을 촉진시킨 후 다시 임계 상태로 되돌려서 높은 정상 출력상태를 실현한다. 또 낮은 정상 출력 상태로 하기 위해서는 겨우 미임계 상태로 해서 핵분열 연쇄반응을 억제한 후에 재차 임계 상태로 되돌리고 있다. 한편 미임계로의 출력은 1)외부 중성자원의 강도, 즉 단위시간당 외부에서 공급되는 중성자수 $N_s$, 2) 원자로의 $k_{eff}$에 의해서 결정된다. 따라서 미임계로 출력을 정상 상태로 유지하기 위해서는 $N_s$와 $k_{eff}$를 일정한 상태로 유지하고, 미임계로의 출력을 변경할 때에는 $N_s$ 혹은 $k_{eff}$의 값을 변경하면 된다.

현재 일본에서는, 정기 검사와 다음의 정기 검사 사이의 발전용 원자로는 약 1년간 운전을 계속하는 것이 통례이고 이 기간을 2년 정도로 연장하는 일도 진지하게 검토되고 있다. 그러나 현행의 가속기는 아직 이 단계에 이르지 못 하고 있고 대전류의 고에너지 가속기를 장시간 안정적으로 동작시키는 일은 매우 어렵다.

그러나 어떤 상태가 되더라도 원자로를 확실하게 미임계 상태로 유지할 수 있고 또한 $k_{eff}$값을 일정하게 유지할 수 있다면 원자로의 제어계가 불필요하게 되며, 큰 구조적 장점이 있다고 생각되나 운전 기간 중 이러한 상태로 계속 유지하는 일은 쉬운 일이 아니다. 연료가 연소하는 기간 동안 $k_{eff}$값을 일정하게 유지하는 일은 상당한 방법을 고안해내지 않는 한 어렵다.

또한 미임계 상태의 원자로에 중성자원을 넣으면 원자로물리학적으로는 중성자의 수가 중성자원으로부터의 거리가 늘어남과 동시에 지수함수적으로 감소하는 것으로 알려져 있다. 더욱이 미임계의 정도가 커져서 $k_{eff}$값이 적어지면 적어질수록 감소하는 정도는 크다. 참고로, 원연의 TCA에서 연료장하(裝荷)개수(個數)를 변화시켜서 미임계도를 변화시키고 노심 하부에 중성자원을 배치해서 수직 방향의 중성자속 분포를 측정한 예를 그림 5.5에 나타낸다[5].

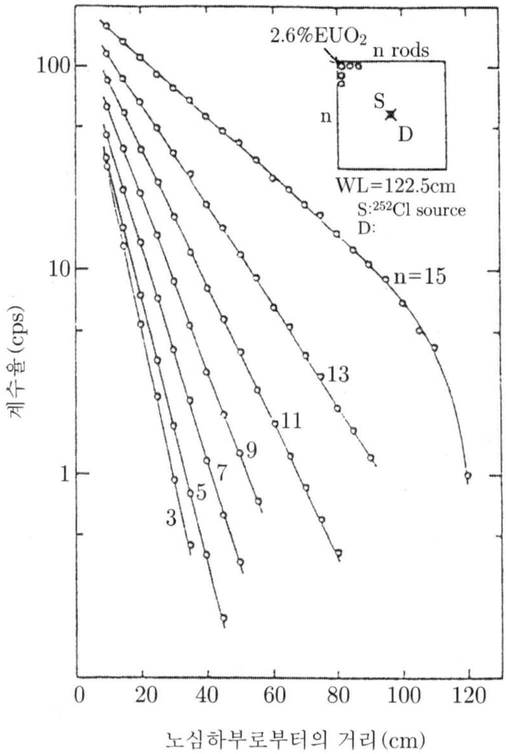


**그림 5.5** 일본 원연 TCA에 있어서, n×n개의 2.6% 농축 산화 우라늄 연료봉으로 구성한 노심 하부에 $^{252}$Cf선원을 설치하여 수직방향으로 검출기를 이동하면서 측정한 중성자 계수율

이와 같은 상태가 되면 핵분열 에너지의 발생 분포에 hot spot이 나타나 원자력 시스템 전체의 출력을 올릴 수 없다는 제약이 발생한다.

이 문제를 피하기 위해서는 $k_{eff}$값을 1에 가깝게 하지 않으면 안 되지만 그렇게 하면 임계 상태에 가까워지게 되고, 초임계 상태에 이를 위험까지의 여유가 적어지게 된다. 한편 $k_{eff}$값을 1에 가깝게 하면 미임계로에서의 중성자 증배가 늘어 가속기 중성자원에의 부담을 줄일 수 있다.

이상의 사실로부터 가속기 구동 미임계로의 실용화를 위해서는 $k_{eff}$값을 최적화할 필요가 있다. 또한 hot spot의 문제를 해소하기 위해서는 연료 그 자체가 냉각재 역할을 겸하는 용융염 연료를 이용하는 일도 고려되고 있다. 용융염 연료는 가속기 표적으로도 될 수 있고, 연속 재처리도 가능하다고 생각되고 있지만 강한 방사능을 가진 핵파쇄 생성물이나 핵분열 생성물이 냉각 루프 내를 순환하므로 실용화를 향해서는 많은 장벽을 넘지 않으면 안 된다.

게다가 가속기중성자원에서 발생하는 중성자의 에너지 분포와 미임계로 내에서의 중성자의 에너지 분포에 차이가 있을 경우 미임계로의 중성자 증배 효율이 단순히 $k_{eff}$값으로 예상한 것과는 다를 가능성이 있다. 즉 앞에 기술한 단순한 이론에서는 미임계로 내의 중성자는 $\{1/(1-k_{eff})\}$배가 되는 것으로 예상되지만 이것은 어디까지나 임계로 중에 입사하는 중성자의 에너지 분포와 미임계로 내의 중성자의 에너지 분포가 같은 경우에 성립되는 이야기이다.

또한 미임계로 내의 중성자 스펙트럼은 미임계로라 해도 중성자는 증배되므로 (예를 들어, 앞의 근사식에 따르면 $k_{eff}=0.9$일 경우 10배가 된다.) 중성자원의 중성자 에너지에 그다지 영향 받지 않고, 대략 미임계로 고유의 스펙트럼으로 된다. 그렇지만 방사선 차폐의 관점에서 볼 때 근소하게라도 고에너지의 중성자가 혼입해 있으면 주의하지 않으면 안 된다. 또 이 시스템을 운전할 때에는 미임계로의 $k_{eff}$값을 정확한 측정과 그 방법의 확립이 반드시 필요하다.

가속기 구동 임계로에 대해서는 이제 연구 개발의 단서를 겨우 찾은 것에 불과하며, 그 외에도 아직 많은 해명 혹은 해결해야 할 문제가 남겨져 있다.

원자로물리학 실험에서는 오래전부터 펄스 중성자원에서 발생시킨 중성자를 미임계로에 쏘아 넣어 중성자의 시간적 감쇠의 양상을 측정해서 미임계로 등을 구하는 일을 연구하여 왔다. 그것들을 가속기 구동 미임계로의 모형이라 생각할 수 없는 것도 아니지만 지금 생각되고 있는 가속기 구동 원자력 시스템과 크게 다른 점은 그 출력이다. 원자로물리 실험은 제로 출력으로 행하여지고 있었다. 가속기 구동 원자력 시스템의 경우 상당한 출력을 낼 것이 요구되고 있으므로 제로 출력 상태에서는 문제로 되지 않았던 출력 분포가 큰 문제가 된다. 이제까지 출력 노를 의식한 미임계로 실험이 전혀 없었다고 해도 좋고 가속기 구동 미임계로의 개발에 있어서는 단계적으로 착실히 진행하는 일이 무엇보다도 필요하다고 생각된다.

## 2. 소멸 처리

현재 일본의 원자력 발전은 설비 용량에서 30%를 넘고, 발전량에서는 40%를 넘고 있어서 국민 생활에 필수적인 것으로 되어 있다. 원자력발전소를 운전하면 우라늄 등의 핵연료가 연소(핵분열 반응)하며, 그 연료 중에는 단수명이나 장수명의 방사성 핵종으로 이루어지는 핵분열 생성물(FP)이나 초우라늄 원소(TRU : Pu, Np, Am, Cm 등)가 생성된다. 그와 같은 연소 후의 연료를 사용 후 연료라 부른다. 사용 후 연료는 재처리에 의해서 타다 남은 우라늄과 플루토늄이 회수되어 연료로 가공하여 리사이클 된다. 그러나 재처리하는 과정에서 나오는 FP와 Minor Actinides (MA : Np, Am, Cm) 및 그들에 부수하는 극히 소량의 플루토늄과 우라늄이 폐기물로 배출된다. 이를 고준위 방사성 폐기물(HLW)이라 부른다.

이 HLW를 어떻게 처리 처분하는가가 원자력 개발을 추진하는 데에 현재 가장 중요한 과제이다. 일본에서는 HLW에 대해서는 유리 고화 처리한 후 깊은 지층에 매설 처분하는 방침을 취하고 있다. 그러나 HLW의 자원화와 처분에 수반되는 환경에의 부하를 줄이는 관점에서 군(群)분리・소멸처리 기술개발 장기계획(오메가 계획)을 세워서 1988년 이래 연구 개발을 진행하고 있다.

소멸처리에 대해서는 고속로의 도입을 전제로 한 선진적 고속로 리사이클 시스템 개념과 소멸처리 전용의 전소로(專燒爐)를 개발할 소멸 전용 사이클 개념(계층 핵연료 사이클 개념)[6]이 고려되고 있다. 그리고 전소로는 전소 고속로[7]와 가속기 구동 전소로[8]가 제안되고 있다. 가속기 구동로는 미임계 노심이기 때문에 안전성과 설계의 자유도 면에서 우수해서 일본을 비롯한 세계 각국에서 연구개발이 추진되고 있다[9, 10].

여기서는 원연이 진행하고 있는 소멸처리 연구개발의 현황을 중심으로 소개한다. 계층핵연료 사이클 개념의 확립을 목표로 높은 소멸 효율을 가지며, 또한 컴팩트한 연료 사이클 시스템으로 이루어지는 소멸처리 전용시스템으로 가속기 구동 소멸처리로의 설계, 질화물 연료개발, 핵데이터 및 코드 개발, 대강도 양성자가속기의 개발 등의 연구 내용과 성과, 그리고 향후 과제에 대하여 기술한다.

### (1) 장수명 방사성 핵종의 소멸처리 사이클

소멸처리 사이클은 크게 분류해서 선진적 고속로 사이클 개념과 계층 핵연료 사이클 개념이 있다는 것은 이미 기술하였으며, 그 차이점을 그림 5.6에 나타낸다. 선진적 고속로 사이클은 고속로의 본격적인 도입을 전제로 하는 것으로 장수명 방사성 핵종을 고속로 전체 시스템 내에서 리사이클하여 소멸시킨다. 이에 비해서 계층 핵연료 사이클 개념의 기본적인 생각은 군분리 · 소멸처리와 상업 사이클로 나누어 소멸처리를 모두 독립 사이클로 행하는 것이다.

군분리 · 소멸처리 연구의 목적은, HLW 내의 긴 반감기 핵종의 양을 줄임으로써 HLW의 최종 처분에 수반되는 장기간에 걸친 위험을 줄임과 동시에 지층 처분의 부

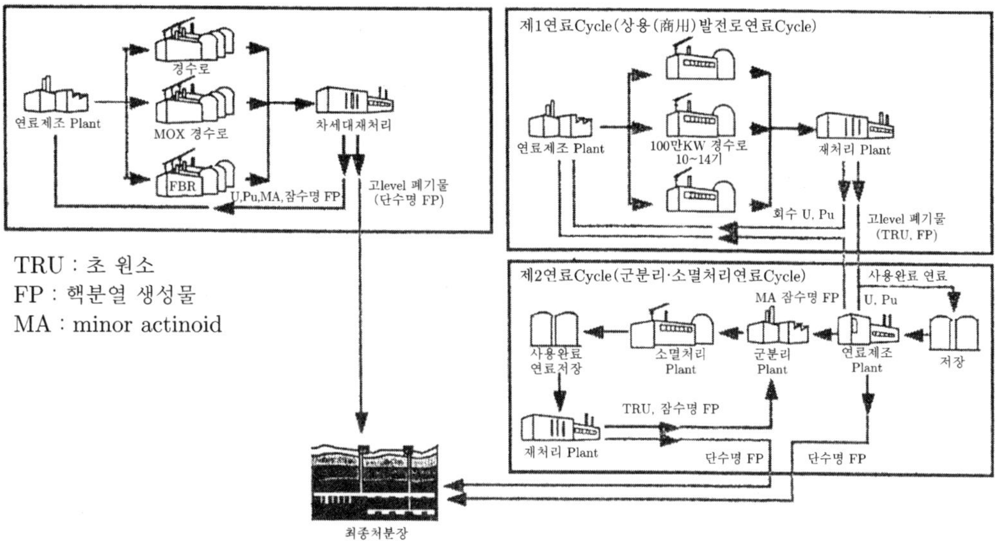


선진핵연료사이클 개념

- 발전로를 이용한 소멸처리
- MA소멸 처리에는 발전로(고속로)를 이용한다.
- PUREX 재처리법을 개량해서 U나 Pu와 더불어 MA도 분해
- 사이클 기구, 전중연(電中硏), 프랑스 등은 이 방식을 연구

계층핵연료사이클 개념

- 발전료 연료사이클에 군분리 · 소멸처리 사이클을 부설
- 발전로 연료사이클의 재처리 폐액에서 MA나 장수명 핵종을 회수
- 소멸처리 전용시스템(가속기구동 미임계로나 전소로)을 이용한 소멸처리
- 원연의 제안
  프랑스는 수퍼페닉스 방기 결정 후 이 방식으로.

**그림 5.6** 군분리 · 소멸처리를 도입한 핵연료 사이클 ; 선진적 핵연료사이클과 계층 핵연료사이클 개념의 비교

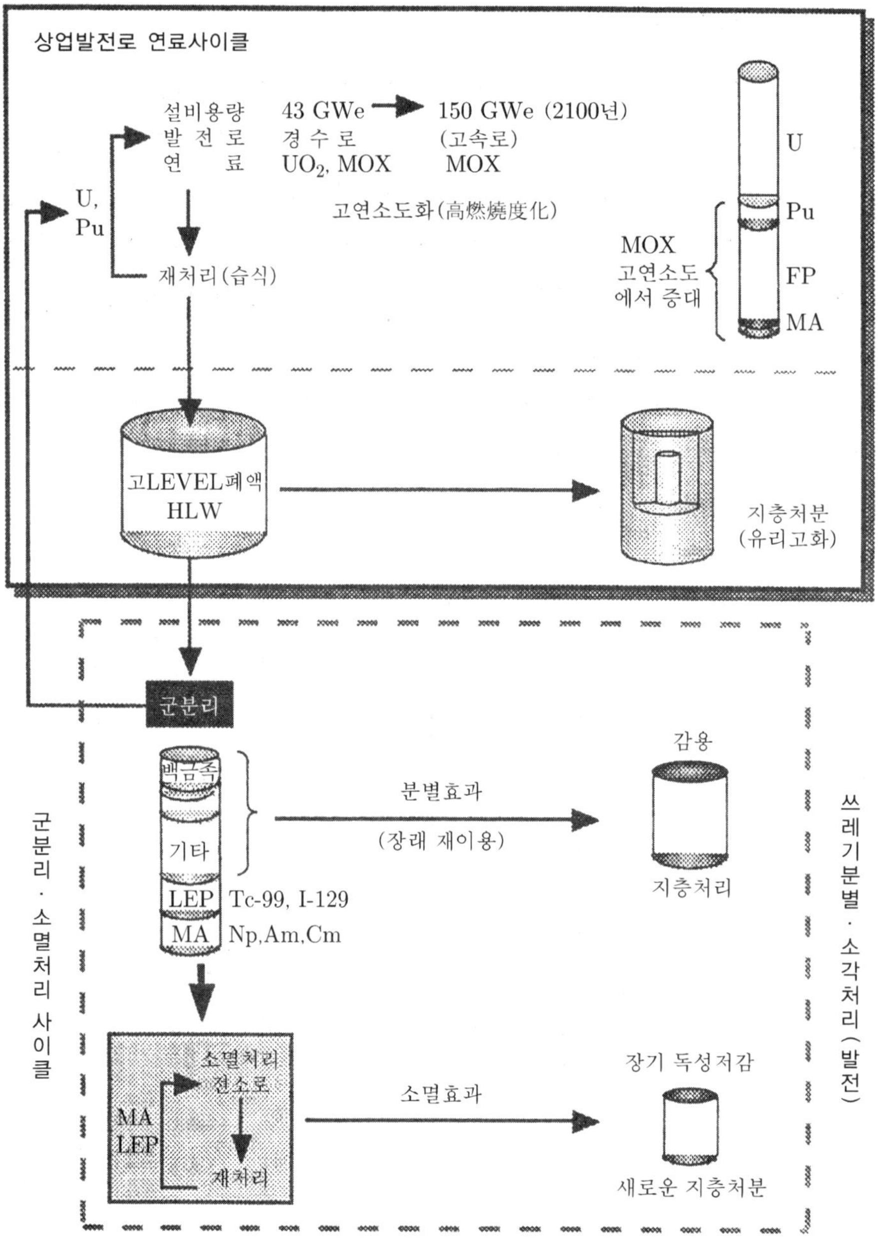


**그림 5.7** 현재의 핵연료 사이클과 소멸처리 사이클과의 고준위 폐기물처리의 차이.

담을 경감하는 일에 있다. 그 대상 핵종은 Minor Actinides (MA: Np-237, Am, Cm) 및 장수명 핵분열 생성 핵종(LLEP : Tc-99, I-129)인데, 그들은 장기적(長期的) 독성, 지층 처분의 부담 경감, 공학적 실현성 등의 관점에서 선정되었다.

이 군분리·소멸처리 시스템을 조금 쉽게 설명하면 그림 5.7과 같다. 군분리 기술이란 HLW를 소멸대상 핵종, 자원화 가능성 핵종 및 다른 그룹 무리로 분리하는 것이고, 소위 쓰레기의 분리·부피 줄임에 대응하는 기술이다. 이 분류에 의하여 폐기물의 양은 약1/10로 부피가 감소하는 것으로 예상되고 있다. 또 소멸처리 시스템은 타는 쓰레기(MA)와 타지 않는 쓰레기(LLFP)를 함께 연소시켜 이들이 갖는 장기적 독성을 2자리수 이상 줄이는 것으로 예상되고 있으며, 따라서 그 때의 발생열을 이용한 발전(發電)시스템이다.

### (2) HLW의 장기적인 방사성 독성

여러 가지 방사성 물질로 된 HLW의 위험도를 평가하는 하나의 방법으로서, 그 핵종이 가진 방사능(Bq)을 연(年)간 섭취한도(ALI) 단위로 표시할 수 있다. 이는 독성 지표라 불린다. 연간 섭취한도는 국제방사선방호위원회(ICRP)가 방사성 물질이 인체에 미치는 위험성을 고려하여 권고하고 있는 것이다. HLW의 방사성 독성의 시간적 변화를 그림 5.8에 나타낸다. 최초 100년간은 핵분열 생성물(FP), 특히 Sr-90과 Cs-137에 의한 독성이 대부분을 차지하고 있다. 그러나 500년 이후 독성의 대부분은 MA와 LLFP에 의한 것으로 특히 MA는 붕괴를 되풀이해서 Pu, U, Th 등으로 변해가므로 오랜 동안 독성이 쉽게 감소하지 않는다. 한편 그림 5.9에는 이들 MA 및 LLFP가 소멸한 경우 독성의 변화를 나타내고 있다. 99.5% 소멸인 경우, 약 500년부터 1,000년 후의 독성은 천연 우라늄과 동등한 수준이 되고, 99.9% 소멸인 경우에는 300년 후 동등하게 된다. 따라서 지층 처분에의 부담은 크게 경감됨을 알 수 있다.

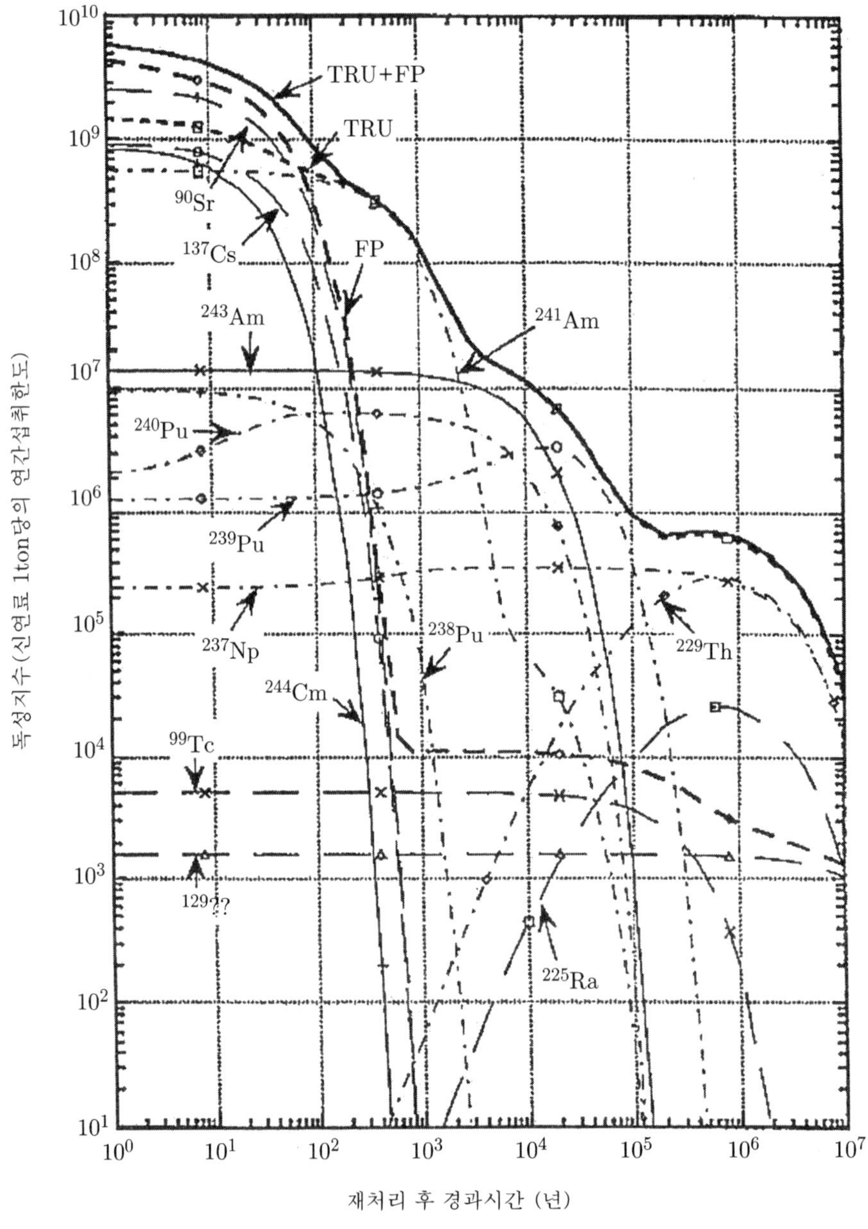


100만kW급의 경수로 (PWR) 형원자력발전소에서 취한 평균 사용후연료 (U금속 1ton당의 고준위 폐기물)

- 사용후연료 : 연소도 33GWD/t(HM) 3년냉각
- 재처리효율 (U, Pu회수율) : 99.5%

**그림 5.8** 고준위 폐기물의 방사성 독성의 시간변화

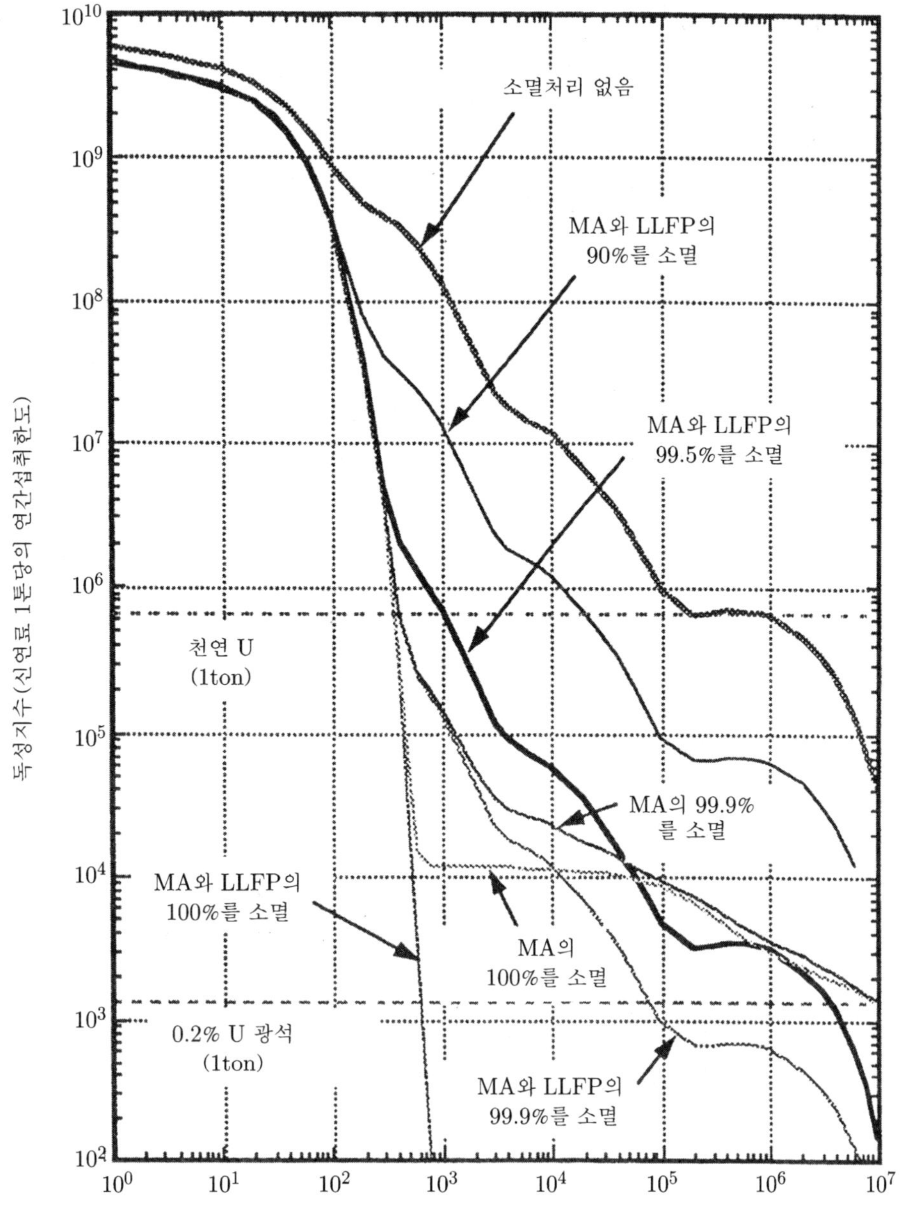


LLFP : 반감기가 30년이상인 핵분열생성물
· 사용후연료 : 연소도 33GWD/MT, 3년냉각
· 재처리 : U, Pu의 회수율 99.9%

**그림 5.9** 소멸처리에 의한 고준위 폐기물의 방사성 독성의 저감

### (3) 소멸처리 전용 시스템

소멸처리 시스템에 부가되는 조건은 소멸처리 속도와 소멸처리량이 충분이 크고 에너지균형이 성립되며, 또한 발전로 시스템과의 경제적 정합성이다. 또 소멸 대상 핵종을 1회의 조사로 소멸시키는 일은 어렵기 때문에 여러 번의 사이클이 필요하고 또한 각 단계에서의 소멸률과 회수율이 문제가 된다.

따라서 MA를 직접 핵분열시키기 위해서는 중성자 스펙트럼이 유리하고, 또 새롭게 생성되는 MA의 양을 억제하기 위해서는 우라늄을 포함하지 않는 MA를 주로 하는 연료를 이용한 전소로(專燒爐) 시스템이 바람직하다. 이들 조건을 만족하는 것으로서 가속기 구동 미임계 전소로 시스템(ADS)의 연구개발이 진행되고 있다(그림 5.10).

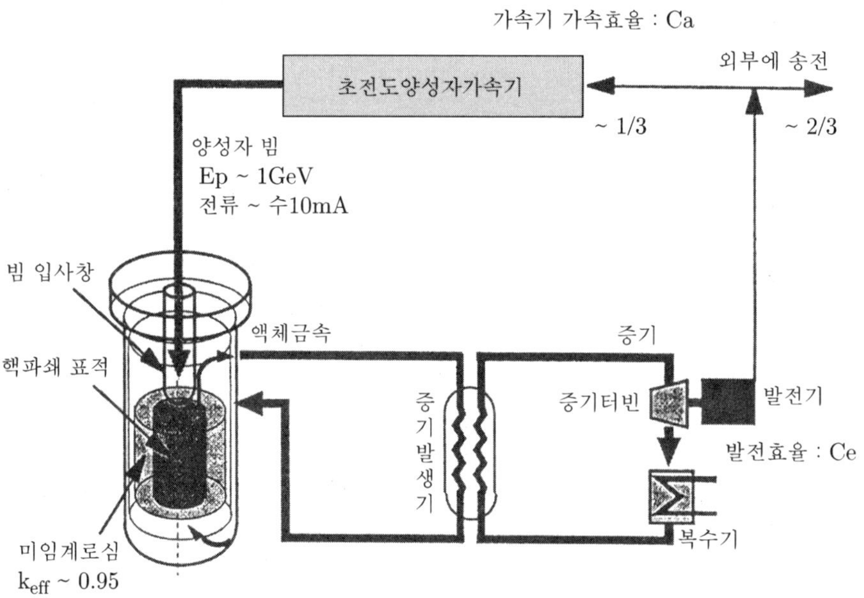


왜, 가속기 구동 시스템 인가

외부중성자원에 의한 제어

→ 안전성의 향상
 · 반응도사고에 대한 여유가 크다

→ 설계의 자유도가 크다
 연료조성의 자유도가 크다

MA소멸처리성능

· 열출력 800Mw 노심
· 연간 당 250kg의 MA소멸
· 현행경수로 10기분에 상당

**그림 5.10** 가속기 구동 미임계로 시스템의 개념

양성자가속기, 핵파쇄 표적, 미임계 MA연소로심을 조합한 하이브리드 시스템에서는 핵파쇄 중성자를 노심에 투입하여 MA를 핵분열시켜 소멸처리하고자 하는 것이다. 노심은 중심에 표적 영역이 있고 그 주위에 MA를 주성분으로 하는 질화물 연료 집합체가 배치되어 있다. 노심이 가진 중성자 증배계수 즉 증배율(k)은 0.90~0.95 정도이고 미임계 상태에 머물도록 설계되어 있다. 1GeV까지 가속된 양성자가 표적 영역에 입사되면 중금속으로 된 표적 재료(Pb-Bi)와의 핵파쇄 반응에 의하여 양성자당 약 30개의 중성자가 발생한다. 이 중성자가 연료 영역에서 MA핵종의 핵분열 반응을 일으킨다. 그 결과 MA는 소멸하고 에너지는 방출된다. 따라서 이 시스템에서는 양성자 빔을 정지시키기만 하면 핵분열 반응은 즉시 없어지고 노의 출력은 붕괴열을 제외하고 0이 된다.

현재 경수로의 10기분 이상의 사용 후 연료에서 얻어지는 MA를 처리할 능력을 가진 가속기 구동 원자력 시스템(ADS)의 노설계가 이미 되어 있다. 여기에는 Pb-Bi 냉각형과 Na 냉각형이 있으며[11, 12] 그 주요 노심 성능을 표 5.1에 나타낸다. MA 소멸량은 연간 250kg이고 그것은 10기의 경수로에 대응한다(33GWd/t 연소의 PWR, 5년간 냉각시의 MA양).

Tc-99와 I-129의 소멸에 대해서는 ADS의 반사체 영역에 Tc 금속과 NaI화합물을 중성자 감속재($ZrH_2$)와 더불어 장전한 경우를 검토한 결과로부터 연간 소멸량은 Tc-99가 44kg, I-129가 6kg이고, 이들은 현행 경수로의 연간당(當) 생성량의 약 1.8 및 1.2기분에 해당된다.

ADS의 냉각 방식에 관해서는 이제까지의 고속로 개발에서 풍부한 경험이 있는 Na 냉각을 제1 후보로 하고 있는데, 빈공간 계수, 나트륨 화재, 경제성 등을 고려하면 Pb-Bi 냉각도 매우 유망하고, 유렵이나 미국의 검토에서는 Pb-Bi 냉각 방식이 주류로 되어 있다. 향후 러시아에서의 경험이나 ISTC(러시아 지원을 위한 국제과학기술 센터)하에서의 실험으로부터 데이터를 축적해서 이 방식의 채택 여부를 판단할 필요가 있을 것이다.

한편 I-129, Tc-99의 소멸처리에 대한 검토는 불충분하고 표적 재료의 선택을 포함하여 보다 많은 검토가 필요하다. 특히 I-129는 재처리 시설과 관련하여 시급한 검토가 필요하다.

**표 5.1** Na 및 Pb-Bi 냉각형 가속기 구동 소멸처리로의 성능

| | Na<br>MA 소멸처리<br>시스템 | Pb-BI<br>MA 소멸처리<br>시스템 | Pb-BI<br>MA(FP) 소멸처리<br>시스템 |
|---|---|---|---|
| 표적 | tungsten | Bi | |
| 표적 크기 | 50cm$\phi$×85cm$H$ | 50cm$\phi$×100cm$H$ | |
| 노심 크기 | 184cm$\phi$×85cm$H$ | 244cm$\phi$×100cm$H$ | |
| 연료 · 소멸 핵종 Inventory (kg)<br>(MA/Pu/FP) | 1950/1300/ - | 2500/1860/ - | 2500/1860/1000 |
| MA 동위체 구성비(%)<br>($^{237}$Pu/$^{241}$Am/$^{243}$Am/$^{243}$Cm/$^{244}$Cm/$^{245}$Cm/) | 56.18/26.40/12.00/0.03/5.11/0.28 | | |
| Pu 동위체 구성비(%)<br>($^{238}$Pu, $^{239}$Pu, $^{240}$Pu, $^{241}$Pu, $^{242}$Pu) | 1.57/49.51/35.78/8.49/4.65 | | |
| 노심 실효 배계수 (초기/최대/최소) | 0.93/0.94/0.90 | 0.95/0.95/0.94 | 0.93/0.93/0.92 |
| 냉각재 void 반응도 (%Δk/k) | +4.5 | −4.8 | −7.1 |
| Doppler 계수 (T · dk/dT) | $-2.2\times10^{-4}$ | $-3.7\times10^{-4}$ | |
| 열출력 (MW) | 820 | | |
| (kg/y) (MA/FP) | 250/ - | | 250/40 |
| (MW/m$^3$) ( / ) | 550/380 | 310/180 | 340/180 |
| (℃) (입구/출구) | 330/430 | | |
| (m/s) | 8 | 2 | |

소멸처리용의 미임계로심 및 핵파쇄 표적의 설계연구에는 minor actinides의 핵 데이터 및 고에너지 영역의 핵 데이터의 측정과 정비, 나아가서는 플랜트 설계 코드 개발과 정비가 필요하다. 이 때문에 핵설계 데이터 기초로서 JEND L-actinides file (89핵종) 및 고에너지 핵 데이터 file (122핵종)의 정비 및 고에너지 핵자 · 중간자 수송 코드 NMTC/JAERI, ADS 설계 코드 ATRAS, 동적특성 해석 코드 등의 개발과 정비가 이루어지고 있다.

### (4) 소멸처리 대상 핵종의 분리 · 회수 (군분리 프로세스의 연구)

MA나 LLFP를 소멸처리하기 위해서는 이들 원소를 HLW폐액에서 분리 · 회수하는 것이 필요하다. 이 기술을 군(群)분리 프로세스라 한다. 군분리의 가장 중요 과제인 초우라늄원소 군분리의 경우 고준위 폐액에서의 회수율 99.95%가 실험적으로 확인되고 있다[13]. 또 군분리 프로세스 전체를 통해서의 물질의 유통량을 구해서 제품의 순도나 고화(固化)체의 양, 폐기물 발생량 등을 추정하고 있다(그림 4.11).

4군 군분리 후의 고화체의 성상과 그 후의 처리

사용완료연료 (33GWd/t) 1ton 당

| 군 | 주요핵종 또는 원소 | 고화체형태 | 체적 (ℓ) | 발열밀도 (W/ℓ) | 군분리후 처리 | 최대중간저장량[2] |
|---|---|---|---|---|---|---|
| 초우라늄 원소군 | Np-237, Am-241 | 산화물 | 0.09 | | 소멸처리 | |
| Tc · Pt 백금 족 원소군 | Tc-99, Ru, Rh, Pd | 금속 | 0.39 | | 유효처리 Tc:소멸처리 | |
| Sr-Cs 군 | Sr-90 Cs-137 | 무기 이온 교환체-소성체 | 14 | 8.2 50년 후 1.9 | 중간저장 →처분 | $336m^3$ |
| 기타의 원소군 | Zr, Mo, Fe 희토류 원소 | 유리 고화체 (산화물 함유율 30%) | 31 | 6.1 5년 후 1.7 | 중간저장 →처분 | $124m^3$ |
| 4군 고화체 총량 | | | 46 | | | |
| 군분리 없을 때의 고화체량 | | 유리고화체 (산화물 함유율 30%) | 150 | 10.0 50년 후 1.8 | 중간저장 →처분 | $3,600m^3$ |
| 군분리 후 2차폐기물 | 초산 Na 인산 Ca | 시멘트 고화체 (함유율40%) | 330[1] | | 천지층처분 | |

1) 군분리 후 2차폐기물의 양은 재처리에 의해서 발생하는 2차 폐기물의 약1/5이다.
2) 800t/y의 재처리 플랜트 및 그에 부수하는 군분리 플랜트를 30년간 운전한 경우 기타의 원소군은 5년간 저장하는 것으로 한다.

**그림 5.11** 고준위 폐기물의 군분리에 의한 고화체의 성상과 폐기물량의 감용효과

### (5) 연료/연료 사이클 기술 개발

MA 소멸처리 시스템에서 질화물 연료는 다음과 같은 이유에서 선택된다.

질화물은 금속에 견줄만한 고밀도 연료가 될 수 있어 단단한 중성자 스펙트럼을 실현할 수 있다. Actinides 질화물은 결정학적으로 서로 유사해서 균일한 혼합 연료가 된다. 융점이나 열전도가 높고, 높은 출력 밀도라도 연료 온도는 낮다. 피복관의 부담이 적은 연료 요소가 실현되고 화학적 양립성도 좋다. 건식 재처리와의 조합으로 고가인 N-15의 재이용도 쉽다. 단, 아직 AmN의 데이터가 불충분하기 때문에 AmN 소결시 Am의 증발 손실이 염려된다.

이들 질화물 연료 사이클 연구에 의해서 소멸처리 연료 사이클 개념이 구축되어 있다(그림 5.12).

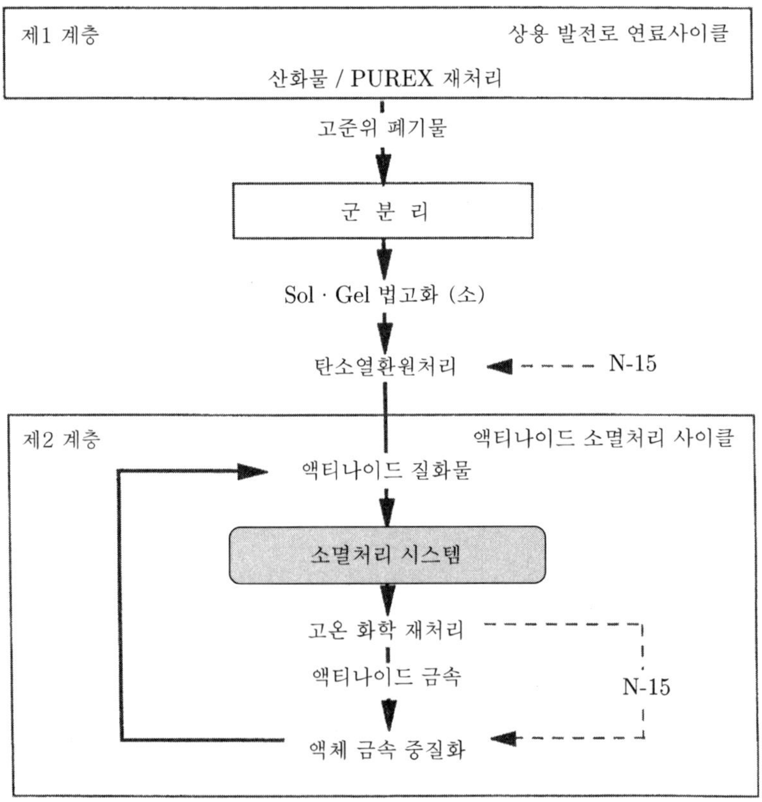


**그림 5.12** 질화물 연료에 의한 소멸처리 연료사이클 시스템 개념

### (6) 양성자 가속기 개발

가속기 구동 하이브리드 시스템에 필요한 대강도 양성자가속기의 개발은 원연의 중성자과학 연구계획 하에서 진행되고 있다(그림 5.13).

1,000MWt-ADS의 시스템 개념 검토 결과에 의하면, 필요한 양성자가속기의 성능으로 양성자 에너지 약 1GeV, 전류 20~40mA이다.

이것은 기존 가속기의 20~40배인 대전류 가속기이다. 따라서 ADS개발을 위해서는 이와 같은 대전류 양성자가속기의 기술적 가능성 및 양성자가속기를 이용한 하이브리드 시스템의 실험적 연구가 필요하다.

이제까지 입사부 [이온원, 고주파 4중극 Linac (RFQ), Drift Tube Linac (DTL)]의 요소 기술 개발에 있어서 펄스모드 시험에 의하여 목표 값을 상회하는 성능을 실증하고, 대전류화의 전망을 얻고 있다. 또 초전도 공동(空洞) 개발에서는 목표 값을 초과한 표면 가속 전기장 강도를 실현하여 초전도 가속 기술 개발에 대한 전망을 밝게 하고 있다.

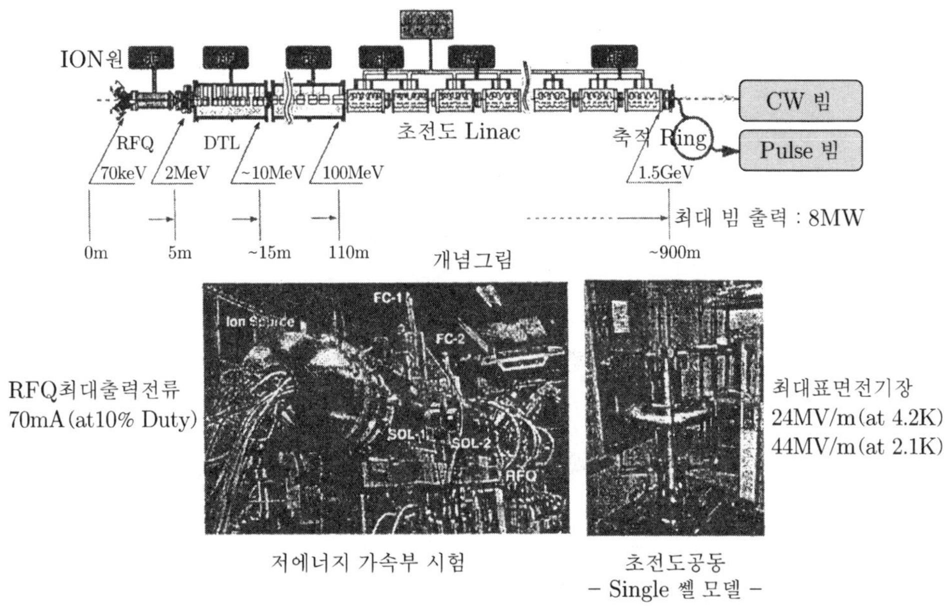


**그림 5.13** 대강도 가속기의 요소 기술개발의 현황

### (7) 앞으로의 과제

군(群)분리 기술 개발에 대해서는 실(實) 폐액 시험, 화학공학적 요소기술 개발 등의 프로세스 고도화 및 자원화에 관한 연구가 있다. 또한 실용화까지는 Sr-Cs 군(群)의 처리처분 기술의 개발, $\alpha$폐기물의 처리처분과 군(群)분리 기술과의 관계 등의 검토가 필요하다.

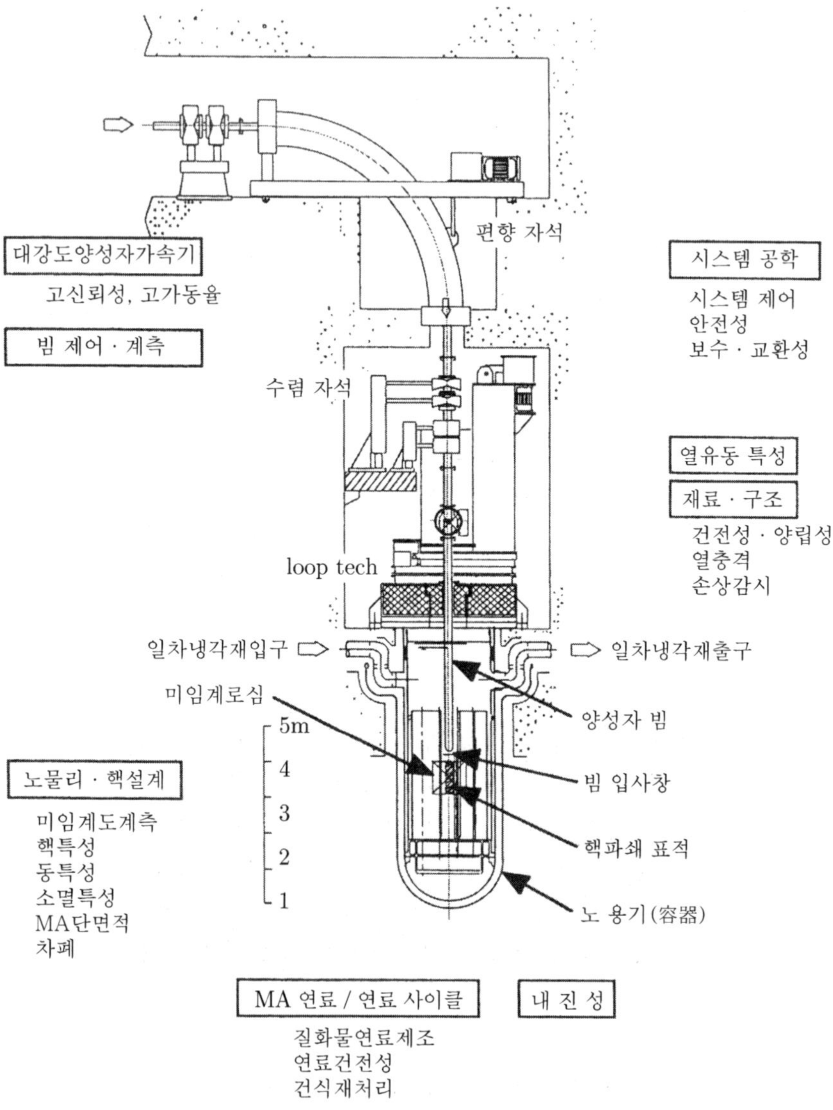


**그림 5.14** 가속기 구동 소멸처리 시스템의 기술과제

소멸 전용 시스템 개발에 있어서는 ADS의 냉각재(Na/Pb-Bi) 선택 및 다양한 (MA, LLFP) 조성 연료에 적응할 수 있는 노심의 검토, 핵설계 데이터기초를 한층 더 충실히 해서 최적의 노개념을 구축하지 않으면 안 된다. 또 미임계로 노물리 실험에 의한 핵데이터와 코드의 정밀도 검증 및 ADS 시스템 특유의 기술 과제인 빔창(window) 재료개발·설계, 표적 특성실험 및 zero 출력 가속기 구동로 운전 특성실험을 통한 소멸처리 실험시설을 건설하여 운전제어 시스템의 노공학 기술의 개발 및 실증을 하여야 된다.

질화물 연료 및 건식 분리 기술의 개발에 대해서는 N-15의 보다 경제적인 농축법 및 회수기술의 개발, AmN, CmN의 조제시험, MA연료 샘플시험제작 및 조사실험, MA질화물 연료의 전해 정제시험과 동시에 연료 pin 조사, 재가공기술 개발, 폐염 처리 기술 개발 등을 실시해서 기술적 타당성을 실증하는 일이 필요하다.

대강도 양성자 가속기 개발에 대해서는 빔 손실의 저감, 대전류화, 연속빔화 등을 꾀하고, 양성자 가속기의 제작·정리를 통하여 출력을 늘려가야 한다.

가속기 구동 미임계로 시스템개발에 필요한 개발과제를 정리하면 그림 5.14와 같이 된다.

### (8) 맺음말

이상을 정리해서 군(群)분리·소멸처리 시스템의 기술적 달성 상황 및 실용화까지의 개발 시나리오를 그림 5.15에 나타낸다.

향후 전개로 우선 가장 요구되고 취급하기 쉬운 I-129의 소멸실증을 실시하고, 다음에 군(群)분리 기술의 개발·실증에 의한 HLW의 처분량의 분별·감용화(減容化)를 실시하고, 마지막으로 MA 및 LLFP를 소멸처리해서 장기적 방사성 독성의 저감에 의한 지층 처분의 경감화와 합리화를 하게 될 것이다.

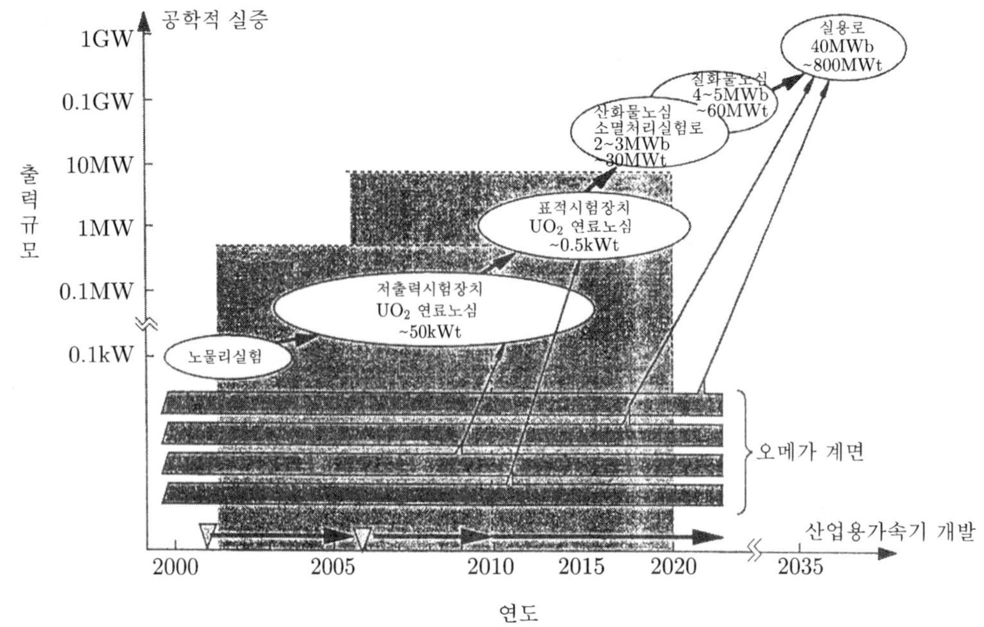


**그림 5.15** 가속기 구동 소멸처리 시스템의 개발 시나리오

## 3. 구상(構想)의 역사

고속증식로는 핵연료의 유효 이용을 목표로 오늘날까지 개발되어 왔다. 그 주요 형식은 Pu를 연료로 하고 Na를 냉각재로 하는 것인데, 경제성을 높이고자 원자로를 대형화하면 열출력이 상승해서 Na가 비등하고 빈공간이 형성되면 그만큼 중성자를 감속하기 어려워지고 따라서 에너지가 높은 중성자의 비율이 증가하고, 결과적으로 중성자 발생수가 증가한다. 이것이 소위 양(+)의 빈공간 계수이고, 원자로의 안전한 운전에 방해가 된다.

이것을 피하기 위해서는 노심을 작게 하든가 평평한 모양으로 해서 Na 빈공간이 발생했을 때 여분으로 생긴 중성자가 신속하게 노심 밖으로 빠져나가도록 설계한다. 그러나 그렇게 하면 중성자 경제가 나빠져 증식률이 내려가고 연료의 증식이 어려워 진다.

이제까지의 원자로는 모두 임계 상태에서 운전되고 있기 때문에 그 안전 운전을 확보하기 위해서 많은 제약이 있었다. 그러나 이 장에서 취급하는 가속기 구동 미임계로(이하 가속기로(爐)라 약칭함)에서는, 예컨대 빈공간 계수가 양(+)이라도 원자로가 미임계 상태에 있는 한 폭주의 위험이 없고 중성자 경제가 좋은 노(爐)를 설계할 수 있다. 또한 원자로가 미임계이기 때문에 임계로에 비하면 잉여의 중성자가 있으며, 그들을 연료 증식에 충당하든가 혹은 장수명의 분열생성 핵종(LLFP)의 소멸처리에 이용할 수 있다.

여기서는 그와 같은 가속기로의 구상의 역사를 뒤돌아보기로 한다.

미국이 핵무기를 생산할 목적으로 우라늄(U)광을 구하고자 했을 때에는 곧바로 국내에서 발견할 수 없었다. 따라서 가속기를 이용하여 핵물질을 생산하고자 MTA(Material Test Accelerator)를 계획했다. Lawrence의 지도하에 Lawrence Livermore 연구소에 있던 거울 시설의 부지 내에 전단(前段)가속기로서 7.5GeV, 30mA의 중양성자 가속기가 건설되었다. 그러나 국내에서 우라늄광이 발견되어 MTA계획은 중지되었다.

그 후 캐나다의 W. B. Lewis가 천연 우라늄을 연료로 하는 CANDU형 중수로를 위하여 가속기에서 생산한 핵연료를 부가함으로써 천연 우라늄의 이용 효율을 올리고자 하는 계획을 주장한 일이 있었다.

1977년 미국의 카터 정권은 핵확산을 방지하기 위하여 국제핵연료 사이클 평가(INFCE)를 주창했으며, 여기서 양성자가속기를 이용한 핵연료 생산이 제안되었다[14]. ANL(Argonne National Laboratory)에서는 Na를 표적과 냉각재에 이용한 고속중성자 미임계로, ORNL(Oak Ridge National Laboratory)에서는 용융염 연료의 표적과 노심을 가진 열중성자 미임계로, BNL(Brookheaven National Laboratory)에서는 그림 5.16에 나타낸 것과 같이, 액체 Pb의 jet 표적에 양성자를 입사해서 생성된 핵파쇄 중성자를 그 주위에 놓인 가란도리아관 내의 사용 후 경수로 연료봉에 흡수시켜 재생시키는 방식의 가속기로[15]가 제안되었다. 그것은 연료를 재처리하는 일 없이 3사이클까지 연소시킬 수가 있다고 한다.

필자는 BNL과 ORNL에서 연구 개발된 핵파쇄 코드 등을 이용해서 이들의 핵설계를 하였는데[16], 이들 미임계로의 경우 미임계도가 크고 그 때문에 대략 300MW 출력 이상의 양성자 가속기가 필요하다. 이 연구 결과는 마침내 일본에도 전해지고, 원연에서는 ORNL이 개발한 열중성자 용융염로를 가속기 구동 증식로로서 사용하

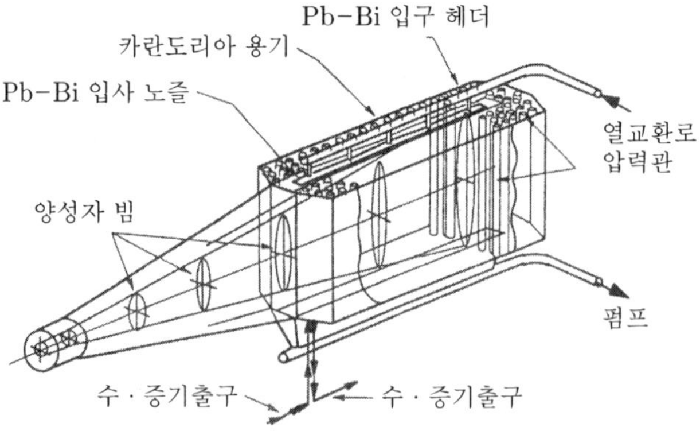


**그림 5.16** 1978년에 제안된 용융염 연료를 이용하는 가속기로의 개념 그림[15]

는 시스템의 연구가 추진되었다[17].

그 후 고준위 방사성 폐기물 처분이 문제가 되어, 그 대책의 일환으로 일본에서는 오메가 계획이란 이름하에 경수로가 고속로를 이용해서 MA의 소멸을 꾀하는 방식과 더불어 양성자를 직접 조사함으로써 핵파쇄에 의해서 MA를 소멸시키는 방식이 제안되어 검토되었다. 그러나 후자의 방식은 다량의 에너지를 필요로 하고 효율이 좋지 않아 그 연구는 중지되었다.

경수로에 의한 소멸에서 MA는 핵분열 반응에 의해서 소멸되지만, 중성자의 흡수 반응도 적고, 보다 큰 질량의 MA가 생기기 때문에 소멸 효율은 좋지 않다. 한편 강한 중성자 스펙트럼을 가진 고속로에서는, 산화물 연료에 MA를 첨가함으로써 중성자 스펙트럼은 한층 더 강해지고 핵분열 반응이 증가하고 효율 좋게 소멸된다. 그렇다고는 해도 MA를 다량으로 가하면 지발(遲發) 중성자수 및 Doppler계수가 작아져 노 내의 중성자 수명도 짧아지고, 또한 Na 냉각인 경우는 Na의 빈공간 계수가 양으로 되는 등 안전성에 관계되는 문제가 발생한다.

ANL이 개발해 온 금속 연료의 고속로는 중성자 스펙트럼이 강하기 때문에 MA를 태우는 데에는 적합하지만 MA를 가함으로써 중성자 스펙트럼은 점점 강해지고 Na 빈공간 계수가 보다 더 양(+)으로 된다.

원연에서는 종래의 연료 사이클을 변화시키지 않고 MA만을 소멸하는 고속중성자 전소로 연구를 해 왔다. MA를 좋은 효율로 태우기 위해서 에너지 스펙트럼을 강하게 한 헬륨가스 냉각로나 Na 냉각에서 금속 연료의 고속로[18]가 제안되었다. 그러나 이들 모두 임계 상태에서 운전되는 것이고, 임계 안전에 관계되는 문제를 피할 수는 없다.

필자는 미임계 상태에서 운전함으로써 그 곤란을 해소할 수 있음을 깨닫고, 유라톰 주최의 핵폐기물 처리 워크샵 기회에 Na 냉각 혹은 He냉각의 전소로(専焼爐)를 각각 증배율이 0.95~0.9인 미임계 상태에서의 운전 구상을 발표했다[19]. MA 전소로(専焼爐)인 경우 600MWt의 소형로는 구동용의 양성자 가속기가 13MW~24MW의 소출력으로도 족하다. 그때 선형가속기 대신에 싸이클로트론 가속기로 충분하다는 것이 CERN의 Mandrillon가 지적하였다.

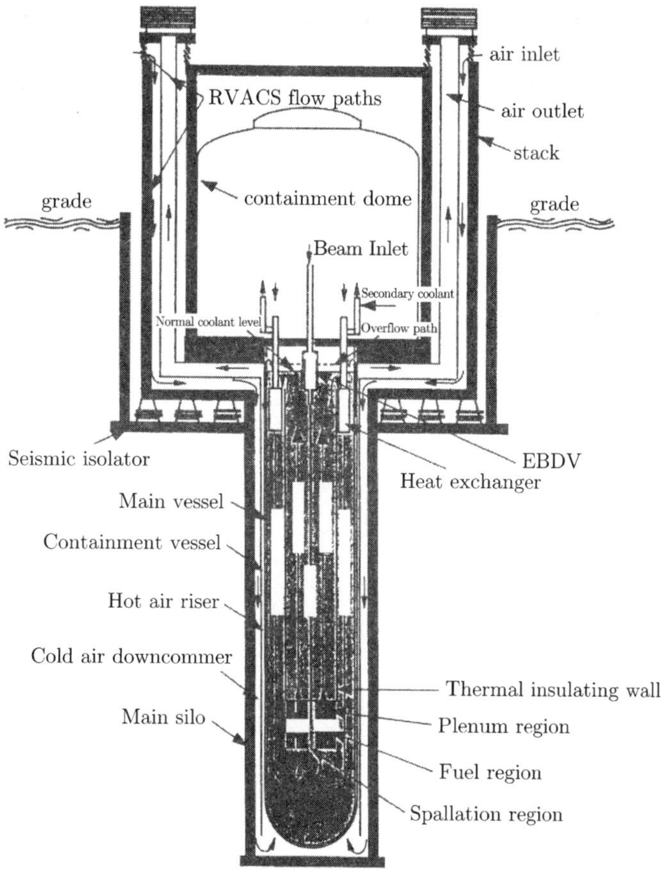


**그림 5.17** Rubia의 납 냉각 가속기로

이 노에서는 출력 peaking 억제와 핵파쇄 중성자수를 늘릴 목적으로 양성자 빔을 넓혀서 노심 전면에 동일하게 입사하는 방식을 채용하고 있지만 방사선 손상에 의해서 연료의 장기간 사용이 어렵게 되는 두려움이 있다.

또한 노심 주위에 $ThO_2$를 배치하면 누설 중성자를 이용해서 U233을 생산할 수 있고, 또 600MWt 열출력의 소멸로에서 얻어지는 200MWe의 전력으로 가속기의 운전에 필요한 26～48MWe를 뺀 나머지의 전력을 밖으로 공급함으로써 MA소멸 비용의 낮출 수 있다는 것을 생각할 수 있다.

그러나 미국에서는 핵연료의 상업 재처리를 하지 않는다는 정책이 취해지게 되어 이와 같은 종류의 연구를 장려하지 않게 되었으며, 가속기로 연구의 비중은 러시아, 유럽, 일본의 원연으로 옮겨졌다는 생각이 든다[20].

그 중에서도 최근 Rubia (CERN)[21]가 제안한 납의 자연 순환 냉각에 의한 가속기가 주목되고 있으며, 이탈리아나 스페인에서 연구가 시작되고 있다. 그것은 용융납을 냉각재와 표적에 이용하고 산화 토륨을 연료로 하는 고속로이다(그림 5.17).

# 참 고 문 헌

[1] 加速器の現状と将来, 原子力と先端技術 [V], 原子力システム研究懇話会, 平成10年6月

[2] 消滅処理研究の現状ー新しい原子力技術の可能性を求めてー, 「消滅処理」研究専門委員会, (社) 日本原子力学会, 1994年8月

[3] C. Rubbia, J. A. Rubio et al., "Conceptual Design of a Fast Neutron Operated High Power Energy Amplifier". CERN/AT/95-44(ET).

[4] 前田豊, 他, 「研究用原子炉の現状と将来」, 日本原子力学会誌, 38巻11号, p.870 (1996).

[5] T.Suzaki, "Subcriticality Determination of Low-Enriched UO2 Lattices in Water by Exponential Experiment", J. Nucl. Sci. Technol., 28 [12] p.1067 (1991).

[6] H. Murata and T. Mukaiyama : Atomkern-Energie Kerntechnik, 45, p.23 (1984).

[7] T. Mukaiyama, et al.: "Conceptual Study of Actinide Burner Reactor", Proc. 1988 Int. Reactor Physics Conf.(Jackson-Hole, 1988).

[8] T. Takizuka, et al.: "Conceptual Design of Transmutation Plant", Proc. Specialist Mtg. on Accelerator-Driven Transmutation Technology for Radwaste and Other Applications, p.707 (Stockholm, 1991).

[9] C. Bowman ; "Accelerator-Driven Nuclear Energy Without Long-Term High-Level Waste", ibid., p.67 (1991).

[10] C. Rubbia, et al.: "Conceptual Design of a Fast Neutron Operated High Power Energy Amplifier", CERN/AT/95-44(ET) (1995).

[11] K. Tsujimoto, et al.: "Conceptual Study of the Lead-Bismuth Cooled Accelerator-driven Transmutation System", Proc. AccApp'98, p.137

(Gatombirg, 1998).

[12] T. Takizuka, et al.: "Heavy Liquid-metal Cooling Option of JAERI Accelerator-driven Transmutation Systems", Proc. HLMN-98, (Obninsk, 1998).

[13] M. Kubota, et al.: "Development of a Partitioning Process for the Management of High-Level Waste", Proc. Int. Conf. on Emerging Nuclear Systems,"GLOBAL'93", Vol.1, p.588 (Seattle. 1993).

[14] H. Kouts, and M. Steinberg(ed): Proc. Inform, Meeting, Accelerator Breeding, Jan. 1997, BNL, Report Conf. 770107 (1977).

[15] P. Grand, H. Kours, J. Powell, M. Steinberg, and H. Takahashi: "Conceptual Design and Economic Analysis of Light Water Reactor Fuel Enrichment/ Regenerator," BNL 50838(UC-80, TID-4500) (1978).

[16] H. Takahashi, J. Powell, and H. Kouts: "Accelerator Breeder with Uranium and Thorium Target," Atomkernenergie-Kerntechnik, 44, (1978)329.

[17] K. Furukawa, et al.: "New Global Energy Strategy by Thorium Molten Salt Nuclear Energy Synergetics," (ICDSAP)P3-9, J. Nucl. Sci. Tech., 27, 1157-1178 (1992).

[18] T. Mukaiyama, H. Takano, T. Takizuka, T. Ogawa, and M. Osakebe: "Conceptual Study of Actinide Burner Reactor," Proc 1988, Int. Reactor Physics Conference(Jackson Hole, 1988).

[19a] H. Takahashi: "Actinide Transmutation by the Spallation Process," Workshop on the Feasibility of Research Program in Actinide Transmutation by Spallation Process, Euratom, Ispra, Varese, Italy, June 18-21, 1985.

[19b] P. Bonnau, H. Rief, P. Mandrillon, and H. Takahashi: "Actinide Transmutation by Spallation Neutron in the Light of Recent Cyclotron Development," NEACRP-A 910, Session B.1.2,(European American)

Reactor Physics Committee Report, P.B.1.2, 1987.

[20] H. Takahashi: “The Role of Accelerator Technology in Nuclear Fuel Cycle,” Proc. of 2nd Int. Symp. in Advanced Nucl. Energy Research, P.77, Mito, JAERI, Jan. 24-26, 1990.

[21] C. Rubbia: “A High Gain Energy Amplifier Operated with Fast Neutrons,” AIP Conf. Proc. 346, 44(1995).

# 재료 연구

6장

## 1. 재료 조사 효과

### (1) 금속 재료

중성자와 재료 또는 물질과의 관계는 공학적으로는 1950년대 후반에 재료의 조사 취화(照射脆化) 현상이 보고된 후의 일이며, 원자로 개발에 따라서 손상 메커니즘의 해명과 그에 따른 재료 개발 등의 연구가 활발하게 진행되어 왔다. 한편 조사는 고체 내에 결함을 만드는 수단으로 고체물리적 연구에도 적극적으로 응용되었으며, 고체 자신의 혹은 결함의 상세한 연구 분야를 개척하는 계기가 되었으며, 그 연구는 물질의 조사 효과의 영역에서 계속되고 있다.

원자로에 이용되는 재료는, 재료 그 자체의 성질과 동시에 핵의 특성이 원자로에 적합하지 않으면 안 된다. 예컨대 연료 피복관 재료는 중성자 흡수가 적어야하며 이 때문에 Zr 및 그 합금이 경수로의 연료 피복관에 이용되고 있다. 또 최근의 핵융합로의 개발에서는 저방사화 재료, 즉 사용 중에 방사화된 재료의 방사능이 노의 정지 후 또는 사용 후에 신속하게 감쇄하는 것으로 구성되는 재료의 개발이 요구되고 있다.

이러한 저방사화 재료는 보수 관리 또는 안정성의 관점에서 노 정지 후 수주일 내에 사람이 접근할 수 있는 수준까지 감쇠하는 재료이든가, 혹은 폐기물 처리의 관점에서 사용 후 100년이 지난 후 얕은 지층 처분이나 리사이클이 가능한 수준까지 감쇠하는 재료가 요구된다[1].

다음으로 중요한 원자로 재료에 있어서의 과제는, 중성자 및 기타의 입자나 고에너지 방사선을 조사한 결과 발생되는 조사 손상이다. 조사 손상은 크게 나누어 3가지 종류가 있다. 즉,

① 원자를 결합시키고 있는 화학결합의 절단 : 유기재료에서는 중요한 문제가 되는 경우가 있는데 금속에서는 일어나지 않는다.
② 원자 튀겨냄 손상 : 고에너지의 중성자 또는 입자가 재료 내의 원자와 충돌해서 그것을 튀겨 내는 현상이다.
③ 핵변환 효과 : 중성자와 재료를 구성하고 있는 원소와 핵반응의 결과로서 여러 가지 원소가 만들어져 불순물로 재료 내에 머무는 현상이다.

위 ②의 경우에 중성자의 에너지가 충분히 클 때에는 튀겨내진 원자가 다시 다른 원자를 튀겨 내게 되고, 또 원래의 중성자의 에너지가 더욱 큰 경우에는 원자가 집단적으로 튀겨 내져서 캐스케이드 손상이 생긴다.

격자 구조인 고체의 경우에는 원자가 튀겨 내진 후에 원자 크기의 구멍이 남는다.

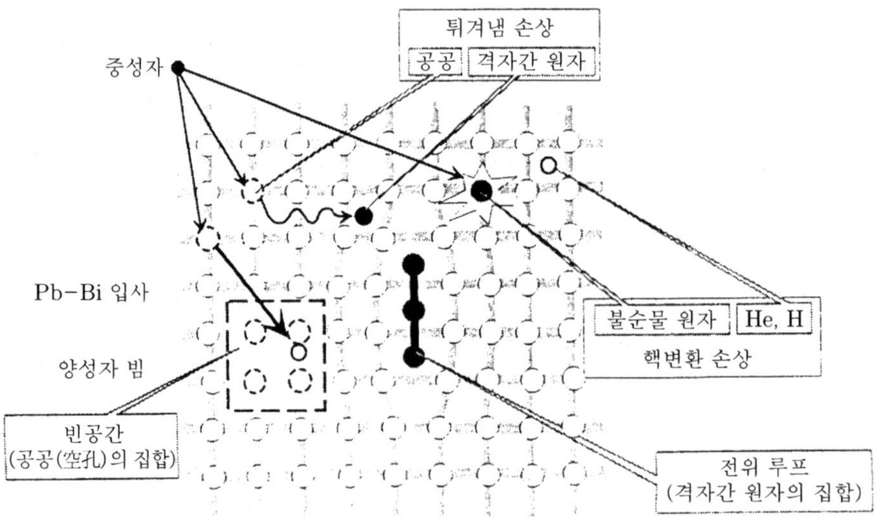


**그림 6.1** 중성자에 의한 금속재료의 손상 모식 그림

즉 원자 빈자리(vacancy)이다. 튀겨 내진 원자는 다른 원자와 원자 사이에 밀어 넣어져서 멈추는데 이것을 격자간 원자(interstitial atom)라 한다. ②와 ③의 현상을 그림 6.1에 나타내었다.

중성자가 물질을 구성하는 원자의 원자핵과 충돌할 확률은 중성자에서 본 그 원자핵의 크기, 즉 "과녁의 크기"에 의존한다. 과녁의 크기를 단면적(cross section)이라고 하는데 그것은 원자핵 지름의 관점에서 통상 $10^{-24}cm^2$정도라 생각하면 된다. $10^{-24}cm^2$을 1barn이라 하고 핵반응 단면적의 단위이다.

중성자가 원자핵에 충돌하여 중성자가 흡수되어 별도의 입자 x가 튀어나오는 현상을 (n,x)로 표시한다. 이와 같은 반응은 ($^{10}B(n,\alpha)^7Li$)이나 Ni($^{58}Ni(n, \gamma)$ $^{59}Ni(n,\alpha)$ $^{56}Fe$) 등 특수한 원소를 제외하면 일반적으로 에너지가 큰 고속중성자에서 일어난다. 예컨대 5MeV 이상의 에너지를 가진 중성자는 많은 원소와 쉽게 핵반응을 일으킨다. 각종 재료에 대한 $(n,\alpha)$, (n,p) 반응단면적의 예를 그림 6.2에 나타낸다[2].

현재 국제협력 하에 개발 중인 핵융합로에서 중성자는 주로(D,T) 플라즈마 반응으로부터 발생되며 그 에너지는 14MeV로 크고, 따라서 핵분열의 중성자인 경우

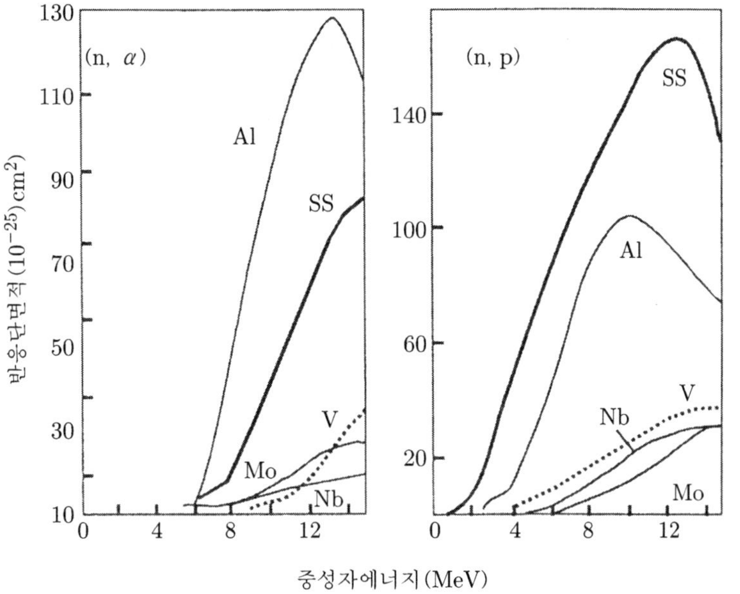


**그림 6.2** 대표적 금속재료의 $(n, \alpha)$, (n, p) 반응단면적의 중성자 에너지 의존성

(~5MeV 이하)에는 무시했던 핵변환 반응이 쉽게 일어나므로, 재료 입장에서 바람직하지 않은 He이나 수소가 적지 않게 발생하게 된다.

핵변환 반응에 의해서 He이나 수소와 같은 가스 원자가 만들어지면 그들은 고체 내를 이동하면서 서로 모여서 압력이 매우 높은 가스 덩어리 즉 기포를 만든다. 그러면 ②의 효과로 생긴 여러 개의 공공(空孔)이 기포에 모이게 되면서 빈공간(void)을 형성한다. 그 결과 재료는 그 분량만큼 팽창해서 "부풀음(swelling)"이 생기거나 균

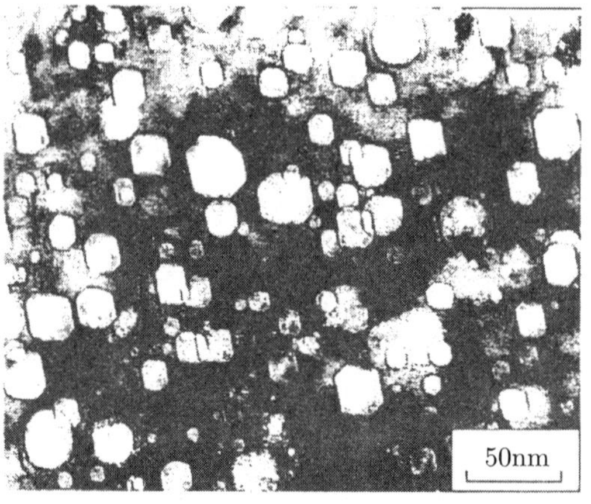


**그림 6.3** 조사온도 500℃에서 57dpa까지 중성자 조사한 austenite강에 생긴 void(6.5%의 swelling양에 상당)

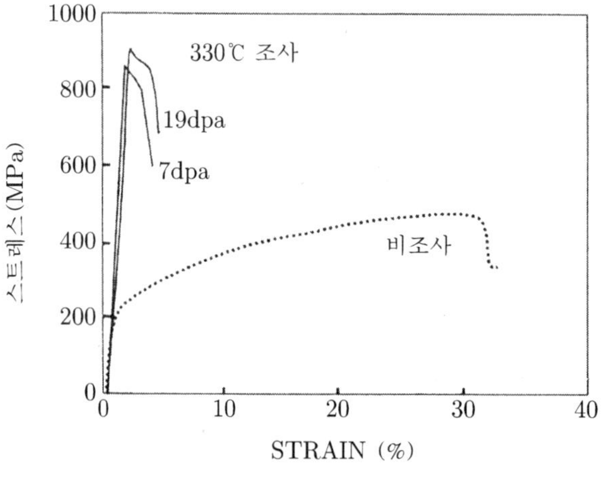


**그림 6.4** Austenite강의 중성자 조사에 의한 인장 특성의 변화

열이 생기기도 한다. 중성자를 조사한 austenite 강(鋼)에 생긴 빈공간의 예를 그림 6.3에 나타낸다[3]. 이 경우 swelling 양은 약 6.5%이다.

한편 격자 간 원자는 평면적으로 집합해서 그 주위에 전위(轉位) loop를 형성한다. 그들 loop는 조사량의 증가와 더불어 성장하고 더욱 더 상호작용하여 복잡한 전위망을 형성해서 가공 재료와 같은 micro 조직을 갖게 된다. 그 결과 일반적으로 단단하게(硬) 되고 (조사 유기 경화) 또한 깨지기(脆) 쉬워진다. 인장특성에 관해서는 그림 6.4에 나타내는 바와 같이[4] 항복 스트레스의 상승과 늘어남의 저하를 가져온다. 또 ferrite 강과 같은 연성(延性) 취성(脆性)천이 온도(DBTT)를 갖는 재료에서는 조사에 의해서 그 온도가 상승한다.

### (2) 기능성 Ceramics 재료

예를 들어 전기절연재료와 같이 어느 기능을 위한 재료를 일반적으로 기능성 재료라 부르는데, 그들이 중성자 조사 환경에 노출되면 구조재료와 마찬가지로 부풀음 등을 일으켜서 열화를 초래할 뿐만 아니라 기능 특성에도 큰 영향을 준다.

기능 특성에의 조사 효과는 비교적 높은 조사량 영역에서 문제가 되는 조사 건전성 열화와는 별도로, 조사 시작과 더불어 생기거나(조사 중에만 생기는 효과) 비교적 낮은 조사량에서 문제가 되는 일이 많다. 이 때문에 핵에너지 시스템 등의 조사 환경 하에서 사용되는 기능성 재료에 대해서는 먼저 그 기능성에 영향을 주는 조사 효과가 문제가 된다. 여기서는 최근에 큰 관심사가 된 전기절연성 세라믹 조사 효과에 대해서 소개한다.

알루미나 등의 전기절연성 세라믹에 중성자, 이온, 전자, $\gamma$선이나 X선 등이 조사되면 가전자대에 있는 전자가 전도대로 여기되어 조사유기(照査誘起) 전기전도(RIC)가 생긴다[5-8]. 여기된 전자가 전도대에 머무르는 시간은 극히 짧기 때문에 RIC는 조사 중에만 생긴다.

또한 이 RIC와는 별도로 최근 알루미나 등 절연성 세라믹에 20V/mm 이상의 전압을 걸어주면서 470~830K의 온도에서 전자선 등의 조사를 하면 $10^{-5}$~0.1dpa (1dpa란 시료 중의 모든 원자가 조사에 의해서 평균 1회 튀겨내는 조사량)의 비교적 낮은 조사량으로 조사 후에 큰 전기전도, 즉 전기절연성의 열화가 잔류하는

「조사유기 전기특성 열화(RIED)」라 불리는 현상이 발생되는 것이 보고되고 있다 [9, 10].

이들 RIC나 RIED에 의한 전기 절연성 열화는 원자로 등의 핵에너지 시스템이나 가속기에서의 계측 등에 큰 영향을 준다. 특히 핵융합로에서는 계측이나 노내 구조물의 전기절연, 플라즈마 가열용 고주파 도입창(導入窓) 등에 절연성 세라믹이 이용되므로 심각한 영향이 염려되고 있다.

RIC에 대해서는 이제까지 X선, $\gamma$선, 전자 및 양성자 등에 의한 연구가 많이 실행되어 왔으나 핵융합로에서의 조사 환경 특징인 14MeV 중성자에 관한 데이터는 전무하며, ITER의 설계를 진행시키는 데에도 14MeV 중성자에 의한 데이터가 필요하다. 이 때문에 원연의 핵융합로 물리용 중성자원 시설(FNS)을 이용하는 실험에서 대표적인 전기절연성 세라믹인 알루미나에 14MeV 중성자를 조사하여 이에 의한 RIC의 평가가 이루어지고 있다[11].

그림 6.5는 고순도 알루미나 단결정(약 99.99%)에 실온(300K)에서 $10^{15}n/m^2s$의 14MeV 중성자속(알루미나의 경우 1Gy/s의 흡수선량률에 해당)을 조사했을 때 전기저항률의 특성을 나타낸다 [주 : 중성자속은 종래 $cm^2s$를 단위로 해서 표시되었다. $1n/cm^2s=10^4n/m^2s$].

조사를 시작하면 곧바로 알루미나의 전기 저항률은 감소하여 중성자속(Neutron

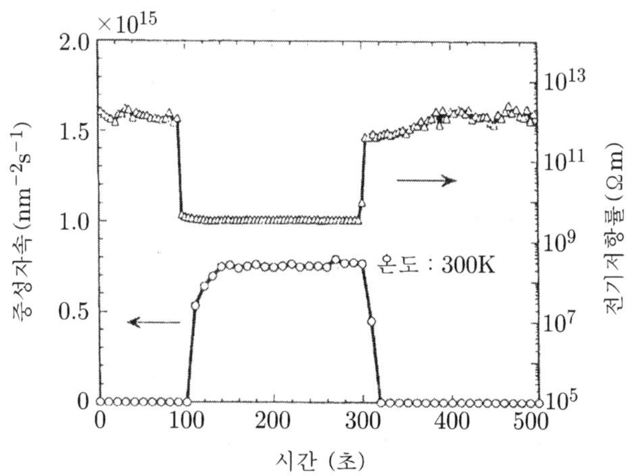


**그림 6.5** 14MeV 중성자를 조사했을 때 알루미나의 전기저항율 거동

Flux)의 크기에 따라서 일정한 값에 이른다. 조사를 정지하면 조사 전보다도 근소하게 낮은 전기 저항률까지 곧바로 회복하고 그 후 천천히 증가해서 조사 전의 전기저항률로 되돌아간다. 이 느긋한 전기저항의 증가는 FNS의 운전에 수반되는 중성자 발생용 표적의 방사화에 의해서 생기는 RIC에 기인한다고 생각된다. 즉, 방사화에 의한 $\gamma$선은 조사 후 점차 감쇠하기 때문에 그에 의한 RIC도 서서히 감소하고 그 결과 전기 저항률의 값은 서서히 증가한다. 유사한 특성이 490K 및 570K의 조사온도에 있어서도 관측되었다.

그림 6.6은 고순도 알루미나 단결정의 300, 490 및 570K에서의 전기전도도와 14MeV 중성자에 의한 흡수선량률의 관계를 나타낸다. 이 그림에 나타내는 바와 같이 각 온도의 전기전도도와 흡수선량률과의 관계는 $10^{-3}$부터 $10^{0}$Gy/s의 흡수선량률($10^{12}$부터 $10^{15}$n/m$^2$s의 중성자속에 상당) 범위에서 거의 직선으로 되어 있다. 이 경우 조사 시간이 매우 짧기 때문에 조사량이 매우 적고, 그림 6.5에서 본 바와 같이 RIED는 생기지 않는다.

한편 RIED에 관해서는 이미 말한 바와 같이 전자나 양성자에 의한 조사나 원자로에 조사한 알루미나 등의 절연성 세라믹인 경우에 큰 RIED가 관측되었지만, 보다 정밀도가 높은 측정계를 이용한 주의 깊은 최근 원자로 조사 실험 등에서는 문제가 될 만한 큰 RIED가 관측되고 있지 않다. 이 상반되는 관측 결과에 대해서 1997년에

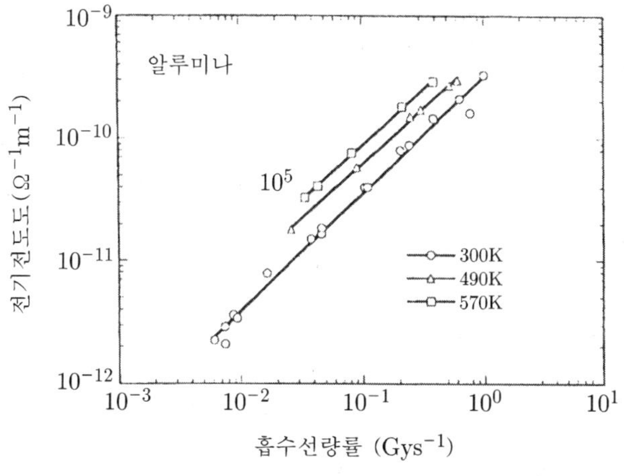


**그림 6.6** 14MeV 중성자조사시의 알루미나의 전기 전도도와 흡수선량률과의 관계

RIED에 관한 IEA workshop이 개최되어 대표적인 절연성 알루미나 세라믹에 대해서 ITER 조사 조건하에서는 문제가 될 만한 수준의 RIED가 생기지 않는다는 결론에 이르렀다.

여기서 RIED의 평가 실험의 한 예로서 원연의 JRR-3를 이용해서 최근에 행하여진 알루미나 및 산화 마그네슘의 원자로 조사 시험[12]을 소개한다. 이들 시료를 이용한 JRR-3에서의 실험에서는 표면 누전에 의한 영향을 피하여 시료의 bulk 전기저항을 측정하기 위해서, 시료의 인가전원 측 표면에 인가전극이, 그리고 또 다른 면에는 중심전극이 표면 누전이 중심전극으로 흐르는 것을 방지하는 가들링이 Pt증착에 의하여 설치되었다.

조사 중 및 조사 전후에 있어서의 중심전극 전류, 가들링 전류 및 인가전극 전류를 고정밀도의 전류계측 시스템으로 측정한 결과를 그림 6.7에 보인다. 조사 시작 후 원자로 출력의 상승과 더불어 이들 3개의 전류값은 증가하고, 정격출력인 20MW(열중성자속 및 고속중성자속은 각각 $2\times10^{18}$ 및 $0.5\times10^{18} n/m^2s$)에서 조사온도 573K인 경우 중심전극 전류, 가들링 전류 및 인가전극 전류는 각각 $4\times10^{-6}$A, $3\times10^{-6}$A,

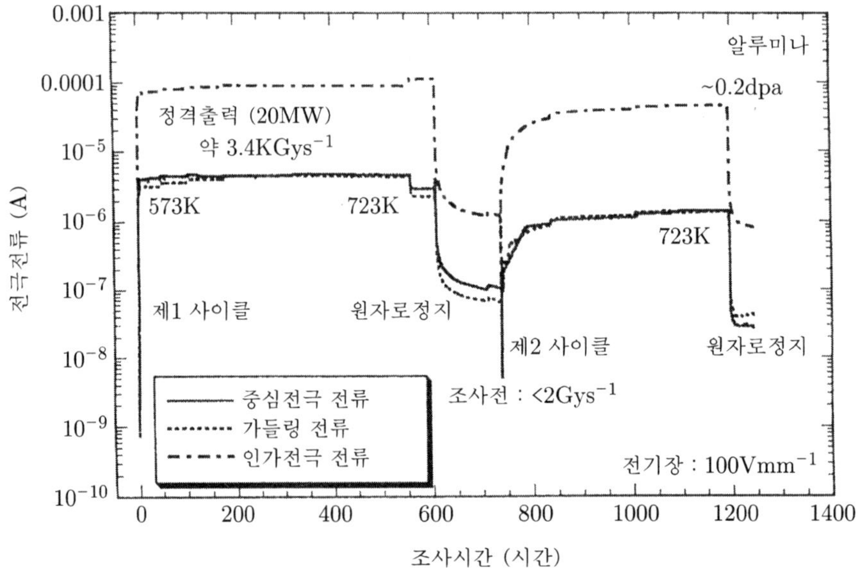


**그림 6.7** 원자로 (JRR-3) 조사 시 알루미나 시료의 인가 전극전류, 중심 전극전류 및 가들링 전류의 거동

$7\times10^{-5}$A에 이르렀다. 그리고 조사온도를 623, 673, 723K로 상승시켜도 각각의 전류값은 근소하게 증가할 뿐이었다.

조사를 정지하면 각각의 전류값은 곧바로 대폭 감소하고 그 후 시료 근방에서의 $\gamma$선 수준의 감쇠와 더불어 전류값은 서서히 감소하여 조사 중인 값의 약 2자리수만큼 적은 값을 나타냈다. 이들 전류값은 다시 계속 감소하여 시료의 전기전도를 직접 반영하는 중심전극전류는 제2 조사 사이클의 조사개시 직전에는 제1 조사 사이클의 조사 전 값보다도 작아졌다. 제2 조사 사이클에서의 전류값 특성은, 값 그 자체가 제1 사이클에 비해서 조금 작지만 본질적으로 제1 사이클과 같았다.

인가 전극전류는 중심전극 전류, 가들링 전류에 비해 약 20배 크다. 이것은 인가전극전류의 측정시스템에서는 적절한 벌크 전기저항의 평가를 방해하는 분위기가스를 통해서 누전이나 측정용 전선 등 절연체의 RIC에 의한 누전이 매우 크며, 한편 중심전극 전류 및 가들링 전류 측정시스템에서는 조사 캡슐과의 전위차가 거의 없기 때문에 누전의 영향이 적다. 그림 6.7에 나타낸 중심전극전류의 거동에서 조사량이

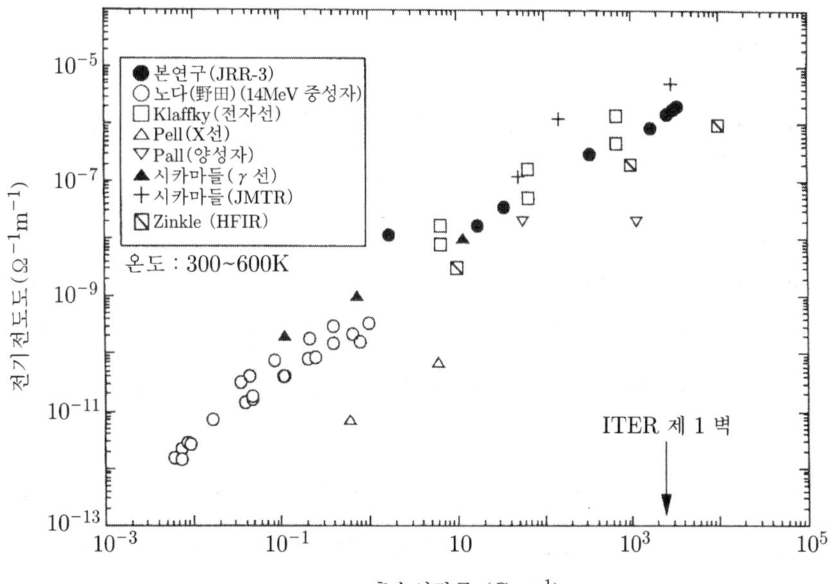


**그림 6.8** 여러 가지 조사 실험에서의 알루미나의 조사 유기전기전도도(RIC)와 흡수선량률과의 관계

0.2dpa에 해당하는 제2 조사사이클 종료 후에도 알루미나에 RIED는 생기지 않거나 또는 RIC에 비해서 매우 적음을 알 수 있다. 같은 결과가 산화Mg에서도 관측되었다.

그림 6.8에, 위의 JRR-3 실험에서의 중심전극 전류에서 구한 알루미나의 RIC 데이터 및 FNS를 이용한 14MeV 중성자에 의한 알루미나의 RIC 데이터, 그리고 다른 연구자에 의한 원자로 조사(JMTR, HFIR) 및 전자나 양성자나 $\gamma$선 등의 조사에 의한 알루미나의 RIC 데이터와의 비교를 나타낸다. 이로부터 RIC를 흡수선량률과의 관계로 정리하면 선질(線質)에 관계없이 좋은 일치를 볼 수 있음을 알 수 있다.

그림 6.8에서, ITER 제1벽의 흡수선량률(약 $2\times10^3$Gy/s)에서 알루미나의 RIC는 약 $8\times10^{-7}\Omega^{-1}m^{-1}$으로 평가할 수 있고, 그 값은 핵융합로의 전기절연성 세라믹에 요구되는 전기절연 성능(전기전도도가 $10^{-6}\Omega^{-1}m^{-1}$미만)을 만족한다.

## 2. 신재료의 창제

### (1) 금속재료

이제까지 살펴본 바와 같이 원자력 재료에서는 중성자에 의해서 야기되는 손상을 어떻게 억제하는가 혹은 어떻게 방지하는가가 주제였으며, 재료 창제라는 관점과는 관계가 매우 적었다.

이온조사는 이종(異種) 원자에 의한 표면 개질에 응용되며, 최근에는 고온초전도 재료가 가진 성질의 개선 등에도 응용 되었다. 여기서는 최근 발견된 TiAl 금속간 화합물의 특이한 현상을 소개하고, 이제까지의 방어적 연구에서 공격적 연구로의 가능성을 나타내는 사례를 소개한다.

그림 6.9는 TiAl 금속간 화합물의 조사에 의한 인장시험에 따른 stress-strain 곡선을 나타낸다[13]. 일반적으로 금속 재료에서는 조사에 의해서 경화하여 늘어남은 현저히 감소하는데, 여기서는 늘어남이 역으로 증가하고 소위 조사에 의한 연성화(延性化)가 일어나고 있다. 원인은 TiAl 금속간 화합물이 금속 재료와는 달리 쌍정(雙晶)변형이 주요 변형모드로 작용되는 것으로 설명된다.

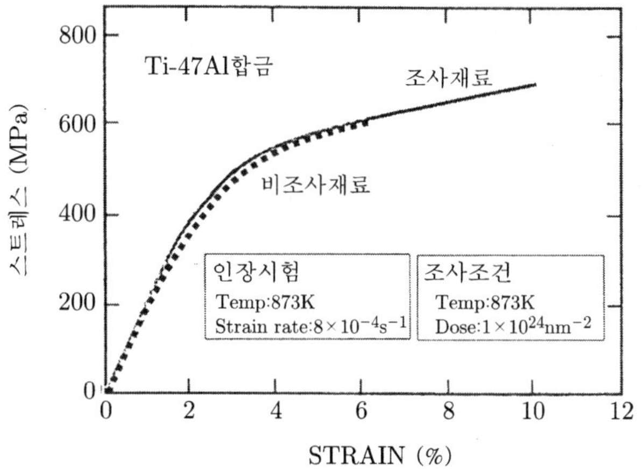


**그림 6.9** 중성자조사한 Ti-47 AL금속간화합물의 인장특성

또 이 계의 금속간 화합물은 내(耐) 부풀음(swelling)성에도 우수함이 보고되고 있어[14], 새로운 원자력 재료로서 향후 개발이 기대된다.

### (2) 기능성 세라믹 재료

재료에 중성자를 조사하면 튀겨냄과 더불어 많은 경우 핵반응에 의하여 핵반응 생성물이 생긴다. 그들은 보통 재료 손상이라는 관점에서 포착되고 있는데, 손상이라는 부정적 면이 아니고 새로운 재료의 창제라는 긍정적 면에 착안한 연구개발도 가능하다고 생각된다.

핵반응 생성물을 가져온다는 관점에서는, 원자로내에서 Si에 중성자를 조사함으로써 반도체 재료를 만들어 내는 것을 생각할 수 있는데, 사실 원연의 JRR-3 등에서 이미 행하여지고 있다. 또 튀겨냄이라는 관점에서 튀겨냄에 기인하는 원자의 이동으로 고체 사이를 접합하고 그에 의하여 획기적인 신소재를 창제할 수 있지 않을까 생각되고 있다.

원연에서는 대강도 양성자 가속기를 이용하는「중성자과학연구계획」구상의 일환으로 고준위 폐기물의 소멸처리 실험시설을 이용하는 중성자조사 연구계획이 제안되고 있다. 이 연구계획에서는 고준위방사성 폐기물의 소멸처리 플랜트 등의 선진적 원자력 시스템을 위한 재료연구개발 외에 재료의 중성자 조사 손상 및 조사 효과의 연구 및 신재료창제 연구가 검토되고 있다.

이 신재료의 창제연구에는 고에너지 중성자에 의한 핵변환을 이용해서 여러 가지 핵변환 생성물을 균일하게 또는 의도한 배열로 유도한 기능성 신소재나, 고에너지 중성자나 양성자에 의한 튀겨냄을 이용해서 초미세 원료 분말을 결합시켜 종래의 방법으로는 얻을 수 없는 고강도나 계면의 특이한 특성을 찾아내는 것을 겨냥한 초미세 결정립(粒) 벌크 재료 등을 창제하는 연구가 검토되고 있다.

# 참 고 문 헌


[1] R.W. Conn, et al., "Panel Report on Low Activation Materials for Fusion", UCLA-report PPG-728, June 1983.

[2] E. Teller, "Fusion" vol.1, Magnetic Confinement part B, (Academic Press New York, 1981).

[3] S. Hamada, et al, ASTM-STP 1046, vol.1, pp.160.

[4] J. E. Powell, ASTM-STP 1325, to be published.

[5] S.J. Zinkle and E.R. Hodgson, J. Nucl. Mater. 191-194 (1992) 58.

[6] R.W.Klaffky, B.H.Rose,A.N. Goland and G.J. Dienes, Phys. Rev. B21 (1980) 3610.

[7] G.P.Pells, Radiat. Eff. 97 (1986) 199.

[8] T. Shikama, M. Narui, Y. Endo, A. Ochiai and H. Kayano, J. Nucl. Mater. 191-194 (1992) 544.

[9] E.R. Hodgson, J. Nucl. Mater. 179-181 (1991) 383.

[10] G.P. Pells, J.Nucl. Mater. 184 (1991) 177.

[11] K. Noda, T. Nakazawa, Y. Oyama, D. Yamaki and Y. Ikeda, J. Nucl. Mater. 233-237 (1996) 1289.

[12] T. Tanifuji, Y. Katano, T. Nakazawa and K. Noda, J. Nucl. Mater. 253 (1998) 156.

[13] A. Hishinuma et al., Intermetallics, 4 (1996) 179.

[14] A. Hishinuma, J. Nucl. Matter., 239 (1996) 267.

# 중성자 응용기술 7장

## 1. 머리말

과학기술의 기초연구는 일정한 발전을 이루고 나면 그 다음 가능성이나 요구가 생기게 되며, 새로운 이용이나 연구의 패러다임이 시작되는 형태의 나선형 궤적을 그려 간다. 이것은 중성자의 경우도 동일하여 연구용 원자로 등을 이용한 장기 기초연구의 성과가 열매를 맺고, 응용 단계로 들어간 기술이 이미 여러 개 있다. 여기서는 그 중에서 앞에서 취급되지 않은 것을 간단히 추려본다.

그들은 (중성자라디오그래피를 제외하면) 대부분이 중성자 핵반응의 응용이다. 이 가운데는 기초연구가 종료되고 적절한 조건만 부여되면 발전 가능하다고 보이나 충분한 전망을 가질 수 없는 것들도 있다. 여기서는 이러한 문제를 포함하여 해설한다. 또한 방사성 동위원소 이용은 매우 광범위하므로 본 장에서는 의료이용(醫用) 문제로 한정한다.

## 2. 중성자 이용 원소 분석

### (1) 중성자 방사화 분석(NAA : Neutron Activation Analysis)

핵반응에 의해서 시료 내의 원소를 방사화시켜 그 방사능을 측정하여 원소의 양을 정량하는 방법을 방사화 분석이라 한다. 핵반응을 일으키는 선원 (source)의 차이에 따라서 중성자 방사화 분석, 광양자 방사화 분석, 하전입자 방사화 분석 등이 있으며, 각각 연구용 원자로, 전자선 Linac, cyclotron 등의 시설에서 사용된다.

광양자 방사화와 하전입자 방사화는 이들을 시행할 수 있는 방사화학 실험실을 가진 가속기 시설이 드물어 중성자 방사화 분석만큼 이용되고 있지 않다. 한편 중성자 방사화 분석은 연구로에서는 반드시라고 해도 좋을 정도로 이루어지고 있다.

중성자 방사화 분석 원리는 매우 간단하다. 시료 중 표적 핵종의 원자 개수를 $n$, 그 중 방사화되는 동위원소의 천연 존재비를 $f$, 열중성자속을 $\phi$, 방사화의 단면적을 $\sigma$, 생성된 방사성 핵종의 붕괴상수를 $\lambda$라 하면 시간 t만큼 조사한 직후의 방사능(단위시간당의 붕괴수) A(t)는 $A(t) = fn\sigma\phi(1-\exp(-\lambda t))$이므로, 여기에 관측되는 $\gamma$선의 방출률 $\eta$ 및 $\gamma$선의 검출 효율 $\varepsilon$을 곱하면 검출율을 구할 수 있다.

$$D(t) = fn\sigma\phi(1-\exp(-\lambda t))\eta\varepsilon \tag{1}$$

여기서 $f, \sigma, \eta, \lambda$는 원소 고유의 핵 정수이고, $\phi$와 $\varepsilon$은 조사 장(field) 및 검출기에 관계되는 실험 조건으로부터 결정된다. 따라서 측정해야 할 표적 핵종의 수 $n$은 측정값 $D(t)$와 "의미있게" 관련된다.

이는 원리적으로는 간단하나 핵정수 $f, \sigma, \eta, \lambda$를 데이터 기초를 이용하여 (1)식으로부터 $n$을 구하고자 하는 시도는 데이터의 정밀도가 충분하지 않아 성공하지 못했다.

따라서 표적 핵종의 수 $n_s$을 알고 있는 표준 시료를 별도로 조정해서 시료와 동시에 조사한다. 이 표준 시료에 대해서도 (1)식과 같은 형태의 식이 성립하므로 이 둘의 비는

$$\frac{D(t)}{D_s(t)} = \frac{n}{n_s} \tag{2}$$

가 된다. 따라서 시료와 표준 $\gamma$선 검출률의 비는 그대로 목적 핵종 수의 비가 된다.

이 원리에 의해서 이루어지는 방사화 분석을 "비교법"이라 부른다. 그러나 비교법에서는 목적 핵종마다 표준을 준비할 필요가 있고, 표준이 준비되어 있지 않으면 검출이 되어도 분석 값을 얻을 수 없다. 그렇다고 해서 예상되는 원소 모두에 대해서

표준을 준비하는 일은 현실적으로 불가능하다. 따라서 방사화 분석은 원리적으로는 "다원소 동시 분석법"이라 할 수 있지만 그 특징을 발휘 할 수 없었다. 또 표준 시료를 조정할 때의 칭량(秤量)오차가 분석의 정밀도를 정하므로 비교법에서는 직인기(職人技)라고도 할 수 있는 노하우가 수반된다. 이러한 상태가 오랜 동안 계속되었기 때문에 방사화 분석의 수요자 층이 넓어지지 않았으며, ICP-MS(유도결합형 플라즈마 질량 분석)와 같은 방사선을 쓰지 않는 기기분석법이 나타난 일도 있어서 일시 퇴조의 길을 걷는 듯이 보인 일도 있었다.

방사화 분석의 새로운 숨결은 서구의 연구자로부터 시작되었다. 그들은 불완전한 핵데이터 기초를 쓰는 대신에 (1)식에 나타나는 핵정수 곱의 값을 통째로 새로 정의하고 또한 그것을 Au의 방사화로 생기는 $^{198}$Au로부터의 411.8keV의 $\gamma$선에 그것의 상대 값으로 수정해 측정하고 모든 $\gamma$선에 대해서 $k_0 = f\sigma\eta/\sigma_{Au}\eta_{Au}$의 값을 주었다. 시료와 Au표준에 대한(1)식의 비를 취함으로써 다음의 관계식이 얻어진다.

$$\frac{D(t)}{D_{Au}(t)} = \frac{n}{n_{Au}} k_o \frac{\varepsilon}{\varepsilon_{Au}} \frac{1-\exp^{-\lambda t}}{1-\exp^{-\lambda_{Au} t}} \tag{3}$$

비교법인 (2)식에 비하면 $k_o$값, 반감기 보정 $(1-\exp(-\lambda t))/(1-\exp(-\lambda_{Au}t))$, 검출 효율의 비$(\varepsilon/\varepsilon_{Au})$가 부가되어 있어 복잡하게 된 듯 보이지만 $k_o$값과 반감기는 보편적인 값이고 검출 효율비는 개개의 검출기에 대해서 좋은 정밀도로 계산하면 고정값이 된다. 따라서 이미 알고 있는 값 $n_{Au}$와 계측값 $(D(t)/D_{Au}(t))$로부터 구하고자 하는 값 $n$을 얻을 수 있다. $k_o$값은 모든 $\gamma$선에 대해서 주어져 있으므로 관측된 모든 $\gamma$선에 대해서 원소의 정량값을 도출할 수 있다. 마침내 "다원소 등시 분석"이 실현된 것이다. 그림 7.1에 비교법과 $k_o$법의 차이를 모식적으로 나타낸다.

이 $k_o$ 표준 방사화 분석에서는 화학 조작을 할 필요가 전혀 없다. 검출 효율의 계산만 미리 정확히 하면 인위적으로 발생할 수 있는 오차 요인은 Au표준의 칭량(秤量)오차, 시료를 $\gamma$선 검출기에 세팅할 때의 기하학적 오차 등이고, 모두 그다지 어렵지 않다. 필자가 소속해 있는 원연시설공동이용・대학개방연구실에서는 $k_o$표준화 방사화 분석을 공동으로 이용할 수 있도록 공개하고 있는데 지질・환경・생물 등을 전문으로 하고 있어서 분석에 대해서는 반드시 고도의 지식이나 기술을 가지지 않은

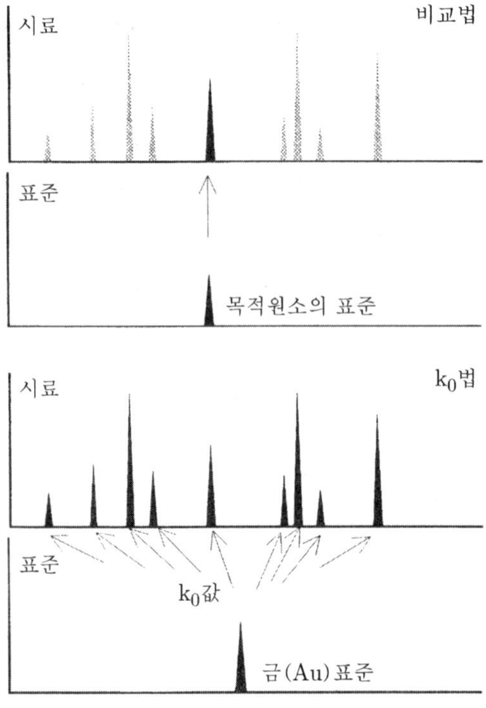


**그림 7.1** 비교법에서는, 목적으로 하는 원소의 $\gamma$선 피크 면적과 표준 시료의 그것을 비교해서 정량하므로 표준 시료가 없는 피크에 대해서는 분석값을 얻을 수 없다. $k_0$법에서는, Au 표준 시료의 $\gamma$선에 대해서 모든 $\gamma$선의 $k_0$값이 정해져 있으므로 관측된 피크 모두에 대해서 분석 값을 얻을 수 있다.

사람이라도 충분히 만족할 수 있는 정확도로 분석 값을 구할 수 있음이 실증되고 있다.

또한 방사화한 시료를 화학 처리하지 않고 그대로 $\gamma$선 spectroscopy에 사용할 수 있는 기기 중성자 방사화 분석(INAA: Instrumental Neutron Activation Analysis)에서는 조사→측정→해석→분석 결과 출력의 전행 과정을 자동화 할 수 있다[1]. 필자는 이와 같은 자동화와 $k_o$법으로 장비(裝備)된 방사화 분석을 바카촌 원소분석이라 부르고 있는데, 이와 같이 간소화와 고도화가 서로 어울려서 광범위한 분야로 전환되어 가는 양상은 아름답다고 표현해도 좋을 것이다.

형광 X선 분석, ICP-MS 등 다른 원소 분석 방법과 비교한 방사화 분석의 특징을 기술한다. 중성자 방사화 분석에서 방사화 선원은 중성자이며, 검출은 대부분 $\gamma$선이고, 어느 것이나 물질의 투과성의 우수함이 중요하다. 중성자에 의해서 방사화하므로 시료의 양·형상에 영향받지 않고 균일하게 방사화할 수 있다. 검출은 $\gamma$선에 의하므로(시료용기나 검출기 윈도우 재료 등) 시료와 검출기 사이의 물질에 의한 흡수가 적던가, 있다고 해도 그것을 엄밀하게 계산할 수 있다. 따라서 매우 엄밀한 정량이 가능하다. 형광 X선 분석에서는 예를 들어 광원에 강한 방사광을 이용해도 절대 정량성은 보증되지 않는다. 방사화 분석은 중성자·$\gamma$선 등의 투과성이 높은 입자를 이용함으로 시료를 녹이거나 기화시키거나 하지 않고 그대로 분석할 수 있다는 비파괴성도 강조되지 않으면 안 된다. 예를 들어 ICP-MS에서의 시료는 용해한 후 플라즈마화되어야 하는데 토양·암석 시료와 같이 용해할 수 없는 것도 많고 용해처리 과정에서 오염이 일어나는 일도 있다. 이와 같은 경우에는 원소 분석값은 참값으로부터 계통적으로 치우쳐진 결과를 주는 것이 된다. 이에 대해서 중성자 방사화 분석은 항상 신뢰할 수 있는 "정확성"으로 분석값을 준다는 것이 보증되고 있다. 그림 7.2에 중성자 방사화 분석법의 "정확성"에 대한 우수함을 비유적으로 나타낸다.

$k_o$법과 결합한 INAA법의 경우는 많은 원소에 대해서 일반적 목적에 충분한 감도인 2~3% 정도의 정밀도로 분석 결과를 얻을 수 있음이 보증된다. 보통은 이 정도로 충분하므로 INAA는 여러 분야에서 보다 더 폭넓게 사용될 것이다.

**그림 7.2** 화학처리를 수반하는 분석 방법은 정밀도가 높아도 오염이나 불확정한 회수율 등의 원인으로 계통적으로 참값에서 벗어나버리는 수가 있는데, 중성자와 $\gamma$선을 이용하는 방사화 분석은 그와 같은 문제를 피할 수 있으므로 분석값이 정확하다.

한편 보다 감도를 높이고자 하는 요구가 있는 경우에는 "방사화학 분리법을 이용한 중성자 방사화 분석(RNAA : Radio-chemical Neutron Activation Analysis)"을 이용한다. 이것은 중성자 조사 후 목적 외의 원소를 화학처리에 의해서 제거하여 백그라운드 방사선을 적게 해서 감도를 향상하는 것이다. RNAA는 화학 조작을 수반하므로 INAA 정도로 일반적이지는 않으나 보통 분석에서 발생하는 2가지 큰 오차 요인인 오염과 확실치 않은 수율(收率)을 제외할 수가 있으므로(일단 방사화 되어 버린 후의 오염은 두렵지 않다) 이 경우에도 분석값의 정확성이 보증되어 신뢰성이 높은 결과를 얻을 수 있다. 이와 같은 신뢰성은 다른 분석 방법에는 기대할 수 없는 것이다.

### (2) 즉발 γ선분석(PGA : Prompt Gamma-ray Analysis)

중성자가 원자핵에 흡수된 직후 $10^{-14}$초 이내에 방출되는 γ선을 즉발 γ선이라고 하는데, 이 γ선을 측정하여 원소분석을 할 수 있다. 중성자 방사화 분석(NAA)에서는 시료를 원자로 내에 삽입해서 방사화한 후 빼내서 그 유도 방사능을 측정한다. 대충 이야기해서 흡수된 중성자 하나에 대해서 방사능 핵종 1개가 생성되는데 NAA에서는 반감기에 비해서 충분히 짧은 시간 동안 측정이 이루어지는 일이 많으므로 중성자의 이용 효율은 낮다. PGA에서는 γ선의 측정이 on-line으로 이루어지므로 중성자의 이용 효율은 1에 가깝다(그림 7.3). 따라서 중성자속이나 γ선의 검출 효율 등 다른 조건이 같다면 PGA 쪽이 원리적으로 감도가 높다. 그렇다고 해도 실제로는 중성자를 빔으로 빼내면 중성자속이 자리수가 다르게(5~6자리) 낮아지고 백그라운드 방사선도 높아지게 되므로 많은 시도에도 불구하고 PGA는 기껏해야 NAA의 보조 수단으로만 간주되었다.

최근 양질의 열·냉중성자 빔을 공급할 수 있게 되어 사정은 변화되고 있다. 예컨대 원연 도카이(東海)연구소의 JRR-3M의 중성자 빔 가이드 홀에 설치된 PGA장치에서는 열중성자 또는 냉중성자 빔 가이드 관을 따라서 44m 수송되어 LiF 콜리메이터를 통해서 시료에 입사하여, 발생한 즉발 γ선이 빔 방향에 직각으로 놓인 γ선 스펙트로미터에서 검출·분석된다. 중성자 빔속은 $1.4\times10^{8}$(냉중성자), $2.4\times10^{7}$(열중성자)/$cm^{2}s$ 인데, 원자로부터 고속중성자나 γ선의 혼입이 적기 때문에 높은 S/N비

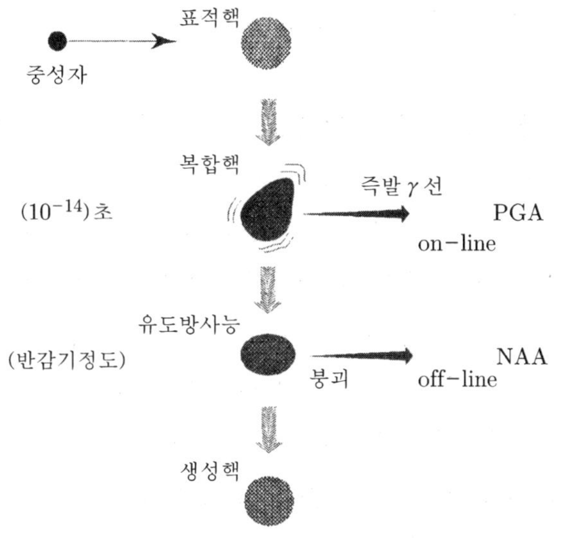


**그림 7.3** 즉발 $\gamma$ 선 분포와 중성자 방사화 분석 시간 체계

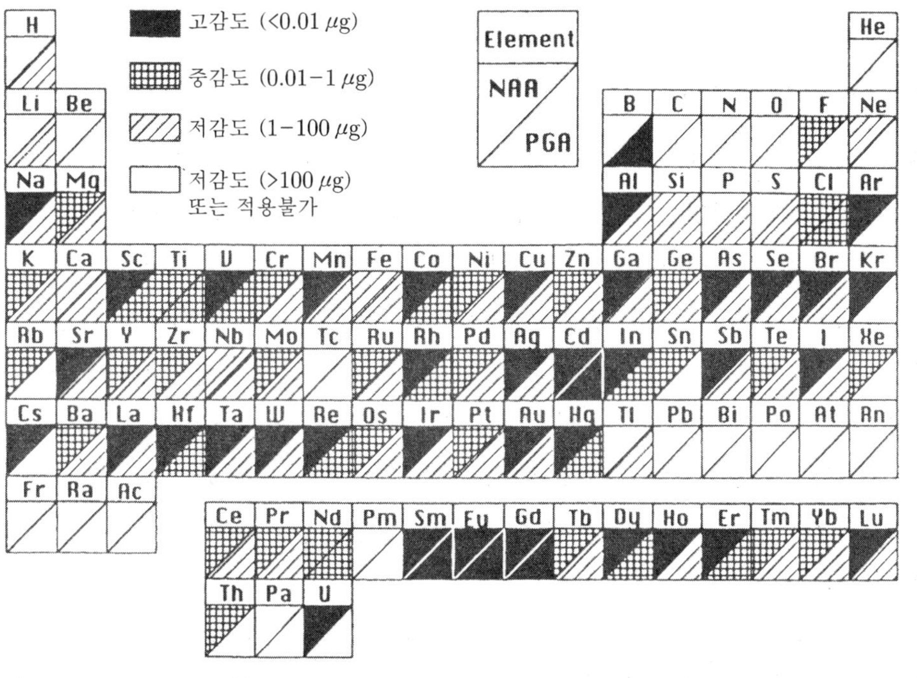


**그림 7.4** 중성자 방사화 분석(NAA)과 즉발$\gamma$선 분석(PGA)으로 분석할 수 있는 원소와 그 감도. NAA의 검출감도는 열중성자속 $10^{13}cm^{-1}s^{-1}$을 상정. PGA의 검출 감도는 JRR-3M의 냉중성자 빔 가이드에 설치되어 있는 장치에 대한 값.

측정이 가능하다. JRR-3M의 PGA 장치는 세계 최고의 시방을 갖춘 PGA장치로서 현재 공용(共用)되고 있다.

그림 7.4에 NAA와 PGA의 원소 검출 감도를 정리한 것을 보인다[2]. PGA는 B, Cd, Sm, Gd, Eu에 대해서 최고 고감도로써 ng 수준의 검출 한계를 갖는다. H, Li, P, S, Ti 등의 감도는 중간 정도인데 NAA로는 분석이 곤란하므로 PGA의 대상 원소로서 특기해도 좋다. NAA와 PGA에서 분석 감도가 같은 정도의 원소도 적지 않은데, 이와 같은 경우에는 측정이 간단하고 큰 시료도 취급할 수 있는 PGA 쪽이 진정한 의미의 비파괴 측정법으로서 우수하다고 할 수 있다. NAA와 같은 이유로 PGA는 원소 분석의 "정확성"면에서 우수하다. 향후 PGA의 데이터가 축적되면 따라서 절대법에 의한 다원소 동시 정량법으로서 NAA와 더불어 확립될 것이다. 그 경우 NAA와 PGA가 하나의 중성자이용 시설 내에서 일련의 프로세스로 결합되면, 중성자로 측정 가능한 원소에 대해서는 신뢰성이 가장 높은 분석센터가 될 수 있을 것이다.

### (3) Fission Track(FT) 연대 측정법 (FT : Fission Track)

FT는 $^{238}$U이 자연에서 일으키는 자발 핵분열을 이용하는 연대 측정법이다. 핵분열 결과 발생되는 분열조각은 절연성 고체 내에 길이 10$\mu$m 정도의 선상(線狀) 손상(핵분열조각 비적 : FT)을 생기게 한다. 이 비적의 수를 측정함으로써 자발 핵분열 수를 알고, 어미핵종 $^{238}$U를 정량하기 위하여 열중성자 조사에 의한 $^{238}$U의 유도 핵분열을 이용한다. 1960~1970년대에 개발되었으며 1980년대 중반에 연대 측정법으로 성숙된 이 방법은 지금은 실험의 자동화·신속화가 이루어져 지구 행성 과학 분야에서는 보편적인 수단이 되어 넓은 시장을 갖고 있다. 현재 이 분야 연구의 중심은 온도 이력 해석을 목적으로 하는 궤적 길이 해석이나 정밀 가열 실험, 그리고 모델링으로 되어 있다.

지구행성 과학의 대상이 되는 시료는 다양하고 그들의 형성 과정인 지구 현상도 다양하다. 더불어 방사 괴변(壞変)을 이용하는 연대 측정법만도 10개 이상이고, 정확한 대상 선정이나 실험·해석기술의 선택문제 등이 존재한다. 그들을 연대 측정법과 비교한 FT법이 가진 특징은 다음의 3가지로 집약된다.

① 시료마다 단결정의 연대가 얻어진다.
② 폐쇄 온도(후에 설명함)가 낮고 또 연대값의 겉보기 젊어짐이 가열에 의해서만 일어난다.
③ 궤적의 길이 분포로부터 온도 이력의 역해석을 할 수 있다.

①의 이점은 퇴적암의 연대 측정에 유효하다. 일반적으로 퇴적암은 여러 배후지(背後地)에서 공급된 물질로 구성되어 있다. 이와 같은 암석의 연대 측정을 하는 경우 개개의 결정에 대해서 연대를 구함으로써 배후지마다의 연대를 추정해야 의미있는 지질학적 해석을 할 수 있다. 특히 유효한 것은 지층을 대비할 때 잘 이용되는 소위 건층(鍵層)이 되는 화산재 층의 연대 측정이다. 단결정 연대 분포의 가장 젊은 집단, 즉 화산에 기원을 가진 본질적인 입자만을 통계학적으로 추출함으로써 지층의 퇴적 연대를 추정할 수 있다.

②의 폐쇄 온도("딸"인 Fission 궤적이 열에 의해서 annealing되는 온도)가 약 100~300℃로 낮은 것이 암석의 온도 이력 해석에 유용하게 이용된다. 이 온도는 상부 지각의 땅의 온도 조건에 해당되므로 조산(造山)운동에 의한 온도 상승·냉각하는 지괴(地塊)나, 매몰이 진행하여 온도가 상승하는 퇴적분(盆) 등의 해석에 널리 이용된다.

③의 이점은 위의 상황에 기인한다.

비적은 형성될 때에는 10$\mu$m 정도의 거의 일정한 길이를 가지고 있는데, 가열되면 annealing되어 짧아진다. 비적 단축의 정도는 가열온도와 시간의 함수로 주어지므로 온도 이력의 정보가 들어 있는 셈이다.

이상의 FT법의 특징 중에서도 제2, 제3의 것은 다른 연대 측정법에는 볼 수 없는 장점이 있고, 온도이력 해석을 이용한 연대 측정을 열연대학(Thermochronology)라 불리고 있으며, 1980년대 중반 경에 만들어져 현재 빠르게 진보하고 있다. 이 방사연대학은 에너지 탐사나 학술 연구에 관한 지구행성 과학에 응용되고 있다[3].

### (4) $\alpha$ 궤적·에칭법 (ATE : Alpha Track Etching)

철강재료 중 붕소(B)는 ppm 정도로도 재료의 성질을 크게 변화시키는 중요 요소이며, B의 거동을 아는 일은 철강 재료의 기초 연구, 개발 연구에 있어서 필수적이다. 현재 철강 재료에서의 B의 거동을 관찰하는 방법으로 ATE법이 널리 이용되고 있는데, 그 이유는 다음과 같다.

① 정량적인 측정은 어렵지만 고감도(1ppm 이하의 B도 측정 가능)이다.
② 다른 강(鋼) 중원소는 무시할 수 있으며, SIMS(2차 이온질량 분석)보다는 분해능이 좋다(수 $\mu$m로 알려져 있다).
③ 조작이 비교적 용이하다.

ATE법은 B가 열중성자를 흡수해서 일으키는 반응

$$^{10}B + n \rightarrow {}^{7}Li + {}^{4}He \qquad (4)$$

에 의하여 생긴 분열조각 시료 표면에 첨부한 고분자 필름 내에 생긴 비적을 화학 에칭으로 가시화하여 현미경으로 B의 분포 상태를 관측하는 것이다.

철강 재료에서의 B는 다음과 같이 이용되며, ATE법은 그 기초적 해명에 중요한 역할을 다하고 있다.

① 결정입계에의 B의 편석(偏析). B가 결정입계에 편석하면 결정입계 에너지가 작아져 상변태, 석출이 억제되며 또한 입계 균열이 억제된다. 이와 같은 성질을 이용해서 강철 재료의 성질을 제어하기 위한 편석 메카니즘을 기초적으로 해명하는 일이 중요하고, 그 때문에 ATE법은 일찍부터 다양하게 진행되고 있다.

② B의 화합물(Boride). Boride는 다른 석출물이나 상변태가 성장하는 핵이 생성되는 장소(핵형성 위치)가 되기 쉽고 또 재결정을 억제한다. 이러한 특성을 이용하여 graphite강을 만들거나, 용접시 austenite→ferrite 변태의 핵형성 장소를 제어하며 이와 같은 경우 Boride의 역할을 기초적으로 파악할 필요가 있다.

많은 철강 재료에 B가 이용되고 있는데 B의 상세한 효과는 여전히 명확하지 않은 점이 있다. 특성이 한층 더 우수한 철강 재료를 개발하기 위해서는 철강 재료 내의

B 거동을 해명하기 위한 연구를 더욱 진전시킬 필요가 있고, 여기에 ATE법이 많이 이용되리라 생각된다.

## 3. 중성자의 의료 이용

### (1) 방사성 동위원소(RI)

일본은 미국에 이어 세계 제2위의 핵의학 대국이다. 1997년도의 일본 동위원소 협회의 동위원소 취급 총액(약 676억 엔)의 약 90%는 방사성 의약품에 의한 것이다. 그 중에서 in vitro 방사성 의약품에 사용되는 핵종은 $^{3}$H, $^{32}$P, $^{57}$Co, $^{59}$Fe, $^{125}$I 이며 종류 및 양은 적지만 in vivo로 이용되고 있는 방사성 의약품이 51품목이나 되고, 그 중 $^{99}$Mo, $^{99m}$Tc 생성기, $^{133}$Xe, $^{131}$I, $^{51}$Cr, $^{59}$F 등이 원자로에서 생산되고 있다.

일본에서 처음으로 방사성 의약품으로 인가된(1960) 것은 $^{131}$I 캡슐이고 $^{131}$I 화합물이 즐겨 이용된 시기도 있었는데, $\gamma$-카메라에 의한 핵의학 화상진단의 급속한 발전과 더불어 환자에 대한 피폭 선량을 적게 하고 또한 다양한 제제(製劑)가 가능한 $^{99m}$Tc가 많이 쓰이게 되었다. $^{99m}$Tc는 반감기가 짧고(6.04시간) $\beta$선을 방출하지 않으며, $\gamma$선 에너지(0.14MeV)가 $\gamma$-카메라에 의한 검출 및 collimator 지향성에 적합하고 신체흡수도 비교적 적으며, 통계 정밀도가 높고 또한 해상력도 높은 화상이 얻어진다는 특성이 있다. $^{99m}$Tc는 반감기가 66시간인 $^{99}$Mo의 딸핵종이고 Te 생성기로 이용하면 병원 내에서 쉽게 용출하여 조제할 수 있는 편리함이 있으며, 또한 60종류 이상의 칠레이트(chelate)화합물, 기타 표지 화합물의 합성 등 다목적 이용에 적합한 만능 진단 약의 성격을 가지고 있다. 위의 51품목의 방사성 의약품 중 25품목이 $^{99m}$Tc제제이다.

일본의 $^{99m}$Tc의 소비량(검정일의 방사능양)은 연간 약 406TBq이고 매년 몇 %씩 증가하고 있는데, 거의 전부를 캐나다의 노르디온사($^{99}$Mo의 공급은 전세계의 70%를 차지하고 있다)로부터 수입하고 있으며, 현재 일본에서의 생산은 전혀 되고 있지 않다. 이와 같이 공급을 1개사에만 의존하고 있는 상태에서는 공급 안전성에 큰 불안이 있으므로 의료용 $^{99}Mo$의 안정된 공급 보증을 위한 시책이 강하게 요망되고 있다.

$^{99}Mo$는 다음 2가지 방법으로 생산할 수 있다.

① $^{235}U(n,f)$ $^{99}Mo$ ($^{235}U$의 핵분열조각에서 $^{99}Mo$를 분리하는 방법)

② $^{98}Mo(n,\gamma)$ $^{99}Mo$

제1의 방법에서는 대형의 원자로가 아니라도 비(比)방사능이 높은 $^{99}Mo$을 만들 수 있다. 고농축 우라늄을 원료로 해야 할 필요성이 있으며 주로 핵분열 생성물로부터 방사성 물질이 발생된다. 제2의 방법은 제조 공정이 쉽고 비방사능이 낮으며 ((n,f)법의 약 1/100 혹은 2Ci/g), 현재 알루미나 컬럼(column) 생성기에 사용하기에는 적합하지 않다. 그러나 최근 Zr계 무기고분자를 이용하여 종래의 약 100배인 Mo 흡착능을 가진 충전제가 개발되어[4] 이를 이용한 새로운 생성기 개발을 기대하고 있다.

$^{99}Mo$를 일본 내 생산으로 안정하게 공급하는 일은 기술적 과제라기보다는 다분히 시설 조건의 영향을 받는다. $^{99}Mo$ 반감기는 66시간이므로 수요에 대응하기 위해서는 연 중 매주 정기적으로 생산되어야 하나 일본의 원자로는 설치 목적상 시장지향성이 없어 이와 같은 요망에 응할 수가 없다.

### (2) Boron 열중성자 포획 치료법 (BNCT : Boron Neutron Capture Therapy)

BNCT란 악성 종양에 대한 방사선치료법의 일종이다. 종양세포에 모이기 쉬운 성질을 가진 $^{10}B$ 표지 화합물을 환자에 투여하여 종양세포 내에서 $^{10}B$ 농도가 높을 때를 선정하여 열・열외중성자를 조사한다. $^{10}B$는 중성자를 흡수하고, 그 분열조각인 He과 Li(식(4)참조)이 종양세포에 치명적(致死的)인 장해를 준다. 이 치료법은 침윤성이 되려는 경계가 분명하지 않은 종양에 대해서 종양세포만을 표적으로 하는 방법이다. 악성 뇌종양 치료는 외과적 치료, 방사선 치료법, 화학 치료법, 면역 치료법 등의 조합으로 이루어져 왔는데 침윤성으로 발달하는 종양의 경우 외과적인 방법으로는 한계가 있다. 방사선 치료법에서는 정상 뇌세포가 견딜 수 있는 선량(耐用線

量)과 종양세포의 치료선량이 비슷하므로 정상 뇌세포의 장해없이 치료하는 것은 쉽지 않다. 이에 비하여 BNCT는 종양세포에 선택적으로 $\alpha$입자치료 할 수 있는 것으로 주목되고 있다.

BNCT는 1951년대에 Brookheaven의 BNL에서 한 것을 효시로 1960년대에는 MIT에서, 1968년부터 20여 년 동안은 하타나카(畠中) 등에 의해서 발전해 왔다. 현재 BNCT를 할 수 있는 시설로 일본에서는 교토대학로(京大爐), 무사시노대로, JRR-4, 해외에서는 BNL, MIT, Petten 등 3개 시설인데, 제7회 국제중성자포착치료법학회(1996년, Zurich)에서 20개에 이르는 원자로 시설에서 BNCT의 계획이 발표되었다. 또 가속기에서의 BNCT시설도 검토되고 있다.

그림 7.5은 모형(phantom)을 이용해서 측정한 중성자의 깊이 분포를 나타낸다. 열중성자는 표면에서부터 5~6mm에 피크가 있고 이후 감쇠해서 약 35mm에서 반감한다. 이에 비하여 열외중성자는 약 15mm의 깊이에 피크가 있고 50mm의 깊이에서 반감한다. 열중성자와 열외중성자는 깊이 도달 정도의 차이가 커서, 열외중성자를 이용하면 환부가 깊은 위치에 있는 경우라도 두개골(頭骨)을 절개하는 일

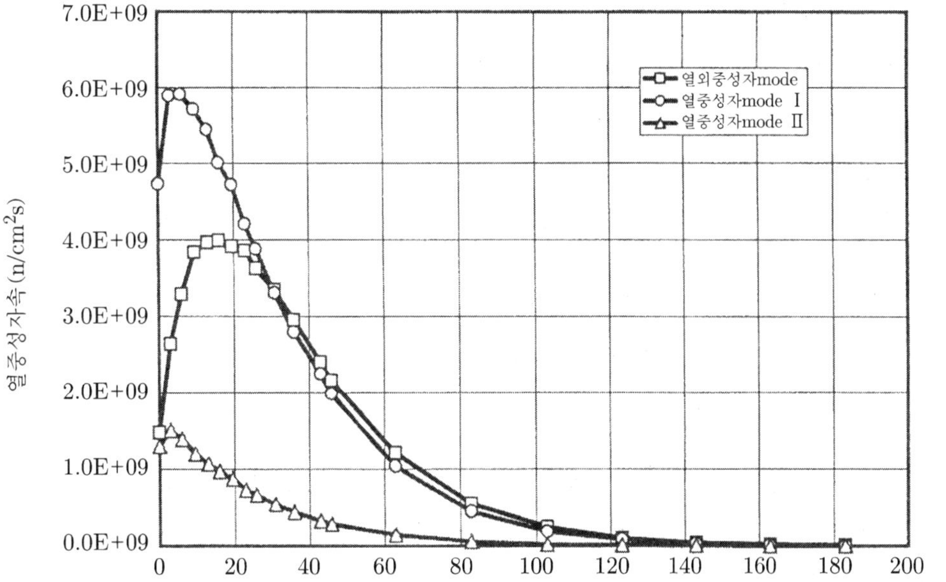


**그림 7.5** 열중성자와 열외중성자의 체내심 분포에 관한 모형 실험
(자료는 일본원자력연구소 • 연구소부의 도움으로부터).

없이 뇌종양 치료를 할 수 있다. 그러나 열외중성자에 의한 방사선 장해에 대하여 명확하게 알 수 없어 이에 대한 검토를 포함하여 앞으로 연구가 깊어져 갈 것이다.

## 4. 중성자 라디오그라피(NRG : Neutron Radiography)

중성자 라디오그라피 (NRG) 기술은 1960년대에 거의 완성되었으며, 주로 외국에서 화공품(火工品) (주물 등), 터빈 날개, 항공기의 날개, 사용 후 연료봉 등의 검사에 실용화되었다. 그러나 일본에서는 이와 같은 실용화가 늦어서 현재 민간 가속기를 이용한 시설에서 우주·항공 부품의 검사에 이용되고 있는 정도이다. 실용화에 충분한 중성자빔을 제공할 수 있는 연구로가 있음에도 불구하고 정상적으로 공업 이용에 제공된 예는 없다. 그 대신 일본에서는 NRG의 기초 연구와 인접 연구 분야에의 이용이 활발하게 진행되고 있다. 그것은

- 1989년에 JRR-3M이 완성되고, $10^8/cm^2s$라는 세계와 어깨를 나란히 할 수 있는 강력한 중성자빔을 이용할 수 있게 된 일
- 양질의 전환기가 개발되어, 고감도 촬상관(撮像管)·냉각형CCD 카메라·High vision용 카메라 등 특징 있는 촬상 방식이 실용 가능하게 된 일
- 휘진(輝盡) 발광 판이 실용화 된 일
- 고성능의 화상처리장치가 개발된 일
- 매초 1,000 프레임이나 되는 고속 촬영장치가 적용 가능하게 된 일

등 다수의 새로운 기술이 서로 조합하여 도입되었다.

이와 같은 기술의 발전과 환경의 정비에 따라 지금까지 생각하지도 않았던 NRG의 새로운 용도가 증가되고 있다. 이는

- 핵연료 집합체내의 기체·액체 2상(相) 흐름의 가시화와 해석
- 분상류(粉相流)·혼상류(混相流)의 거동 해석
- 전열(伝熱) 유동 해석
- 수소흡장 합금내의 수소분포의 가시화와 해석

- Heat pipe 등 기계 내부에서의 열전달 물질의 거동 해석
- 액체금속 중에서의 물의 증발기포 거동의 고속 관찰
- 식물 뿌리 육성 상태의 가시화
- 토양 내의 물의 거동
- 작은 동물 내장의 가시화

등이 있다. 해외에서 개발된 것과는 달리 일본에서의 이들에 대한 연구 동향은 특징적이다. 1960년대 이후 확립된 기술로 간주되고 이 기술을 어떻게 공업에 이용하는가, 어떻게 표준화를 하는가 등에 관심이 향해졌다. 일본이 NRG에 있어서 늦게 시작한 것이 역으로 다행으로 생각될 수도 있다. n/$\gamma$비의 개선에 이용되는 Bi, Pb 등의 필터에 의한 중성자 스펙트럼의 변화, 산란선의 평가, 화상의 동적범위의 확대, 가시화를 위한 고속화 기술 등 상세한 개발이 이루어지고 있으며 NRG의 기초 연구와 이용 분야의 확대에서 선두로 나가고 있다. 향후 NRG는 단지 육안 검사 수단뿐만 아니라 정량적인 계측 성능을 마련한 연구 수단으로서의 길을 열어 갈 것이라 기대된다.

## 5. 맺음말

여기서 취급한 항목은 모두 일찍부터 연구하여 온 것 가운데 성숙한 기술로, 정착되고 새로운 단계의 이용을 하게 된 것들이다. 이들을 담당하는 연구자의 층은 세대교체되고 있을 뿐 아니라 방사화 분석과 같이 그것을 쓰는 연구자의 분야도 "비원자력 분야"로 널리 확산하고 있는 경우가 많으므로 적절한 변화가 있어야 발전할 수 있다.

이것은 또 중성자원(Neutron Source)이라는 대형 시설을 이용한다는 점에서 특징적이다. 예컨대 원소 분석을 필요로 하는 연구자는 각 분야에 분산 존재해 있으므로 대형 시설의 건설 등에 있어 주도권을 잡기 어렵다. 이들은 고작 「우리들의 이야기도 들어 주시요」하고 가냘프게 투덜댈 정도의 존재감 밖에 나타내지 않는다. 원자로나 가속기와 같은 대형 시설을 건설하는 사회적 사업에는 이와 같은 목소리도 민감하게

받아들여져야 할 것이다. 이용자들도 미약한 존재감에 만족해서는 안 된다는 것을 자각하기 시작하고 있다. 3년 전에 「방사화분석연구회」가 발족한 뒤 현재 「일본방사화학회(가칭)」의 설립 준비를 하고 있는 것도 그중 하나의 현상이다.

마지막으로, 여기서 정리한 내용은 연구용 원자로 이용의 현황과 전망에 대해서 정리를 시도한 패널토론[5]에 의거하였으며, 패널리스트 여러분의 논점을 적절히 이용했다는 것을 밝힘으로써 감사함을 대신하고자 한다.

# 참 고 문 헌

[1] S. Suzuki and S. Hirai; Anal. Sci., 3, 91 (1987)

[2] 米沢仲四郎, 伊藤泰男「冷中性子による多元素同時分析法−中性子 即発ガンマ線分析−」Isotope News, 1994年 12月号, 2−5

[3] T. Tagami and C, Shimada; J. Geophys. Res., 101, 8245 (1996)

[4] M. Tanase et al.; Appl. Radiat. Isot., 48, 607 (1997)

[5] パネル討論「研究用原子炉を用いた研究の動向と新展開」第34回理工学における同位元素研究発表会 (1997年 6月 30日, 国立教育会館) パネラー : 伊藤泰男・鈴木章悟・海老原充・米沢仲四郎・田上高広・柴田浩司・小林久夫・松材明・安藤諄・川瑞祐司)

## 역자 약력

**이 강 옥** 책임연구원 (Ph.D., 물리학)
이화여자대학교 졸업, 한국가속기 및 플라즈마 연구협회 첨단 전자빔 산업기술 이용 센터장

**노 승 정** 교수 (Ph.D., 물리학)
서울대학교 졸업, 단국대학교 응용물리학과 교수/한국연구재단 핵융합단장

**김 동 일** 교수 (Ph.D., 물리학)
서울대학교 졸업, 인하대학교 공과대학 명예교수

## 감수자 약력

**최 병 호** 책임연구원 (Ph.D., 원자핵공학)
서울대학교 졸업, 한국원자력연구원 양성자가속기사업 단장


# 중성자과학

2010년 7월 25일 제1판 1쇄 발행
2011년 9월 15일 제1판 2쇄 발행

저 자 ◎ **사단법인 일본원자력산업회의 원자력 시스템 연구 간담회**
역 자 ◎ **이 강 옥 · 노 승 정 · 김 동 일**
감 수 ◎ **최 병 호**
발행자 ◎ **조 승 식**
발행처 ◎ (주) 도서출판 **북스힐**
서울시 강북구 수유2동 240-225
등 록 ◎ 제 22-457 호

TEL (02) 994-0071(代)
FAX (02) 994-0073
E-MAIL bookswin@unitel.co.kr
www.bookshill.com

**값 20,000원**

잘못된 책은 교환해 드립니다.

**ISBN 978-89-5526-685-6**